Alber Philosophie

Alberto Fragio Gistau

Paradigmen zu einer Metaphorologie des Kosmos

Hans Blumenberg und die zeitgenössischen Metaphern des Universums

ALBER PHILOSOPHIE

Übersetzung ins Deutsche von Franziska Klos.

Die Deutsche Nationalbibliothek verzeichnet diese Publikation in der Deutschen Nationalbibliografie; detaillierte bibliografische Daten sind im Internet über http://dnb.d-nb.de abrufbar.

ISBN 978-3-495-99489-4 (Print)
ISBN 978-3-495-99490-0 (ePDF)

Onlineversion
Nomos eLibrary

1. Auflage 2023

Besuchen Sie uns im Internet
verlag-alber.de

»unter freiem Himmel in einer Landschaft,
in der nichts unverändert geblieben war als die Wolken«.
(Walter Benjamin, *Der Erzähler*)

»And when what we know changes,
the world changes and with it, everything«.
(James Burke, *The Day the Universe Changed*)

Vorwort

Zeitlebens zeigte Hans Blumenberg [1920–1996] ein konstantes Interesse an Astronomie. Zunächst als Historiker der modernen Wissenschaft und Mitglied der *Akademie der Wissenschaften und der Literatur zu Mainz,* später als Amateur-Astronom und schließlich als Theoretiker der Weltzeit und »Astronoetiker«. Blumenberg war ein außerordentlicher Zeuge des Wettlaufs ins All und der darauffolgenden Mondlandung. Allerdings fand ein zentraler Bereich seiner Arbeit, die Geschichte der Astronomie, wenig Beachtung. Ab 1955 erforschte Blumenberg die kopernikanische Astronomie und veröffentlichte in den 50ern und 60ern zahlreiche Arbeiten, die in *Die kopernikanische Wende* [1965] zusammengetragen wurden. Blumenberg bereitete auch Vorstudien zu Galileo Galileis *Sidereus Nuncius* [1965] und von Kues' *De coniecturis.* All diese Arbeiten mündeten in Blumenbergs *Die Genesis der kopernikanischen Welt* [1975], *Lebenszeit und Weltzeit* [1986] und im posthumen *Die Vollzähligkeit der Sterne* [1997].

Der hier vorliegende Essay basiert sowohl auf veröffentlichten Quellen als auch auf unpubliziertem Material aus seinem Nachlass im *Deutschen Literaturarchiv Marbach* und behandelt Blumenbergs Metaphorologie des Kosmos und seine Geschichte der Astronomie, einschließlich einer Überprüfung aktueller Metaphern in zeitgenössischer Astronomie und Kosmologie in der Physik.

Im ersten Kapitel, das den Titel »*Ad astra per nulla aspera*: Hans Blumenberg und die Astronomie des 20. Jahrhunderts« trägt, behandle ich Blumenbergs umfassende Sammlung von Zeitungsartikeln zu Astronomie und Kosmologie, die er im Laufe von mehr als drei Jahrzehnten (1963–1996) aus deutschen, schweizerischen und französischen Zeitungen ausgeschnitten hatte. Nach meiner Auffassung zeigt diese heterogene Sammlung von Materialien in Blumenbergs Nachlass einen äußerst versierten Kenner zeitgenössischer Astronomie. Sie kann in der Tat auch dazu dienen, deutlich den kosmologischen Wandel aufzuzeigen, der durch dieses neue astronomische Wissen aus Blumenbergs späteren Arbeiten erzeugt wurde.

Im zweiten Kapitel mit dem Titel »Hans Blumenbergs Metaphorologie des Kosmos« rekonstruiere ich die Beziehung zwischen Blumenbergs Metaphorologie und seiner Geschichte moderner Astronomie. Im Speziellen befasse ich mich mit den beiden zentralen Paradigmen in Blumenbergs Metaphorologie des Kosmos, dem existenziellen Paradigma und dem Paradigma der kosmologischen Wahrheit, welche in der Metaphorologie des *contemplator caeli* näher ausgeführt sind, Geozentrismus und Heliozentrismus als existenziell kosmologische Metaphern und die Metaphorologie der kosmologischen Wahrheit. Aus meiner Sicht erkennen wir hier die eindeutigste Artikulation von Blumenbergs Metaphorologie des Kosmos, wie sie sich durch seine Arbeiten entwickelte.

Im dritten Kapitel »Existenzielle Paradigmen in Hans Blumenbergs Geschichte der Modernen Astronomie« konzentriere ich mich auf das Vorhandensein gewisser Heideggerscher Motivationen in Blumenbergs Geschichte der Astronomie. Meine Behauptung ist, dass wir eben dort eine Metaphysik des Vorhandenseins in Heideggerscher Tradition als eine Reihe von astronomisch-existenziellen Paradigmen finden können. Damit möchte ich sagen, dass Blumenberg die historische und philosophische Grundlage für eine kosmologische Hermeneutik der Faktizität gelegt hat.

Im vierten Kapitel mit dem Titel »Ein Kapitel über Astronoetik: Hans Blumenbergs Phänomenologie der Lebenswelt von einem kosmologischen Blickpunkt« führe ich an, dass wir in Blumenbergs Astronoetik nicht nur eine Konvergenz mit anthropologischen Themen sehen können, sondern auch mit der Phänomenologie. Meiner Meinung nach beruht diese unerwartete Konvergenz der philosophischen Nachforschung im Kosmos mit phänomenologischem Denken auf eben dieser Astronoetik. Im Speziellen schlage ich eine Interpretation der Blumenbergschen Astronoetik als Phänomenologie der Lebenswelt vor, in Ergänzung zu Blumenbergs phänomenologischer Anthropologie.

Im fünften Kapitel mit dem Titel »Ausblick für eine Metaphorologie des gegenwärtigen Universums« identifiziere ich Belege für die kosmologische Umbesetzung der Metaphysik durch die Verwendung von Metaphern in der zeitgenössischen physikalischen Kosmologie, deren vorherrschende Metaphoriken das Bild eines sich entwickelnden Universums evozieren. Darüber hinaus enthält das gängige kosmologische Modell etwas, das ich als »evolutionäre kosmologische Metaphern« bezeichne, die direkt verknüpft sind mit den neuen metaphorisch-kosmogonischen Mythen vom Beginn und Ende des Universums.

Das sechste Kapitel, »Kosmologische Apokalypse«, ist letzterem Punkt gewidmet. Entdeckungen in der beobachtenden Astronomie und extragalaktischen Astrophysik im Zeitraum zwischen dem 20. und dem 21. Jahrhundert und die darauffolgende Ausdifferenzierung der Fachgebiete und Teilfachgebiete, die in der zeitgenössischen Astronomie zu finden sind – dazu gehören Radioastronomie, Astrogeologie, Astrometrie, oder Röntgenastronomie, und viele weitere mehr – haben das Überleben und die konstante Erneuerung des Mythos ermöglicht. Die sensationellen Entdeckungen der zeitgenössischen Astronomie haben den Kosmos remythologisiert und neue Mythen vom Ursprung und Ende des Universums hervorgebracht. Dabei sind sie im Einklang mit der kosmologischen Tradition geblieben, der sie zuzuordnen sind. Ich lege nahe, dass sowohl die eschatologische Kosmologie, als auch die kosmologische Apokalypse, eine (astronomische) Umbesetzung von Mythos und Metapher hervorgebracht haben.

Das siebte Kapitel, »Hans Blumenberg trifft Stephen Hawking«, konzentriert sich auf Blumenbergs Sammlung an Zeitungsartikeln mit Bezug auf Stephen Hawkings Beiträge zur Kosmologie und die Erforschung von schwarzen Löchern. In diesem Kapitel stelle ich die Behauptung auf, dass in den beiden Jahren zwischen *Lebenszeit und Weltzeit* [1986] und *A Brief History of Time* [1988] ein Wandel stattgefunden hat, von einer genetischen Phänomenologie der Lebensweltzeit (Blumenberg) hin zur Geschichte der Weltzeit (Hawking).

Ich möchte mich bedanken bei der *Schillergesellschaft* für das einmonatige Postdoktorandenstipendiumam *Deutsches Literaturarchiv Marbach* und bei der *Gerda Henkel Stiftung*, für die Verleihung des Marie Curie Forschungsstipendiums (M4HUMAN Programme), die mir dieses Forschungsprojekt zu Blumenberg am *Institut für Medizingeschichte und Wissenschaftsforschung der Universität zu Lübeck* ermöglicht haben. Ich möchte mich auch bei den Mitarbeitern der Professur für Wissenschaftsforschungan der *ETH-Zürich* bedanken, bei der Forschungsgruppe *HIST-EX* an der *Consejo Superior de Investigaciones Científicas* (CSIC-Madrid) und dem *Departamento de Humanidades* an der *Universidad Autónoma Metropolitana*, Mexico Stadt (Unidad Cuajimalpa) für ihre hilfreichen Kommentare und Vorschläge. Cornelius Borck, Andrea Borsari, César G. Cantón, Pedro García-Durán, Michael Hagner, Francisco Jarauta, Dorit Krusche,

Pamela Loera, Javier Moscoso, Faustino Oncina, Javier Ordóñez, Martina Philippi, Josefa Ros, María Xesús Vázquez Lobeiras, José Luis Villacañas und Rüdiger Zill bin ich besonders dankbar. Die Zitate aus Hans Blumenbergs Nachlass wurden veröffentlicht mit der freundlichen, ausdrücklichen Genehmigung von Bettina Blumenberg und dem DLA Marbach.

Alberto Fragio

Inhaltsverzeichnis

Ad astra per nulla aspera:
Hans Blumenberg und die Astronomie des 20. Jahrhunderts 13

Hans Blumenbergs Metaphorologie des Kosmos 61

Existenzielle Paradigmen in Hans Blumenbergs Geschichte der Modernen Astronomie 77

Ein Kapitel zu Astronoetik:
Blumenbergs Phänomenologie der Lebenswelt aus einer kosmologischen Perspektive 97

Ausblick für eine Metaphorologie des Gegenwärtigen Universums 121

Kosmologische Apokalypse 143

Hans Blumenberg trifft Stephen Hawking 161

Abkürzungen 179

Ad astra per nulla aspera: *Hans Blumenberg und die Astronomie des 20. Jahrhunderts*

»Wallenstein.
Lass es jetzt gut sein, Seni. Komm herab.
Der Tag bricht an, und Mars regiert die Stunde.
Es ist nicht gut mehr operieren. Komm!
Wir wissen g'nug.

Seni.
Nur noch die Venus lass mich
Betrachten, Hoheit. Eben geht sie auf.
Wie eine Sonne glänzt sie in dem Osten«
(Friedrich Schiller, *Wallensteins Tod*)

Einführung

Die Kosmologie galt – ähnlich der Theologie – jahrhundertelang als klein und hässlich und brauchte sich ohnehin nicht blicken lassen. Es wurde häufig betont, dass die größte Blütezeit der Naturwissenschaften – zwischen dem siebzehnten und neunzehnten Jahrhundert – zugleich einen deutlichen Rückgang des kosmologischen Denkens erlebte.[1] Aus eben jenem Grund war das Aufleben der Kosmologie im frühen zwanzigsten Jahrhundert ein unerwartetes und bedeutsames Ereignis.[2] Es ist wohl bekannt, dass dieses Aufleben – auf

[1] Siehe zum Beispiel Jacques Merleau-Pontys klassische Studie: *La science de l'Univers a l'âge du positivisme. Étude sur les origines de la cosmologie contemporaine*, Vrin, Paris, 1983. Eine allgemeine Geschichte der Kosmologie bei R. C. Bless, *Discovering the Cosmos*, University Science Books, Sausalito, Kalifornien, 1996.

[2] Jacques Merleau-Ponty, *Sur la science cosmologique. Conditions de possibilité et problèmes philosophiques*. Textes organisés et présentés par Michel Palty et Jean-Jacques Szczeciniard, EDP Sciences, Les Ulis, 2003, S. 39. Weiterhin wertvolle und hilfreiche

der theoretischen Seite – direkt mit der Entwicklung von Einsteins Relativitätstheorie[3] verbunden war und – auf der praktischen Seite – mit Fortschritten in der astronomischen Beobachtung.

Die relativistische Kosmologie stellte eine neue und fabulöse Domäne für physisch-mathematische Spekulationen dar, welche in den direkt darauffolgenden Jahren von Autoren wie de Sitter, Eddington oder Friedmann[4] aufgegriffen wurden. Letzterer verwies auf das Modell eines dynamischen Universums, welches durch einen variablen Skalierungsfaktor über Zeit gekennzeichnet wird, in der Theorie antizipierte »das gewaltigste astronomische Phänomen, das jemals beobachtet wurde«:[5] die Ausdehnung des Universums. In dieser ersten Phase der Kosmologie des zwanzigsten Jahrhunderts wurde das Universum mittels hoch-mathematischer Analysen innerhalb eines Rahmens der generellen Relativitätstheorie und deren Axiome untersucht.[6]

Die definitive Vertiefung der Kosmologie als wissenschaftliche Disziplin fand einige Jahre nach Einführung der Relativitätstheorie statt, als unabhängige astronomische Beobachtungen eine unerwartete Unterstützung für die physikalisch-mathematische Analyse des

---

Synthesen der ersten Hälfte des zwanzigsten Jahrhunderts finden sich ebenfalls bei Merleau-Ponty, z.B. in der *Cosmologie du XXe siècle. Étude épistémologique et historique des théories de la cosmologie contemporaine,* Éditions Gallimard, Paris, 1965, S. 43. Alles weitere in Malcolm Longairs, *The Cosmic Century. A History of Astrophysics and Cosmology* [2006], Cambridge University Press, 2013.

3 Albert Einstein, »Kosmologische[n] Betrachtungen zur allgemeinen Relativitätstheorie«, *Sitzungsberichte der Königlich Preußischen Akademie der Wissenschaften zu Berlin,* 1917, S. 142–52. In seinen bekannten »Kosmologische[n] Betrachtungen«, schlug Einstein ein theoretisches Modell des Universums vor, in dem die Raum-Zeit-Metrik unter der Annahme einer groß angelegten, homogenen Verteilung von Masse und Energie aufgebaut war.

4 Jacques Merleau-Ponty, *Sur la science cosmologique, op. cit.*, S. 44; Eine Zusammenfassung der Entstehung der allgemeinen Relativitätstheorie, Einsteins Universen, de Sitter, Friedmann und Einsteins darauf folgende »Umwandlung« in ein nicht-stationäres Modell nach seinem Besuch in Pasadena finden sich auf S. 318–9; siehe auch *Cosmologie du XXe siècle, op. cit.*, S. 44 ff.

5 Jacques Merleau-Ponty, *Cosmologie du XXe siècle, op. cit.*, S. 71.

6 Jacques Merleau-Ponty, *Sur la science cosmologique, op. cit.*, S. 153. Relativistische Kosmologie, von Einstein unterstützt, erntete nicht wenig Skepsis in der wissenschaftlichen Gemeinschaft. Gegen sie arbeiteten Jahrhunderte ernstzunehmender und umfassende Missachtung für etwas, das als riskante und eigenmächtige Spekulation gesehen wurde.

Universums[7] boten und damit ein neues Bewusstsein sowohl für seine Weite[8] als auch seine zeitliche Dimension[9] schuf. Die Entdeckung der Rotverschiebung und die darauffolgende Festsetzung der Rezessionsgeschwindigkeit von Galaxien[10] beinhaltet auch eine unvorhergesehene Überschneidung zwischen dem entstehenden Bereich der relativistischen Kosmologie und der neuen extragalaktischen Astronomie,[11] was schlussendlich dazu führte, dass die Ausdehnung des Universums entdeckt wurde. Die Beobachtungen von Hubble [1889–1953] in den Jahren 1925 und 1926 waren Meilensteine auf diesem Weg. Hubble veröffentlichte eine Reihe von Arbeiten mit den Erkenntnissen aus seinen astronomischen Beobachtungen durch das Hooker Teleskop im Mount Wilson Observatory. Diese zeigten die extragalaktische Natur des Spiralnebels und damit die Existenz anderer Galaxien außerhalb der Milchstraße.[12] Im Jahr 1929 formu-

---

7 Jacques Merleau-Ponty, *Cosmologie du XXe siècle, op. cit.*, S. 237–8.

8 Jacques Merleau-Ponty, *Sur la science cosmologique, op. cit.*, S. 44.

9 Blumenbergs Buch *Lebenszeit und Weltzeit* [1986] (*LW*) kann entsprechend interpretiert werden.

10 Die erste Entdeckung im Jahr 1912 von Rotverschiebung in Licht von Nebel gehörte zu Vesto Slipher, der 1917 – also in dem Jahr, in dem Einstein seine kosmologischen Lösungen für Feldgleichungen präsentierte – die Radialgeschwindigkeit von 25 Nebeln bestimmte, fast alle davon mit Rotverschiebung. Eine kurze Zusammenfassung dieser Meilensteine findet sich in Helge Kragh and Robert W. Smith, »Who Discovered the Expanding Universe?«, *History of Science*, vol. 41, 2003, S. 141–162.

11 Die Literatur zu diesem Thema ist sehr umfangriech. Die Ausgabe zu »Inseluniversen«, welche die Nebel und extragalaktische Astronomie auflistet, findet man bei Malcolm Longair in *The Cosmic Century, op. cit.*, S. 77–89, eine Zusammenfassung der »Großen Debatte«, die Materie von Cepheids und weiterführende Informationen zum Mount Wilson Observatory, auf S. 82 ff. Die »Große Debatte« wird auch von Ana Rioja und Javier Ordóñez diskutiert in *Teorías del universo*, Editorial Síntesis, Madrid, vol. 3, 2006, S. 319. Siehe auch die Arbeiten gesammelt in C. Castagnoli und A. Masani (Hsg.), *Astronomy and Astrophysics in Italy in the Second Half of the XX Century*, Italian Physical Society, Bologna, 1998, besonders G. Bertin, »Extragalactic Astrophysics«, S. 115–26, und G. Chincarini, »Cosmology of Galaxies«, *op. cit*, S. 127–36. Bertin beschreibt die weitere Entwicklung von extragalaktischer Astronomie wie folgt: »*Nach der ›Entdeckung‹ von Galaxien durch Bestimmung der Distanz zu nahegelegenen Nebeln, wie M 31, sind galaktische Struktur und galaktische Dynamiken al seine der zentralen Forschungsbereiche in der Astrophysik rapide gewachsen, vor allem durch die Arbeit vonJeans, Eddington, Lindblad, Oort, Chandrasekhar, de Vaucoulers, und Sandage unter anderem*«, *op. cit.* S. 115.

12 Donald E. Osterbrock beschreibt das wie folgt: »[1926 hat Hubble] seine Arbeit zu M33 veröffentlicht, *›ein Spiralnebel als Sternensystem‹ und bietet Anhaltspunkte von Cepheid Variablen an, nach denen es ›ein isoliertes System von Sternen und Nebeln weit außerhalb der Grenzen des galaktischen Systems‹ ist (Hubble 1926)*. [...] *Später in diesem*

lierte er zudem die bemerkenswerte Verbindung zwischen der Distanz und der Rezessionsgeschwindigkeit des Spiralnebels – bekannt als Hubble-Humason Gesetz.[13] Damit war als wissenschaftliche Tatsache bewiesen, dass Galaxien sich mit einer relativen Geschwindigkeit proportional zum Abstand zueinander voneinander entfernen.[14] Allerdings konnte nur die relativistische Tradition, die noch immer notwendige angemessene kosmologische Interpretation liefern.

Einstein hatte bereits entscheidende Beiträge zur Erforschung des Lichts aus Perspektive der Struktur und Dynamik des Universums geleistet indem er aufzeigte, dass dessen Ausbreitung als Teil der Raumzeit-Metrik betrachtet werden sollte.[15] In dieser Hinsicht schienen die Ergebnisse der astronomischen Observationen mit Hilfe großer amerikanischer Teleskope eine Bestätigung nichtstationärer relativistischer kosmologischer Modelle darzustellen, wie die von Friedmann und Lemaître.[16] Letzterer, Georges Lemaître, schlug eine

---

Jahr veröffentlichte Hubble seine definitive Arbeit zu NGC 6822, die die Lichtkurven diverser Cepheiden darin, welche durch ihre erkennbare Größenordnung zum ›ersten Objekt, das definitiv einer Region außerhalb des galaktischen Systems‹ zugeschrieben wurde«, Osterbrock, »The Observational Approach to Cosmology: U.S. Observatories Pre-World War II«, in: B. Bertotti, R. Balbinot, S. Bergia und A. Messina (Hsg.), *Modern Cosmology in Retrospect,* Cambridge University Press, 1990, S. 273. Paul Murdin bietet aufschlussreiche Ausführungen zu Cepheiden, *Secrets of the Universe: How We Discovered the Cosmos,* The University of Chicago Press, 2009, Kap. 43, »Cepheid Variable Stars«, S. 210–3, S. 211: »*Henrietta Leavitt entdeckte die Perioden-Leuchtkraft-Beziehung für Cepheide, auf deren Basis Astronome noch immer die Entfernungsskala des Universums messen*«.

13 E. Hubble, »A Relation between Distance and Radial Velocity among Extra-Galactic Nebulae«, *Proceedings of the National Academy of Sciences*, 15, 168, 1929.

14 E. Hubble und M. L. Humason, »The Velocity-Distance Relation among Extra-Galactic Nebulae«, *Astrophysical Journal*, 74, 43, 1931; E. Hubble, »The Law of Red-Shifts«, *Monthly Notices of the Royal Astronomical Society*, 113, 658, 1954.

15 Jacques Merleau-Ponty, *Cosmologie du XXe siècle, op. cit.*, S. 132.

16 Hubbles ursprüngliche Dateninterpretation erfolgte jedoch nach dem de Sitter Modell: »*Das de Sitter Universum bot eine charakteristische Eigenheit, die beobachtend getestet werden konnte: Die Rotverschiebung. Das Erklärt den Erfolg des de Sitter Modells gegen das Einstein Modell, trotz der unrealistischen Anforderung, das Universum müsse masselos sein. Ersteres bot zudem, im Gegensatz zu Zweiterem, eine Erklärung für die verstörend große Rotverschiebung in Nebeln. Die beobachtende Kosmologie zwischen 1917 und 1930 bedeutete die Interpretation von Daten basierend auf dem de Sitter Modell*«. Waltraut C. Seitter und Hilmar W. Duerbeck, »Carl Wilhelm Wirtz – A Pioneer in Observational Cosmology«, in: B. Bertotti *et alt., Modern Cosmology in Retrospect, op. cit.*, S. 380–1. Siehe auch Helge Kragh und Robert W. Smith, »Who Discovered the Expanding Universe?«, *op. cit.*, S. 141–162.

kosmologische Interpretation dieser Beobachtungen vor, indem er ein Modell des expandierenden Universums präsentierte, das sowohl die Rotverschiebung als auch die Rezessionsgeschwindigkeit der Galaxien erklären konnte und damit zum evolutionären Verständnis des Kosmos beitrug, basierend auf der Urknalltheorie und schlussendlich auf dem Standardmodell kontemporärer wissenschaftlicher Kosmologie.[17]

Allgemein gesagt ist dies der Hintergrund vor dem Blumenbergs Sammlung von Zeitungsartikeln über Astronomie und Kosmologie entstand – in einem Zeitraum von über drei Jahrzehnten (1963–1996) aus deutschen, schweizerischen und französischen Zeitungen ausgeschnitten. Das Material, zusammengetragen in Blumenbergs Nachlass, enthält nicht nur die Echos einiger zentraler Debatten dieser bahnbrechenden Phase wissenschaftlicher Kosmologie und ihrer späteren Ausdrucksformen – einschließlich Kontroversen zur Rotverschiebung,[18] zum Urknall[19] und zu Steady-State-Theorien[20]

---

[17] Erhard Scholz, »The Standard Model of Contemporary Cosmology«, in: Jürgen Renn (Hg.), *Albert Einstein. Chief Engineer of the Universe. One Hundred Authors for Einstein*, WILEY-VCH, Berlin, 2005, S. 388–93.

[18] Kurt Rudzinski, »Zweifel an der kosmischen Rotverschiebung«. Absurde astronomische Konsequenzen aus Beobachtungen an Doppelgalaxien«, [*FAZ*?], 30. Juni 1971, Nr. 147, S. 20–21 (DLA Marbach); H. J. Fahr, »Die zweite kopernikanische Wende? Neue Beobachtungen über die Rotverschiebung im Licht ferner Galaxien im Widerspruch zum geltenden Weltbild«, 14. Januar 1975, Nr. 12, S. 27–8 (DLA Marbach).

[19] H.Z. [Hans Zettler?], »Kosmische Mikrowellen ein Relikt des Urknalls. Deutung als ›schwarze Strahlung‹ bestätigt. Messungen mit einer Ballonsonde in 39 Kilometer Höhe«, [*FAZ*?], circa 1975 (DLA Marbach). Letzteres fasst die neuste Beziehung zur Urknalltheorie zusammen und beinhaltet Referenzen zu Gamow und die Entdeckung kosmischer Hintergrundstrahlung. Sie setzt sich außerdem umfangreich mit evolutionärer Kosmologie auseinander, mit einem besonderen Fokus auf die Entwicklung des Universums.

[20] K. Rudzinski, »Ungelöstes Rätsel Kosmos. Fortschritte der Astronomie – neue Fragen. Spekulationen über das Weltall«, *FAZ*, 15 November 1967 (DLA Marbach). Dieser Artikel diskutiert einige der offenen Fragen der zeitgenössischen Astronomie, einschließlich kosmogonischer und kosmologischer Spekulationen jener Zeit. Tatsächlich wurden alle heißen kosmologischen Themen der Zeit erwähnt, wie die Entstehung chemischer Elemente, die Diskussion um das Alter des Universums, oder die Konfrontation zwischen der Urknalltheorie und der Steady-Sate-Theorie, sowie einige ihrer führenden Verfechter, George Gamow bzw. Fred Hoyle. Dieses letzte Thema war auch folgender Artikel gewidmet [unbekannter Autor], »Welt-Entstehung. Schwarzes Loch«, *Der Spiegel*, Nr. 44, 1968, S. 177 (DLA Marbach). Weitere Informationen zum Thema finden sich bei Helge Kragh, *Cosmology and Controversy. The Historical Development of Two Theories of the Universe*, Princeton University Press, New Jersey, 1996.

sowie darauffolgende Revisionen der Relativität[21] – sie zeigen auch die Zunahme an Studien und Forschung in den Bereichen Astronomie und Astrophysik. Die in diesen Artikeln hervorgebrachten Argumente sind eng verknüpft mit dem, was heute als »Öffnung des elektromagnetischen Spektrums«[22] bekannt ist. Die darauffolgenden Fortschritte bei den Beobachtungstechnologien und der Start von Satelliten und Weltraumteleskopen machten unerforschte Bereiche des elektromagnetischen Spektrums endlich zugänglich. Ihre systematische Beobachtung brachte eine Reihe wissenschaftlicher Entdeckungen hervor und mit ihnen eine völlig neue Betrachtungsweise des Universums. Darum wird die zweite Hälfte des zwanzigsten Jahrhunderts landläufig als »das goldene Zeitalter« der Astronomie und Kosmologie bezeichnet, wobei das gesamte zwanzigste Jahrhundert als »kosmisches Jahrhundert«[23] gilt. Blumenberg lebte in eben jenem Jahrhundert und die astronomischen Artikel, die in seinem Nachlass in Marbach erhalten sind, stammen aus besagtem Zeitraum. Die geduldige und aufwändige Aufbereitung seiner Arbeit zur Geschichte der modernen Astronomie (*kW; GkW*)[24] verlieh ihm gewiss jene sonderbare Empfindsamkeit – informiert durch diese Geschichte[25] – die notwendig ist, um die Tragweite und Bedeutung dieser neuen astronomischen Errungenschaften zu verstehen. Als Ergebnis seiner

---

21 Werner Braunbek, »Wie steht es um Einsteins Gravitationstheorie?«, *FAZ*, 14. Februar 1968 (DLA, Marbach); W. Braunbek, »Neue Prüfung der Allgemeinen Relativitätstheorie. Am Merkur reflektierte Radarstrahlen im Schwerefeld der Sonne«, *FAZ* 8.5.68. (DLA Marbach); W. Braunbek, »Einsteins Theorie exakt bestätigt. Satellitenmessungen über 400 Millionen Kilometer Entfernung«, *FAZ*, 3. Februar 1971, Nr. 28. Enthält ebenfalls einen Artikel von Günter Haaf, »Hat Einstein sich verrechnet? Fortschritte und Rückschläge in der Relativitätstheorie«, *ZEIT*, 31 Juli 1970, Nr. 31, S. 31 (DLA Marbach).

22 Malcolm Longair, *The Cosmic Century. A History of Astrophysics and Cosmology* [2006], Cambridge University Press, 2013, Part III, »The opening up of the electromagnetic spectrum and new astronomies«, S. 123–72.

23 *Ibid.*

24 Vgl. hierzu auch A. Fragio, »›*Das Überleben der Übergänge*‹. Nuevos paradigmas de análisis de la obra de Hans Blumenberg«, in: A Fragio und Diego Giordano (Hsg.), *Hans Blumenberg: Nuovi paradigmi d'analisi*, Aracne Editrice, Roma, 2010, S. 27–74.

25 Vielleicht war das der Grund, weshalb in Blumenbergs postumen *Die Vollzähligkeit der Sterne*, despektierliche Kommentare zu Carl Sagan [1934–1996] zu finden sind – der zu jener Zeit als »der Astronom der Leute« bekannt war – in Form der folgenden Worte: »*Die propagandatüchtigen Forscher vom Typ des Carl Sagan* [...]« (*VS 401*). In der Sammlung an Zeitungsartikeln ist auch der folgende von Cal Sagen erhalten: »Wenn Viking fündig würde«, *ZEIT*, Nr. 28, 2 Juli 1976, S. 40 (DLA Marbach).

intellektuellen Ausbildung einerseits, und seines direkten Kontakts zu damals führenden Physikern und Mathematikern – wie unter anderem Carl Friedrich von Weizsäcker und Pascual Jordan – andererseits, wurde Blumenberg zum außergewöhnlichen Zeugen der Entwicklung der Astronomie im zwanzigsten Jahrhundert, der er philosophische Bedeutung beisteuern wollte. Folglich kam es zur »astronoetischen Glosse«, veröffentlicht in seinem posthum erschienen Buch *Die Vollzähligkeit der Sterne* [1997].[26] Daher sind weitere Aspekte, die eine kosmologische Interpretation von Blumenbergs Arbeit unterstützen, leicht zugänglich.

Solvitur ambulando

Zweifelsfrei haben die europäische Wissenschaftstradition, und ganz besonders die angelsächsische und deutsche Tradition, entscheidend zu den astronomischen Erkenntnissen der ersten Jahrzehnte des zwanzigsten Jahrhunderts beigetragen. Dennoch ermöglichte ein einzigartiges Phänomen wissenschaftlicher Schirmherrschaft – zur damaligen Zeit ausschließlich der Vereinigten Staaten – den Bau großer astronomischer Observatorien und den Start ehrgeiziger Forschungsprogramme.[27] Zudem verunmöglichten zwei Weltkriege eine tragendere Rolle Europas gänzlich. Dennoch möchte ich die ambigue Figur des amerikanischen Millionärs und Philanthropen – dem Blu-

---

[26] Wir können Blumenbergs Sammlung an Zeitungsartikeln als »empirische Materialien« der astronoetischen Glossen sehen, die in seinem posthumen Buch enthalten sind. Das Thema der »Astronoetik« geht zurück auf Blumenbergs kurze Texte aus dem Jahr 1958, die in seinem Nachlass erhalten sind mit dem Titel »Zerebrale Purifikation durch *Sus familiaris marcipanis*, unter besonderer Berücksichtigung der Möglichkeiten astronoetischer Anwendung«. Weiteres unter Rüdiger Zill, »Zu den Sternen und zurück. Die Entstehung des Weltraums als Erfahrungsraum und die Inversion des menschlichen Erwartungshorizonts«, in: Michael Moxter (Hg.), *Erinnerung an das Humane. Beiträge zur phänomenologischen Anthropologie Hans Blumenberg*, Mohr Siebeck, Tübingen, 2011, S. 300–26. Siehe auch Matthias Fischer und Petra Gehring, »Die Kränkung der Venus. Astronomie zwischen Wissenschaftsgeschichte und Astronoetik«, *Journal Phänomenologie*, n.° 35, Hans Blumenberg, 2011, S. 8–12.

[27] Donald E. Osterbrock, »The Observational Approach to Cosmology: U.S. Observatories Pre-World War II«, in: B. Bertotti *et alt.*, *Modern Cosmology in Retrospect*, *op. cit.*, S. 247–89, besonders S. 263.

menberg eine seiner besten astronoetischen Glossen[28] widmete – mit dem vornehmen europäischen »Marodeur« kontrastieren, wenn ich mich dieses Ausdrucks bedienen darf. In diesem Zusammenhang können noch weitere deutsche Astronomen und Astrophysiker wie Carl W. Wirtz, Paul ten Bruggencate, Otto Struve oder Albrecht Unsöld genannt werden, alle eng verbunden mit der Universität Kiel, die bekannterweise Hans Blumenbergs Alma Mater ist. Wir dürfen nicht vergessen, dass die Universität Kiel in der zweiten Hälfte des neunzehnten Jahrhunderts ein Referenzpunkt für physikalische Wissenschaften war und eben dort führende Wissenschaftler, wie Heinrich Hertz[29] [1857–1894], Max Planck[30] [1858–1947] oder Walther Kossel[31] [1888–1956] ausgebildet wurden. Wenn es um die reine Astronomie geht, darf ich auch Carl W. Wirtz [1876–1939] nicht auslassen, der während seiner Professur an der Universität Kiel in den Jahren 1919 bis 1937 wichtige astronomische Beobachtungen hinsichtlich der Radialgeschwindigkeit von Spiralnebel anstellte. Wirtz wurde häufig als Pionier im Verständnis der kosmologischen Rotverschiebung betrachtet und war, zusammen mit Knut Lundmark [1889–1958] und Gustaf Strömberg [1882–1962], ein eindeutiger

[28] Blumenberg erwähnte die Figur des Millionär-Philanthropen in einem bemerkenswerten Text zu Boltzmanns Besuch in den USA, siehe H. Blumenberg, »Ein Grab am Fuße des Fernrohrs« (*VS 328–330*).

[29] Hertz studierte in Berlin mit Helmholtz und Kirchhoff und wurde 1883 Dozent in Kiel. Wenige Jahre später im Jahr 1886 entdeckte er elektromagnetische Wellen, was James Clerk Maxwell zuvor postulierte. Für weitere Informationen zu Hertz in Kiel siehe Albrecht Unsöld, »Heinrich Hertz in Kiel. Zum hundertsten Geburtstag des Entdeckers der elektromagnetischen Wellen am 22. Februar 1957«, in: *Sterne und Menschen. Aufsätze und Vorträge*, Springer Verlag, Berlin, 1972, S. 26–9; und »Heinrich Hertz, Prinzipien der Mechanik. Versuch einer historischen Klärung«, *ibid*, S. 30–8.

[30] Zu Planck in Kiel, siehe Albrecht Unsöld, »Max Planck. Rede zur Enthüllung des Kieler Max-Planck-Denkmals am 23. April 1958«, *Sterne und Menschen, op. cit.*, S. 17–25, auf S. 18: »[Planck] *hatte er 1885–1889 als Professor der Theoretischen Physik an der Christian-Albrechts-Universität gewirkt bis zu seiner Berufung an die Universität Berlin, wo ihm dann 1900 die fundamentale Entdeckung des Elementarquantum h gelang*«.

[31] Albrecht Unsöld, »Walther Kossel (1888–1956)«, in: *Sterne und Menschen, op. cit.*, S. 39–43. Kossel war Rektor an der Universität Kiel im Kurs 1929/1930 und ordentlicher Professor für theoretische Physik 1921–1931. Er studierte mit Philipp Lenard in Heidelberg – seinem Doktorvater –, C. Röntgen, A. Sommerfeld und M. V. Laue, und weiteren. Seine Beiträge konzentrieren sich auf die Physik von Röntgenstrahlen in der Kristallstruktur, die Atomphysik in der Spektroskopie und der Chemie.

Vorläufer (wenn nicht gar Entdecker) – zum Nachteil von Hubble und Humason[32] – wenn es um das bereits erwähnte Verhältnis zwischen Geschwindigkeit und Abstand geht.[33] So kann man sagen: Die Radialgeschwindigkeit von Spiralnebel steigt mit der Entfernung.[34] Kurz nach seinem Ausschluss vom Lehrstuhl aus politischen Gründen und vor seinem Tod in Hamburg 1939, bot sich ihm die Gelegenheit an einem Forschungsprojekt in den USA[35] teilzunehmen, was die Tradition kurzer wissenschaftlicher Besuche deutscher Astronomen und Astrophysiker an den großen US-amerikanischen Observatorien begründete.

In diesem Zusammenhang möchte ich auch den Beitrag von Paul ten Bruggencate [1901–1961] nicht unerwähnt lassen, der im Rahmen eines Stipendiums Ende 1928 mehrere Monate im Mount Wilson Observatorium in Pasadena (Kalifornien) und am Harvard Observatorium in Cambridge (Mass.) verbracht hat. 1935 erhielt er eine Professur und war Hauptobservator am Einsteinturm, einem astrophysikalischen Observatorium in Potsdam, welches in den 20ern unter der Aufsicht des Astronomen Erwin Finlay-Freundlich [1885–1964] erbaut wurde und die Austragungsstätte für astronomische Observationen und Experimente sein sollte, die die Relativitätstheorie belegen würden. Hier formte sich auch eine Gruppe junger deutscher Astrophysiker, einschließlich Albrecht Unsöld auf den ich im Folgenden noch eingehen werde.

An dieser Stelle sollte ich außerdem den Astronomen Otto Struve [1897–1963] erwähnen, dessen familiäre Wurzeln in Holstein

---

32 Sidney van den Bergh, »Discovery of the Expansion of the Universe«, *Physics.hist-ph*, arXiv:1108.0709v2, 2011. Siehe auch Helge Kragh und Robert W. Smith, »Who Discovered the Expanding Universe?«, *History of Science*, vol. 41, 2003, S. 141–162.

33 Waltraut C. Seitter und Hilmar W. Duerbeck, »Carl Wilhelm Wirtz – A Pioneer in Observational Cosmology«, in: B. Bertotti *et alt.*, *Modern Cosmology in Retrospect, op. cit.*, S. 365–99.

34 Ein Resultat das Wirtz im Kontext des kosmologischen Modells von de Sitter interpretierte. Im Jahr 1924, »*realisierte Wirtz, dass Willem de Sitters theoretische Arbeit zu expandierender Kosmologie voraussetzte, dass Strahlengeschwindigkeit mit Entfernung zunahm. Wirtz* [...] *schlussfolgerte, dass de Sitters Kosmologie bestätigt war*«, in: B. Bertotti *et alt.*, *Modern Cosmology in Retrospect, op. cit.*, S. 263. Auf der Gleichen Seite: »*Erst nachdem die mentale Barriere gegen das expandierende Universum gebrochen war, wurde die theoretische Arbeit vonFriedmann, Lanczos und Lemaître akzeptiert und die Forschung von Wirtz, Lundmark und Hubble als starke beobachtende Unterstützung gewertet*«. Waltraut C. Seitter und Hilmar W. Duerbeck, *op. cit.*, S. 393.

35 *Ibid*, S. 367.

liegen und der in den 50ern einige Forschungsprojekte an den großen US-amerikanischen Observatorien durchführte, wie beispielsweise die Observatorien Lick, Mount Wilson und Palomar. Den Großteil seiner Karriere verbrachte er am Yerkes Observatorium an der Universität Chicago, wo er zahlreiche Auszeichnungen für seine Arbeit erhielt, die zum Verständnis von Sternenspektren und Nebel beitrug, woraufhin ihm einen Ehrendoktortitel von der Universität Kiel verliehen wurde.[36]

Allerdings ist Albrecht Unsöld [1905–1995] die relevanteste Person, wenn es um Blumenberg und Astronomie geht. In den Jahren zwischen 1932 und seinem Ruhestand im Jahr 1973 war Unsöld Professor an der Universität Kiel, in den Jahren 1946 und 1947[37] außerdem Dekan der *Philosophischen Fakultät* und in den Jahren 1958 und 1959 Rektor.[38] In eben dieser Zeit begann Blumenberg seine akademische Karriere an derselben Universität.[39] Während des Krieges organisierte Unsöld den Umzug der außerordentlich wertvollen alten Schumacher Bibliothek, welche mit Hilfe eines Militärlastwagens in eine Kleinstadt 50 Kilometer außerhalb von Kiel transportiert wurde. Die Bibliothek wurde nach dem Krieg nach Kiel zurückgebracht und zog in die atemberaubenden Räume eines alten Fabrikgebäudes am *Institut für Theoretische Physik und Sternwarte* ein, da das Observatorium in Kiel durch Bombeneinschläge zerstört wurde.[40]

---

[36] Albrecht Unsöld, *Sterne und Menschen. Aufsätze und Vorträge*, Springer Verlag, 1972, Berlin, S. 60.

[37] Im Gleichen Jahr, am 17. Dezember 1947, präsentierte Blumenberg seine Dissertation an der *Philosophischen Fakultät*. H. Blumenberg, »Sinn und Zweck meiner der Hohen Philosophischen Fakultät der Christian-Albrechts-Universität zu Kiel vorgelegten Dissertation *Beiträge zum Problem der Ursprünglichkeit der mittelalterlich-scholastischen Ontologie*« (DLA Marbach).

[38] Bodo Baschek, »Nachruf«, *op. cit.*, S. 12.

[39] Ab dem 1. September 1948 war Blumenberg ein wissenschaftlicher Mitarbeiter am *Philosophischen Seminar* und am 28. Juni 1950 erhielt er seinen Abschluss. Ab dem 27. März 1956 arbeitete er auf »*Diätendozentur*« und am dem 27. August 1957 als »*apl. Prof.*« (*Lebenslauf*, DLA Marbach). Seine Professur an der Universität Hamburg erhielt er wahrscheinlich Ende Juli 1958. Weitere Informationen zu Blumenbergs Leben in Kiel finden sich bei Georges-Arthur Goldschmidt, »Blumenberg à Kiel«, *Cahiers Philosophiques*, Blumenberg, 123, 4ᵉ trimestre, 2010, S. 57–8, und Rüdiger Zill, *Der absolute Leser. Eine intellektuelle Biographie*, Suhrkamp Verlag, Berlin, 2020, »Von der Schwierigkeit, sein Brot zu verdienen«, S. 114–234.

[40] Volker Weidemann, »Albrecht Unsöld (1905–1995)«, *Publications of the Astronomical Society of the Pacific*, vol. 108, n.º 725, 1996, S. 553–55. Es scheint als wäre an der Fachholschule der Universität in Kiel ein neue Observatorium gebaut worden. Mit

In Blumenbergs Nachlass ist auch ein Zeitungsartikel erhalten geblieben zu Unsöld und einer Physik-Konferenz die in Berlin stattfand, wahrscheinlich im Zusammenhang mit der *Deutschen Physikalischen Gesellschaft*.[41] Es ist vorstellbar, dass Blumenberg Unsöld im Rahmen seiner gewöhnlichen Aktivitäten an der Philosophischen Fakultät kennenlernte, oder bei einer seiner öffentlichen Ehrungen und Zeremonien. Diese wurden regelmäßig durch die Universität organisiert, wie beispielsweise zum Anlass der Einweihung des Max-Planck-Monuments in Kiel,[42] oder Unsölds Ansprache als Rektor zum Thema »Physik und Geschichte« am 12. Mai 1958.[43]

Unsöld selbst war ein weiterer dieser vornehmen »Marodeure«.[44] Nachdem er an den Universitäten in Tübingen und München Physik studiert und einen kurzen Aufenthalt in Potsdam an besagtem *Einsteinturm* hatte, erhielt Unsöld ein Stipendium von der Rockefeller Stiftung für einen Forschungsaufenthalt im Mount

---

einiger Wahrscheinlich bezieht sich Blumenberg auf Letzteres in der folgenden sardonischen Bemerkung: »*Wie ›in unseren Kreisen‹ üblich, haben sich auf der Kieler Sternwarte, auf der alle Kometen und Supernovae im Voraus beklatscht werden (meistens kommen sie dann gar nicht)* […]«. Brief von Blumenberg an Alfons Neukirchen, vom 24. Januar 1958 (DLA Marbach).

41 Robert Gerwin, »Quarks, Sterne und Kristalle. Vorschlag für neuartigen Ionen-Beschleuniger. Von der Physikertagung in Berlin«, *FAZ*, 11 Oktober 1967, Nr. 236 (DLA Marbach).

42 Albrecht Unsöld, »Max Planck. Rede zur Enthüllung des Kieler Max-Planck-Denkmals am 23. April 1958«, in: Albrecht Unsöld, *Sterne und Menschen, op. cit.*, S. 17–25.

43 Albrecht Unsöld, »Physik und Historie. Kieler Rektoratsrede vom 12. Mai 1958«, *Veröffentlichungen der Schleswig-Holsteinischen Universitätgesellschaft*. Neue Folge, n.° 24, Kiel, F. Hirt Verlag, veröffentlicht in *Sterne und Menschen, op. cit.* S. 1–16. Es ist jedoch möglich, dass Blumenberg bereits in Hamburg war, als Unsöld seinen Vortrag zu Wissenschaft und Forschung in der modernen Gesellschaft bei der »Kieler Universitätswoche« gehalten hat, siehe Unsöld, »Wissenschaft und Forschung in der modernen Gesellschaft. Zur Kieler Universitätswoche im Januar 1959«, auszugsweise veröffentlich in *ZEIT* vom 13. Februar 1959, veröffentlicht in *Sterne und Menschen, op. cit.*, S. 151–68.

44 Weitere Informationen über Unsölds Leben und wissenschaftliche Beiträge finden sich im Nachruf von Volker Weidemann, *op. cit.*; und Bodo Baschek, *Mitteilungen der Astronomischen Gesellschaft*, vol. 79, S. 11–5. Siehe auch die Texte von O.C. Wilson und Sir Harold Jeffreys zum Anlass der Goldmedaillenverleihung durch die Royal Astronomical Society, *Publications of the Astronomical Society of the Pacific*, vol. 68, n.° 401, April, 1956, S. 89 und 91; bzw. *Monthly Notices of the Royal Astronomical Society*, vol. 117, S. 344–6.

Wilson Observatorium in Pasadena in den Jahren 1928–1929.[45] Nach seiner Rückkehr nach München, und der Zulassung für seine Arbeit zum Wasserstoffvorkommen im Sonnensystem, welche belegte, dass kein anderes chemisches Element häufiger vorkommt,[46] wurde er zum Assistenten am *Institut für Theoretische Physik* in Hamburg ernannt und erhielt im September 1932, mit nur 27 Jahren, eine Vollprofessur und eine Stelle als Direktor des *Instituts für Theoretische Physik* an der Universität Kiel. Mit seinen Beiträgen zu sowohl der Theorie von stellaren Atmosphären als auch zur Untersuchung des Sonnenspektrums aus Sicht der Astrophysik – etwas das er in seinen Jahren als Student von Arnold Sommerfeld gelernt hatte – verdiente er sich Anerkennung in internationalen wissenschaftlichen Kreisen. Besonders nach der Publikation seiner umfangreichen Monographie *Physik der Sternatmosphären*[47] im Jahr 1938, in der er eine komplexe mathematisch-physikalische Analyse der Spektroskopie entwickelte, die wiederum jahrzehntelang ein Referenzbuch in der Astrophysik war,[48] einschließlich eines Abschnittes aus der zweiten Edition (1955),

---

45 »*Auf seinem Heimweg besuchte er Harvard und gab einen Vortrag zu Sternenspektren vor Milne, Shapley, und Eddington. Eddington war skeptisch -wie Unsöld mir sagte- lud ihn jedoch zu Tee und Abendessen nach Cambridge ein. Unsöld hielt dies für eine zu große Ehre für einen 24-jährigen*«. V. Weidemann, *op. cit.*, S. 554. Eddington gehörte zur ersten Generation der großen Theoretiker der Relativität. Er lieferte astronomische Belege für die Validität der Relativitästheorie und war einer der Architekten der modernen Theorie der Sterne. Weitere Informationen bei Jacques Merleau-Ponty, *Conditions*, *op. cit.* S. 307. Zwischen 1924 und 1925, führte Hubble die extragalaktische Natur von Spiralnebel am Mount Wilson Observatoium ein. Siehe Helge Kragh und Robert W. Smith, »Who Discovered the Expanding Universe?«, *op. cit.*, S. 141–162.

46 A. Unsöld, »Über die Struktur der Fraunhoferschen Linien und die Quantitative Spektralanalyse der Sonnenatmosphäre«, *Zeitschrift für Physik*, 46, 1928, S. 765–81. Weitere Informationen bei M. Longair, *The Cosmic Century*, *op. cit.*, S. 41.

47 Albrecht Unsöld, *Physik der Sternatmosphären. Mit besonderer Berücksichtigung der Sonne*, Verlag von Julius Springer, Berlin, 1938. Der Rückfall auf Aristoteles und Galileo auf S. III ist bemerkenswert: »*Die größte Schwierigkeit einer Einführung in die neuere Astrophysik liegt in der Abgrenzung gegen die ›terrestrische‹ Physik*«.

48 Unsölds Buch *Der neue Kosmos: Einführung in die Astronomie und Astrophysik*, wurde 1967 erstmals veröffentlicht und stellt auch heute noch eine valide Einführung in die Astronomie und Astrophysik an Universitäten dar, in einer überarbeiteten und erweiterten Version von Bodo Baschek. Es wurde in mehrere Sprachen übersetzt (beispielsweise ins Englische: *The New Cosmos. An Introduction to Astronomy and Astrophysics*, Springer, Berlin, 2005). Der Buchtitel wurde von Unsöld in Anlehnung an Humboldts bekanntes *Kosmos* gewählt.

der sich dem aufstrebenden Feld der Radio-Astronomie widmete.[49] Im Jahr 1939, am Vorabend des zweiten Weltkriegs, wurde Unsöld als Gastprofessor in das Yerkes Observatorium[50] an der Universität Chicago eingeladen, wo er mit dem bereits erwähnten deutschstämmigen Astronomen Otto Struve arbeiten sollte. Dort erlangte er die erste detaillierte Spektralanalyse der Atmosphäre eines Sterns, der nicht die Sonne war, nämlich der Stern Tau Scorpii BO.[51] Nach dem Krieg reiste er zwischen 1957 und 1961 mehrmals in die Vereinigten Staaten, was den Kontakt zu seinen amerikanischen Kollegen wiederbelebte und damit auch die Tore für deutsche Forschende und Studierende an wichtigen amerikanischen Observatorien wieder öffnete. Während seiner Jahre in Kiel, vor allem im Laufe der 60er, erforschte Unsöld die Formation chemischer Elemente und deren relativer Häufigkeit in der Zusammensetzung von Sternen.[52]

---

49 Bis 1975 hatte die Universität Kiel ebenfalls ein Observatorium für Radioastronomie. Siehe V. Weidemann »Albrecht Unsöld (1905–1995)«, *op. cit.*, S. 554; und Bodo Baschek, »Nachruf«, *op. cit.*, S. 12. Unsöld führte an, dass Radiosterne massearme Zwerge mit geringer optischer Leuchtkraft sein könnten, aber durchaus aktiv und kosmische Strahlung generierend. Siehe Unsöld, »Über den Ursprung der Radiofrequenzstrahlung und der Ultrastrahlung in der Milchstrasse«, *Zeitschrift für Astrophysik*, 36, 1949, S. 176–99; und »Origin of the Radio Frequency Emission and Cosmic Radiation in the Milky Way«, *Nature*, 163, S. 489–91. Weitere Informationen M. Longair, *The Cosmic Century*, *op. cit.*, S. 311.

50 Hubble wurde 1919 im Gleichen Observatorium zum professionellen Astronomen ausgebildet. Siehe Helge Kragh und Robert W. Smith, »Who Discovered the Expanding Universe?«, *History of Science*, vol. 41, 2003, S. 141–162.

51 Eine Zusammenfassung der stellaren Evolution während der ersten Hälfte des zwanzigsten Jahrhundert und dem Zweiten Weltkrieg liegt vor von Vittorio Castellani und Cesare Chiosi, »L'evoluzione stellare«, in: C. Castagnoli und A. Masani (Hsg.), *Astronomy and Astrophysics*, *op. cit.*, S. 93–9, in S. 94: »*la teoria della struttura ed evoluzione stellari si sviluppò* [...] *sotto il continuo progredire della conoscenza del comportamento fisico della materia, dalla fisica classica alla meccanica quantistica, dalla relatività alle interazioni forti ed alle interazioni deboli*«.

52 Harold Jeffrey, *op. cit.*, S.: 346: »*Das direkteste quantitative Ergebnis einer Forschung von stellaren Linienstärken ist die Bestimmung einer Reihe von Atomen in der Atmosphäre der Sterne und daher die chemische Komposition*«. Im Zeitungsartikel von Thomas v. Randow, »Mysteriöse blaue Punkte. Quasars geben neue Rätsel auf – Trügt die Rotverschebung?«, *ZEIT*, 15 März 1968, Nr. 11, S. 29 (DLA Marbach), wird die Grundlage der Spektralanalyse und chemischen Identifikation der Elemente durch das von ihnen ausgestoßene Licht erklärt. Der oben genannte Artikel von Robert Gerwin, »Quarks, Sterne und Kristalle«, *op. cit.* Gibt eine umfassende Übersicht darüber, wie Unsölds Beiträge ihre Bedeutung für die Astronomie und Kosmologie bekamen: »*Der Kieler Professor A. Unsöld unternahm bei der Physikertagung in Berlin den Versuch, die heutigen Vorstellungen von der Entstehung der chemischen Elemente im Rahmen eines*

Tatsächlich trug Unsöld sowohl aktiv als auch diskret zur Debatte um den Ursprung chemischer Elemente in Sternen bei.[53] Ein Thema, das uns direkt zu einem weiteren herausragenden deutschen Wissenschaftler führt, Carl Friedrich von Weizsäcker,[54] mit dem Blumenberg in seinen letzten Jahren in Kiel und, wie wir gleich sehen werden, während seiner kurzen Zeit an der Universität Hamburg, eine intensive akademische und intellektuelle Beziehung unterhielt.

Nachdem Fritz Houtermans [1903–1966] und Robert Atkinson [1898–1982] 1927 entdeckten, dass Sterne durch nukleare Reaktionen angetrieben werden, begannen Astrophysiker sich mit der Formation chemischer Elemente und deren relativer Häufigkeit im Universum zu befassen.[55] Carl Friedrich von Weizsäcker[56] [1912–2007] und Hans Bethe[57] [1906–2005] erklärten unabhängig voneinander die Trans-

---

Plenarvortrags zu beschreiben. Durch die Auswertung der Spektren von Sternen kann man Aussagen über die Häufigkeit der chemischen Elemente in den verschiedenen Sterntypen machen. Auf Grund der Häufigkeitsverteilung der chemischen Elemente lassen sich dann theoretische Modelle konstruieren, die erklären, wie es durch eine Folge von kernphysikalischen Prozessen zur Bildung der verschiedenen Atomkernarten gekommen ist, die die in der Natur vorgefundenen 92 chemischen Elemente repräsentieren. Die ursprüngliche Vorstellung, dass die verschiedenen Atomarten bis hin zu den schwersten chemischen Elementen bei dem grossen ›Urknall‹ zu Beginn der Expansion unseres Weltalls entstanden sind, musste in den letzten Jahren aufgegeben werden. Man beobachtet gerade in sehr jungen Sternen einen besonders hohen Anteil schwerer Elemente. Diese müssen also wohl im Innern von Sternen gebildet werden. Die Entstehung der chemischen Elemente ist also keineswegs ein in sich abgeschlossener Prozess. Doch allein reicht das Innere der Sterne wiederum nicht aus, die heute beobachtete Häufigkeitsverteilung der chemischen Elemente zu erklären. Vor allem die Häufigkeit des Heliums lässt sich auf dieser Basis nicht verstehen. So neigt man heute dazu, die vor zehn Jahren zu den Akten gelegte Urknall-Theorie wieder herauszuholen und in gemässigter Form erneut einzuführen. Es sollte in der Anfangszeit unseres Kosmos, als dessen Materie noch ziemlich auf engem Raum konzentriert war, zumindest ein grosser Feuerball wirksam gewesen sein, in dem Wasserstoff in grossen Mengen zu Helium verbrannt wurde«.

53 A. Unsöld, »Abundance Distributions and Origin of the Elements«, *Naturwiss.*, 63, 443, 1976. Siehe auch »Die chemische Zusammensetzung der Sterne«, *Sterne und Menschen, op. cit.*, S. 79–108.

54 Unsöld bezieht sich auf unterschiedlichen Teilen seiner Arbeit auf Weizsäcker und Bethe. Siehe zum Beispiel, *Sterne und Menschen, op. cit.*, S. 5 und S. 81.

55 Mehr Informationen zu Sternenevolution und Nuklearphysik unter Jacques Merleau-Ponty, *Conditions, op. cit.* S. 203. Siehe auch M. Longair, *The Cosmic Century, op. cit.*, »Early theories of stellar structure and evolution«, S. 30 ff.

56 C. F. von. Weizsäcker, »Über Elementumwandlungen im Innern der Sterne I«, *Physikalische Zeitschrift*, 38, 1937, S. 176–91; und »Über Elementumwandlungen im Innern der Sterne II«, *Ibid.*, 39, 1938, S. 633–46.

57 H. Bethe, »Energy production in stars«, *Physical Review*, 55, 1939, S. 434–56.

formation von Wasserstoff zu Helium durch einen Kreislauf, der die Produktion von Kohlenstoff, Stickstoff und Sauerstoff beinhaltet.[58] Die Frage war daher nicht nur, wie der Ursprung von Wasserstoff, sondern auch die Anordnung der chemischen Elemente zu erklären war, die in die Produktion von Helium involviert sind und wie sich all diese Elemente in Sternen synthetisieren.

In einer bekannten wissenschaftlichen Arbeit von 1948 führten Ralph Alpher [1921–2007], Hans Bethe – *in absentia* – und George Gamow [1904–1968] an, dass der Ursprung chemischer Elemente ein singulärer Produktionsprozess von einfachen nuklearen Strukturen ist, die aus den frühen Stadien der Entstehung des Universums stammen.[59] Nach dieser Theorie wurde Wasserstoff – das schlichteste chemische Element – als erstes synthetisiert und, durch einen Mechanismus der sukzessiven Addition von Neutronen, wurden dann die schwereren Atomkerne anderer chemischer Elemente geformt. Diese Theorie konnte zwar die Ursprünge leichterer chemischer Elemente erklären, jedoch nicht das Vorhandensein von Elementen, die schwerer sind als Lithium. 1953 gab Fred Hoyle [1915–2001], ein Nuklearphysiker und Kosmologe, eine zufriedenstellende Erklärung zu den nuklearen Reaktionen, die an diesem Prozess mitwirken und 1957 lieferte er zusammen mit William Fowler [1911–1995], Margaret

---

[58] M. Longair, *The Cosmic Century, op. cit.*, S. 49 und S. 131. Es gibt eine explizite Referenz zu diesem Thema im Zeitungsartikel von K. Rudzinski, »Ungelöstes Rätsel Kosmos. Fortschritte der Astronomie – neue Fragen / Spekulationen über das Weltall«, *FAZ*, 15 November 1967 (DLA Marbach). In diesem Artikel erwähnen Bethe und Weizsäcker den nuklearen Prozess in Sternen: »*Kernphysik* [...] *fundierte Vorstellungen über die Energieprozesse und über den Energiehaushalt der Fixsterne.* [...] *Diese Vorstellungen verdanken wir von allem den Physikern Hans Bethe, der dafür jetzt mit dem Nobelpreis für Physik ausgezeichnet wurde, und Carl Friedrich von Weizsäcker*«. In einem anderen, früheren Artikel gibt es umfangreiche Erwähnungen von K. Rudzinski zur Bildung chemischer Elemente, vor allem Wasserstoff. »Das Alter der Milchstraße«. Rechnung mit vielen Unbekannten / Vor der 47. Astronomentagung. 1. Oktober 1963, Nr. 227, S. 9. [*FAZ*?] (DLA, Marbach). Dieser Artikel beinhaltet auch einen Epigraph zu Kopernikus und Melanchton und bezieht sich auf das folgende Buch, Markierung von Blumenberg: »*Philipp Melanchthon und das kopernikanische Weltsystem* zeigte K. Müller, Godesberg«. Blumenbergs Markierung.

[59] Jacques Merleau-Ponty, *Cosmologie, op. cit.*, S. 61: »*George Gamow* [...] *exploitant l'audacieuse hypothèse de Lemaître, il supposa que la genèse des atomes qui ne pouvait se faire entièrement dans les étoiles, s'était produite dans les minutes suivant la singularité cosmique*«. Siehe auch S. 342 ff und S. 371.

Burbidge [1919–2020] und Geoffrey Burbidge[60] [1915–2010] eine Beschreibung der Nukleosynthese schwerer chemischer Elemente in Supernova Explosionen.[61] Das Ergebnis war eine leidenschaftliche Debatte zwischen Advokaten der Steady-State-Theorie – welche von der permanenten Erzeugung von Materie-Energie *ex nihilo* ausgeht – und Verfechter einer Theorie, die heute als Urknall-Theorie[62] bekannt ist. In dieser letzten Debatte sind die Beiträge von Pascual Jordan besonders signifikant. Jordan war Mathematiker und theoretischer Physiker und Blumenberg traf ihn in Zusammenhang mit der *Akademie der Wissenschaften und der Literatur zu Mainz*. Bevor ich jedoch

---

[60] Im Zeitungsartikel stellt K.R. [K. Rudzinski?], »Sturz eines Weltall-Modells. Begrenzte Materie-Hierarchie / Keine Super-Galaxienhaufen im Universum«, [*FAZ*?], 6. Januar 1971 (DLA Marbach), ebenfalls eine Referenz zu den Beiträgen von Geoffrey Burbidge und A. M. Wolfe zur Erforschung lokaler Variationen von Röntgenstrahlen und Röntgen-Hintergrundstrahlung her: »*Untersuchungen von A. M. Wolfe (Universität von Kalifornien) und G. R. Burbidge (Universität von Cambridge), über die beide in »Nature« (19. 12) berichten, haben ergeben, daß die beobachteten minimalen lokalen Unterschiede in der Röntgen-Hintergrundstrahlung signifikant niedriger sind, als sie sein müßten, wenn die Röntgen Strahlungsquellen die gleiche Verteilung hätten wie die Galaxien*«. Blumenberg Hervorhebung.

[61] Eine Zusammenfassung findet sich in Paul Murdins *Secrets of the Universe: How We Discovered the Cosmos*, The University of Chicago Press, 2009, Kap. 46, »The Origin of the Elements«, S. 224–7. Die Meilensteine bei der Bildung chemischer Elemente in Sternen warden im folgenden aktualisierten Zeitungsartikel von Hans Jörg Fahr dargelegt, »Kosmische Elementenzeugung in Zehntelsekunden? Explosionsphasen der Sternentstehung – eine neue Hypothese für kosmische Materieschöpfung«, *FAZ* (DLA Marbach): »*Die vielen komplizierten chemischen Elemente, die das Weltall in sich birgt, können nicht von Ewigkeit an existiert haben, sondern müssen irgendwann in kosmogonisch früher Zeit aus den Kernen des Wasserstoffs aufgebaut worden sein*«. Dieser Artikel widmet sich einer Durchsicht von Arnetts und Claytons Arbeit, veröffentlicht in *Nature*, mit dem Titel »Explosive Nucleosynthesis in Stars«, zur Bildung von Kernen während der Explosion von Sternen: »*die höheren Elemente aus einer Explosion eines Nichtgleichgewichtsplasmas des Sternzentrums hervorgehen, die von entarteten Elektronen herbeigeführt wird und in Sekundenschnelle aufgebaut wird*«. In diesem Artikel werden auch Hoyle, Burbidge und Fowler erwähnt.

[62] Helge Kragh, *Cosmology and Controversy: The Historical Development of Two Theories of the Universe*, Princeton University Press, 1996, S. 202–68. Siehe auch M. Longair, *op. cit.*, Part V »Astrophysical cosmology since 1945«, S. 316 ff. Weitere Informationen zu Nukleosynthese siehe Bernard E. J. Pagel, *Nucleosynthesis and the Chemical Evolution of Galaxies* [1997], Cambridge University Press, 2009. Zur evolutionären Kosmologie gehört auch Unsölds bekanntes *Evolution kosmischer, biologischer und geistiger Strukturen* [1981], 2. Auflage, Wissenschaftliche Verlagsgesellschaft, Stuttgart, 1983.

näher auf Jordan eingehe, würde ich gerne noch kurz die Beziehung zwischen Blumenberg und Weizsäcker beleuchten.

Weizsäcker wurde 1912 in Kiel in eine einflussreiche und wohlhabende Familie geboren. Sein Vater war während des zweiten Weltkriegs Diplomat und Staatssekretär im Auswärtigen Amt. Sein Onkel wurde in den 80ern zum Bundespräsidenten der Bundesrepublik Deutschland gewählt. Weizsäcker studierte Physik, Astronomie und Mathematik in Berlin, Göttingen und Leipzig mit Werner Heisenberg und Niels Bohr als Professoren. In den frühen 30ern leistete er entscheidende Beiträge zur Erforschung von Bindungsenergien von Nuklearkernen und zum bereits erwähnten Prozess der Nuklearenergiegewinnung im Sterninneren. 1942 wurde er zum Professor für Theoretische Physik an der Universität in Strasbourg ernannt und war in das deutsche Projekt zur Herstellung einer Atombombe involviert – wie Einstein später in seinem bekannten Brief an Franklin D. Roosevelt, zu jener Zeit Präsident der USA, anprangerte. Nach Kriegsende durfte er jedoch nach Deutschland zurückkehren. 1946 wurde er Direktor der Fakultät für Theoretische Physik am Max-Planck-Institut in Göttingen. In den Jahren 1957 bis 1969 wurde er zum Professor für Philosophie und Leiter der Seminare für Philosophie an der Universität Hamburg ernannt und zu genau dieser Zeit und in eben jenem Kontext fand sein intellektueller und persönlicher Austausch mit Blumenberg statt.[63]

Neben seinen Beiträgen zum Verständnis der Rolle der Sterne bei der Entstehung chemischer Elemente[64] trug Weizsäcker auch eine

---

63 Weitere Informationen zu Weizsäcker in Hamburg von Ulrich Gähde, »Carl Friedrich von Weizsäcker als Professor am Philosophischen Seminar der Universität Hamburg«, in: Stephan Albrecht, Ulrich Bartosch, Reiner Braun (Hsg.), *Zur Verantwortung der Wissenschaft – Carl Friedrich von Weizsäcker zu Ehren*, Lit Verlag Dr. W. Hopf, Berlin, 2008, S. 35–44. Dieser Monograph enthält eine Sammlung von Arbeiten zu Ehren von Weizsäcker. Weitere Informationen zu Weizsäckers Leben und seine wissenschaftlichen und philosophischen Beiträge bei Dieter Hattrup, *Carl Friedrich von Weizsäcker. Physiker und Philosoph*, Primus Verlag, Darmstandt, 2004.

64 Weizsäcker hatte Gelegenheit die Sachen mit Gamow zu besprechen: »*Ein entscheidender Teil von Gamows Arbeit in der zweiten Hälfte der 1930er Jahre befasste sich mit astrophysikalischen Problemen. Sie deckten eine große Palette an Themen ab, von Sternenenergie über Supernovae bis hin zu Galaxienbildung, aber Gamow konzentrierte sich bald schon auf die Entstehung chemischer Elemente in stellaren und, schließlich, kosmologischen Prozessen. Er war bekannt mit Carl Friedrich von Weizsäckers Konzept der Elementen Formation in einem vor-stellaren, hochkompakten Zustand des Universums, ein Szenario das er im Sommer 1938 mit von Weizsäcker besprach, bevor es*

Theorie zur Entstehung des Sonnensystems vor,[65] basierend auf der Nebularhypothese von Kant-Laplace.[66] Diesem Blick auf den Kosmos zufolge entwickelten sich sowohl die Sonne als auch die Planeten im Sonnensystem aus einer Gaswolke, die größtenteils aus Wasserstoff und Helium bestand.[67]

Es ist wahrscheinlich, dass Blumenberg und Weizsäcker sich in den späten 50er Jahren in Kiel begegnet sind. In seinen Notizen über die ersten Vorlesungen an der Universität referenzierte Blumenberg bereits Weizsäckers Arbeit. Beispielsweise gewidmet dem Konzept der Geschichte im Manuskript der Vorlesung IV.[68] Unter den Unterlagen aus dieser Stunde befand sich auch eine Zusammenfassung vom 29. Mai 1950 – und ich kann mit einiger Gewissheit sagen, dass sie von einem von Blumenbergs Studenten[69] geschrieben wurde – in der es um Kant und Herder[70] geht, mit einer expliziten Referenz auf Weizsäckers Buch *Die Geschichte der Natur* [1948]. Auch in der Vorlesung XVI zu »Elementarbegriffe des wissenschaftlichen Denkens«[71]

---

gedruckt erschien (Weizsäcker 1938)«, Helge Kragh, »George Gamow and the ›Factual Approach‹ to Relativistic Cosmology«, in: A. J. Kox und J. Eisenstaedt (Hsg.), *The Universe of General Relativity*, Serie: Einstein Studies, Vol. 11 2005, Birkhäuser, Boston, Kap. 11, S. 177. Eine kurze Einordnung von Weizsäckers Beiträgen erschien in H. Kragh, *Cosmology and Controversy, op. cit.*, S. 97–101.

65 Siehe Carl Friedrich von Weizsäcker, *Die Entstehung des Planetensystems* [1943], Wissenschaftliche Vorträge gehalten auf der akademischen Jahresfeier der technischen Hochschule München, 1950, S. 1–8. Siehe auch Jacques Merleau-Ponty, *Conditions, op. cit.* S. 337.

66 Jacques Merleau-Ponty, *Conditions, op. cit.* S. 273–300.

67 In *Die Tragweite der Wissenschaft*, Weizsäcker fasste seine Eindruckte wie folgt zusammen: »*Einer der aktivsten heutigen Erforscher dieser Frage, G. Kuiper, meint, dass sich die dichteren Teile des Nebels unter dem Einfluss ihrer eigenen Gravitation weiter verdichteten; das ist genau Kants Ansicht. Ich habe eine etwas abweichende Theorie vorgeschlagen, in der die Körper der Planeten sich aus Staub gebildet haben sollten, der durch chemische Kondensation der schwereren Elemente in dem Nebel entstanden ist*«. Carl F. v. Weizsäcker, *Die Tragweite der Wissenschaft*, Hirzel, Stuttgart, 1990, 6. Auflage, S. 156.

68 »Der Begriff der Geschichte«, *Vorlesung IV* (DLA Marbach).

69 »*Protokoll der Seminarsitzung vom 29.06.50*« (DLA Marbach).

70 Neben anderen Texten diskutierten sie Herders *Ideen zur Philosophie der Geschichte der Menschheit*. Mit Bezug auf Kant schrieb Blumenberg: »*Unser Verfasser hebt damit an, die Aussicht zu erweitern, um dem Menschen seine Stelle unter den übrigen Planetenbewohnern unserer Sonnenwelt anzuweisen* […]«. *Vorlesung IV* (DLA Marbach).

71 In diesen Unterlagen zu seiner Vorlesung verweist Blumenberg auf »Technik und Wahrheit«, veröffentlicht im Vorgang zu einer Konferenz in Brüssel im Jahr 1953, wo er auch Weizsäcker erwähnte. Siehe Hans Blumenberg, »Technik und Wahrheit« (*TuW*

finden sich zwei weitere Referenzen auf dieselbe Arbeit von Weizsäcker und sein Artikel »Das Experiment«, veröffentlicht im Jahr 1947 in *Studium Generale,*[72] ein Journal in dem Blumenberg selbst Arbeiten zu eben jener Zeit veröffentlichte. Auch in der Vorlesung XXIX mit dem Titel »Philosophische Weltmodelle«[73] referenziert Blumenberg – ohne den Titel zu spezifizieren – eine Arbeit von Weizsäcker aus dem Jahr 1958, wahrscheinlich *Die Geschichte der Natur.*[74] Sowohl in dieser als auch in der vorherigen Vorlesung kann man Blumenbergs Versuche erkennen, philosophisch-metaphysische Untersuchungen der Kosmologie anzustellen.[75] Dies hatte er bereits während seiner

---

113–20). Auf S. 117: »*Die Wirklichkeit, mit der es die Physik zu tun hat, läßt sich definieren als der* ›Bereich der Möglichkeiten, Phänomene der Wahrnehmung willkürlich hervorzubringen‹ (C.F.v. Weizsäcker)«.

72 Carl Friedrich von Weizsäcker, »Das Experiment«, *Studium Generale,* 1, 1947, S. 3–9.

73 Vorlesung XXIX (DLA Marbach).

74 Das Buch umfasst eine Reihe von 12 Vorträgen, die Weizsäcker 1946 in Göttingen hielt; es wurde 1948 von Hirzel veröffentlicht, Leipzig/Stuttgart/Zürich, (es gibt eine neue Ausgabe vom gleichen Verlag Hirzel, Stuttgart 2006). Das Buch umfasst die folgenden Kapitel: I. *Einleitung;* II *Rückgang in die Geschichte der Erde;* III *Die räumliche Struktur des Kosmos;* IV *Die zeitliche Struktur des Kosmos;* V *Unendlichkeit;* VI *Sternsysteme;* VII *Sterne;* VIII *Die Erde;* IX *Das Leben;* X *Die Seele;* XI. *Der Mensch. Äußere Geschichte;* XII *Der Mensch. Innere Geschichte.* Es enthält zudem einige atemberaubende Fotografien von Spiralnebel, Gas- und Staubwolken, von einem kugelförmigen Sternhaufen und der magellanschen Wolke. In der bereits erwähnten Zusammenfassung wurde Weizsäckers Buch wie folgt vorgestellt: »*Ein Beweis dafür, wie Dinge, wie sie Herder Beschäftigen, im geistigen Leben immer wieder zum Problem werden, ist ein modernes Buch Karl Friedrich von Weizsäckers mit dem Titel* »Geschichte der Natur«, *das Göttinger Vorlesungen enthält und aufs das der Herr Seminarleiter besonders hinwies*«. Eine Einschätzung von *Die Geschichte der Natur* in Dieter Hattrup, *Carl Friedrich von Weizsäcker, op. cit.,* S. 207–22.

75 Ein Beispiel dafür: »*Integration von Erkenntnissen über die physische Realität zu einem kosmologischen Weltmodell ist etwas anderes als die Vorstellung der Summierung bekannter Teile des physischen Alls. Die kosmologische Integration setzt immer schon an, obwohl der Verdacht oder die Gewissheit besteht, dass wesentliche Teile des Universums nicht bekannt sind, vielleicht nie oder in einer allzu fernen Zukunft bekannt werden können*« (PMWM -1-). In den Notizen zu seiner Vorlesung schrieb Blumenberg: »›*Weltmodell‹ ist ein term. techn. der Kosmologie*«. Vorlesung XXIX (DLA Marbach). Blumenberg entwickelte dieses Thema in seiner Einführungsrede am 1. Juli 1961 an der Universität in Gießen Weiter und im dritten Abschnitt [1973] von *Die Legitimität der Neuzeit* [1966]. Zu diesem Thema siehe A. Fragio, »›*Das Überleben der Übergänge*‹. Nuevos paradigmas de análisis de la obra de Hans Blumenberg«, in: A. Fragio und Diego Giordano (Hsg.), *Hans Blumenberg: Nuovi paradigmi d'analisi,* Aracne Editrice, Roma, 2010, S. 41–3.

Promotion und seiner Habilitation begonnen,[76] jedoch mit dem entscheidenden Unterschied, dass seine Ideen nun einen eminent epistemologischen Ansatz verfolgen, welcher einige historische Anmerkungen[77] enthält und Blumenbergs bemerkenswerte Kenntnis über die damalige Astronomie zeigt:

> Ich brauche nur darauf hinzuweisen, dass im Verhältnis zu den Größenordnungen, mit denen wir heute in der Astronomie und Kosmologie rechnen, bei der Beobachtungsgenauigkeit der frühen Neuzeit dafür relativ bescheidene Maße der Entfernung der Fixsterne von der Erde genügen konnten; erst mit zunehmender Meßgenauigkeit wurden jeweils auch die erforderlichen Entfernungen größer. Die rapide Ausdehnung des Weltalls, die durch die verschiedensten Tatsachen und Beobachtungen erforderlich wurde, wurde im 18. Jahrhundert ergänzt durch die zeitliche Ausdehnung der kosmogonischen Prozesse. Wir können noch heute in der Astronomie beobachten, dass dieser Prozess noch nicht abgeschlossen ist, dafür ein Beispiel. Noch 1907 gab Bohlin die Entfernung des Andromedanebels von der Sonne mit zwanzig Lichtjahren an. Bis etwa 1952 war diese Entfernung in der Forschung allgemein auf etwa achthunderttausend Lichtjahre angewachsen. Seit 1952 ist nochmals eine Verdreifachung dieser Distanz in der Forschung akzeptiert worden auf heute etwa 2,25 Millionen Lichtjahre. Ein Lichtjahr hat etwa die Größenordnung von 10^{13} Kilometern oder 10^{18} Zentimetern. Die Zeiträume, die die Kosmologie für das Alter der Erde, des Sonnensystems, der Milchstraße oder des gesamten von ihr vorausgesetzten Weltalls in Anspruch nimmt, sind zwar nicht streng parallel, aber doch mit schöner Regelmäßigkeit gewachsen. Auch das ist nicht eine weit zurückgehende historische Feststellung, sondern etwas, was sich noch gegenwärtig von Jahrzehnt zu Jahrzehnt beobachten lässt. Das mutmaßliche Alter der Erde wurde noch kurz vor 1950 mit drei Milliarden Jahren angegeben, das geschätzte Gesamtalter der Welt mit etwa fünf Milliarden Jahren; diese Zahlen haben sich bis heute verdoppelt und es scheint, dass sie sich noch weiter vergrößern werden. […] Wenn 1948 der hypothetische Radius der Welt mit drei Milliarden Lichtjahren, das Alter der Welt mit vier Milliarden Lichtjahren angenommen wurde, so bedeutet dies, dass an keinem Punkte der Welt gegenwärtig auch bei stärksten Instrumentarien alle

---

76 A. Fragio, »La ontología cosmológica en la obra temprana de Hans Blumenberg: las *Beiträge* y *Die ontologische Distanz*«, *Res publica*, n.º 23, Murcia, 2010, S. 93–122.

77 In der Vorlesung XXIX gab es einen kurzen Exkurs zu Pluralität von Welten (PMWM -2- bis -4-), welchen Blumenberg in *Die Legitimität der Neuzeit* [1966] weiter ausführt.

Informationen über das Weltall verfügbar sein könnten. Es ist dies eine der absoluten Unsichtbarkeiten, die entgegen den Erwartungen in der Neuzeit aufgetreten sind.[78]

Trotz dieser frühen Verweise kann Blumenberg auch ein gewisses Misstrauen und eine Geringschätzung gegenüber Weizsäcker nicht verstecken. So beschrieb er ihn 1958 als »*philosophischer Neophyt und Atombombenentschärfer durch reine Logik*«.[79] Weizsäcker wiederum erkannte seinen »Dilettantismus«.[80] Jedoch schien die Schlichtung Weizsäckers entscheidend für Blumenbergs Ernennung zum außerordentlichen Professor für Philosophie an der Universität Hamburg Ende 1958. Blumenbergs Nachlass enthält auch einen Schriftwechsel zwischen den beiden, welcher mit einem Brief von Weizsäcker vom 15. November 1957 begann. In diesem beglückwünschte er Blumen-

78 Hans Blumenberg, (PMWM -4- und -5-) (DLA Marbach). In diesem Abschnitt ist es auch möglich eine entfernte Antizipierung von *Lebenszeit und Weltzeit* [1986] zu erkennen: »*Die Lebenszeit des einzelnen ist gleichsam die Basis, von der aus er die Wirklichkeit zu vermessen imstande ist*« (PMWM -5-). Blumenberg bezog sich auch auf die Anthropologie aus einem kosmologischen Blickpunkt: »›*Philosophisches Weltmodell‹: eine Gesamtvorstellung, die ihre anthropologische Motivation (Neugierde, Sorge) und ihre anthropologische Effizienz (Furcht, Fremdheit, Verlorenheit etc.) nicht ausklammert, sondern ausarbeitet. Funktion von Weltmodellen: das atomistische (c/ Furcht, Hoffnung) das manichäische (Flucht)*«. Vorlesung XXIX (DLA Marbach).

79 Ein Brief von Blumenberg an Alfons Neukirchen vom 24. Januar 1958 (DLA Marbach). Zur Frage der Atombombe siehe Blumenberg »Atommoral. Ein Gegenstück zur Atomstrategie« [1946], in: Helga Raulff (Hg.), *Strahlungen: Atom und Literatur. Marbachermagazin*, 123/124, 2008, S. 124–41. In seinem Kommentar zum Text verwies Marcel Lepper auf Weizsäcker: »Kommentar«, *Strahlungen, op. cit.*, S. 138. Siehe auch Weizsäcker *Die Verantwortung der Wissenschaft im Atomzeitalter. Zwei Vorlesungen* (gehalten in Bonn 1957 bzw. Göttingen 1956/1957), Vandenhoek & Ruprecht, Göttingen 1957; und »Mit der Bombe leben. Die gegenwärtigen Aussichten einer Begrenzung der Gefahr eines Atomkrieges«. Sonderdruck *ZEIT*, Hamburg 1958. Weitere Informationen W. Frühwald, »Hoffnung und Gefahr – Physik im Diskurs der Gesellschaft«, in: Werner Martienssen, Dieter Röß (Hsg.), *Physik im 21. Jahrhundert*, Springer, Heidelberg, 2011, S. 22–30.

80 »*meinen Dilettantismus*«, im Brief von Weizsäcker an Blumenberg vom 15. Dezember 1960 (DLA Marbach). In *Das Lachen der Thrakerin* [1987], verweist Blumenberg auf Weizsäcker mit den folgenden Worten: »*Mir schwebt der junge Physiker vor, der in den späten dreissiger Jahren ein einziges Mal eine Vorlesung bei Heidegger zu hören Gelegenheit findet, deren Thema ›Logik‹ hiess und in der tatsächlich von Heraklit die Rede war. Er habe, entnimmt man seiner veröffentlichten Erinnerung, den Atem angehalten, und seine Reaktion sei gewesen:* ›Das ist Philosophie. Ich verstehe kein Wort aber das ist Philosophie‹« (*LdT 149*).

berg für seine Arbeit zur Geschichte moderner Astronomie[81] und lud ihn an die Universität Hamburg ein[82] um dort einen Vortrag zu halten. In seiner Antwort schlug Blumenberg die folgenden Themen für die Konferenz vor: »*Aufgabe und Umriß einer Geistesgeschichte der Technik*«,[83] »*Melanchthons Stellungnahme zu Kopernikus*«[84] und »*Kopernikus im Selbstverständnis der Neuzeit*«. Es wurde sich schließlich auf »*Kopernikus im Selbstverständnis der Neuzeit*«[85] geeinigt und Blumenberg hielt den Vortrag am 17. Januar 1958.[86] Jahre später, am 24. April 1964, nahm Blumenberg an einer Konferenz zum gleichen Thema teil. Der Anlass war seine Ernennung zum ordentlichen Mitglied der *Akademie der Wissenschaften und der Literatur zu Mainz*.[87] Die Zeremonie wurde vom damaligen Direktor der *Akademie*, Pascual Jordan, abgehalten. Weizsäcker lud Blumenberg ein weiteres Mal auf eine Konferenz zu Nikolaus von Kues am 30. Juli 1964 ein. Blumenberg arbeitete zu jener Zeit an der *Legitimität der Neuzeit* [1966] (*LdN*) und an dem bekannten Widerspruch zwischen Kues – pre-kopernikanisch – und Nolan – post-kopernikanisch.[88]

---

81 Blumenberg schickte seine frühen Arbeiten an Löwith, Gadamer, Rothacker oder Weizsäcker, und viele Weitere. Sein ganze Leben lang pflegte Blumenberg seine Arbeit an Kollegen und Freunde zu schicken.

82 »*Sie waren so freundlich, mir in der letzten Zeit gelegentlich Sonderdrucke Ihrer Arbeiten zu schicken. Zeitmangel hat verursacht, daß ich nicht alles mit der gleichen Sorgfalt gelesen habe. Ihr Aufsatz über Kopernikus hat mich aber naturgemäß besonders interessiert und in einigen Punkten bei mir lebhafte Zustimmung hervorgerufen*«. Brief von Weizsäcker an Blumenberg, vom 15. November 1957 (DLA Marbach).

83 Das tiefgreifendste Material zu diesem Thema wurde in Blumenbergs posthumen Büchern *Geistesgeschichte der Technik* [2009] (*GdT*) und *Schriften zur Technik* [2015] (*SzT*) veröffentlicht.

84 H. Blumenberg, »Melanchthons Einspruch gegen Kopernikus« (*MgK 174–82*).

85 Brief von Blumenberg an Weizsäcker vom 23. November 1957 (DLA Marbach): »*Ihr freundliches Interesse an meinen Arbeiten verbindet mich Ihnen sehr zu Dank, zumal ich kaum noch Grund hatte, es vermuten zu dürfen*«.

86 In Blumenbergs Nachlass ist ein Typoskript aus dem Jahr 1958 erhalten mit dem Titel »Kopernikus im Selbstverständnis der Neuzeit«. Dieses Dokument diente möglicherweise als Unterstützung für seine Konferenz in Hamburg.

87 Hans Blumenberg, »Kopernikus im Selbstverständnis der Neuzeit« (*KSN 339–68*). Weitere Details zu Blumenbergs Mitgliedschaft an der *Akademie*, siehe A. Fragio, »›*Das Überleben der Übergänge*‹«, *op. cit.*, S. 34–40.

88 Brief von Blumenberg an Weizsäcker vom 27. November 1964 (DLA Marbach). 1957 veröffentlichte Blumenberg eine Auswahl an Schriftstücken von Kues und bereitete eine umfassende Vorstudie vor: Nicolaus von Kues, *Die Kunst der Vermutung. Auswahl aus den Schriften*, Bremen, Schünemann, 1957. Bekannt ist Kues starke Präsenz in *Die Legitimität der Neuzeit*, in dem Blumenberg Weizsäckers Arbeit zu Kues

Die Konvergenz historischer und philosophischer Interessen zwischen Weizsäcker und Blumenberg ist deutlich und speist sich nicht nur aus moderner Astronomie und Kosmologie,[89] sondern auch aus den Arbeiten von Hans Jonas, vor allem seine monumentale *Gnosis und spätantiker Geist* [1957].[90] Blumenberg schickte Weizsäcker auch eine Ausgabe seines ersten Buchs, *Paradigmen zu einer Metaphorologie* [1960] (*PM*), woraufhin ein lebhafter Briefverkehr zum Status der Konzepte und Metaphern, moderner Physik und vor allem dem cartesischen Ideal Exaktheit entstand.[91] Zu letzterem Thema schickte Weizsäcker Blumenberg seine Rede über »Die Sprache der Physik«,[92] welche er vor der *Joachim-Jungius-Gesellschaft der Wissenschaften* hielt – einer wissenschaftlichen Akademie, die 1947 in Hamburg gegründet wurde. Darin warnt er ihn *»Ich finde also gerade aus meiner Erfahrung in der exakten Wissenschaft das cartesische Ideal mehr oder weniger ein Hirngespinst«*.[93] Weizsäcker widmete seine Rede 1957 zum Beginn des akademischen Jahres an der Universität Hamburg dem Thema »Descartes und die neuzeitliche Natur-

---

zitiert mit dem Titel »Philosophische Fragen der Naturwissenschaften«, *Merkur*, XII, 1958. Blumenberg bereitete auch eine Einführung in Giordano Brunos *La Cena delle Ceneri* vor mit dem Titel »Das Universum eines Ketzers«, in: Giordano Bruno, *Das Aschermittwochsmahl*, Insel, Frankfurt am Main, 1969, S. 9–51; Neuauflage bei Insel Taschenbuch, 1981, S. 11–61.

89 In Verbindung mit Kosmogonie informiert Weizsäcker Blumenberg in einem Brief vom 2. Dezember 1957 darüber, dass er ein Buch mit dem Titel *Geschichte der Kosmogonie* liest. Es war jedoch nicht möglich, die vollständige bibliografische Referenz zuzuordnen.

90 Am 15. Oktober 1959, schickte Weizsäcker Blumenberg einen Brief aus dem Max-Planck-Institut für Physik und Astrophysik, in dem er ihm mitteilte, dass er die erste Ausgabe von Jonas Buch zu Gnosis las. In Blumenbergs Antwort vom 17. Oktober 1959 ermutigte Blumenberg Weizsäcker seine Arbeit in der Physik zu pausieren um dessen eigene Rezension von Jonas' Buch zu lesen. Siehe H. Blumenberg »Epochenschwelle und Rezeption« (*EuR 94–120*). Blumenberg bewunderte nicht nur Jonas' Arbeit, er verband die beiden auch eine tiefe Freundschaft. Er half Jonas Landgrebes Position zu bekommen, als dieser die Universität in Kiel verlies. 1959 luden Blumenberg und Weizsäcker Jonas zu einer Konferenz an der Universität Hamburg ein. Selbstverständlich gibt es eine umfangreiche Korrespondenz zwischen Blumenberg und Jonas (*BJ*).

91 Siehe besonders den Brief von Weizsäcker an Blumenberg vom 15. Dezember 1960 und Blumenbergs Brief an Weizsäcker vom 31. Januar 1961.

92 Veröffentlicht unter Carl F. v. Weizsäcker, *Die Einheit der Natur* [1974], Deutscher Taschenbuch Verlag, München, 2002, S. 61–83.

93 Brief von Weizsäcker an Blumenberg vom 15. Dezember 1960. Blumenbergs Markierung.

wissenschaft«, mit einem ausführlichen Verweis auf Kopernikus, Kepler, Galileo, Newton und die Theorie des Planetensystems.[94] Blumenberg hatte sich unterdessen bereits in seiner Arbeit »Technik und Wahrheit« von 1953 mit Descartes und dem Problem der Methode auseinandergesetzt, welche im Übrigen auch Weizsäcker referenziert.[95] Dabei möchte ich betonen, dass die Diskussion zwischen Blumenberg und Weizsäcker über die Hermeneutik der Moderne und Säkularisation eine weitaus größere Tragweite hatte. In diesem kurzen Disput werden die tiefen Differenzen zwischen den beiden Autoren deutlich. Erneut schickte Blumenberg Weizsäcker eine Reihe an Arbeiten,[96] zu denen möglicherweise auch »›Säkularisation‹. Kritik einer Kategorie historischer Illegitimität«[97] gehörte. In seiner Antwort vom 11. Dezember 1964 äußerte Weizsäcker Zweifel darüber, ob er den Begriff »Säkularisierung«[98] von Blumenberg kannte und informierte ihn, dass er sich mit dem Thema in den Gifford Vorlesungen[99] auseinandergesetzt hatte. Dies waren eine Reihe an Vorlesungen, die er in den Jahren 1959–1961 an der Universität Glasgow gehalten hatte – welche zum Teil auf Englisch veröffentlicht wurden unter dem Titel *The Relevance of Science: Creation and Cosmogony* [1964][100] und auf Deutsch unter dem Titel *Die Tragweite der Wissenschaft* [1964].[101] Die Besonderheit der Gifford Vorlesungen war, dass

---

94 Carl Friedrich von Weizsäcker, *Descartes und die neuzeitliche Naturwissenschaft*. Rede gehalten anlässlich der Feier zum Beginn des neuen Amtsjahres des Rektors der Universität Hamburg am 13. November 1957, Im Selbstverlag der Universität Hamburg, 1958, S. 5–30.

95 Hans Blumenberg, »Technik und Wahrheit« (*TuW 117*).

96 Brief von Weizsäcker an Blumenberg vom 11. Dezember 1964 (DLA Marbach).

97 Veröffentlicht unter Helmut Kuhn und Franz Wiedmann (Hsg.), *Die Philosophie und die Frage nach dem Fortschritt* (VII. Deutscher Kongress für Philosophie, Münster, 1962), Pustet, München, S. 240–65.

98 »*Ich glaube, daß ich von ihm den Terminus Säkularisierung gelernt habe*«. Brief von Weizsäcker an Blumenberg vom 11. Dezember 1964 (DLA Marbach).

99 Zu Weizsäckers Meinung zu Säkularisierung siehe Dieter Hattrup, *Carl Friedrich von Weizsäcker, op. cit.*, S. 115 ff.

100 Carl F. v. Weizsäcker, *The Relevance of Science: Creation and Cosmogony*, Gifford Lectures 1959–60, Harper and Row, New York und Evanston, 1964. Dieser Text umfasst zehn Vorlesungen: 1. Science and the Modern World; 2. Cosmogonical Myths; 3. Creation in the Old Testament; 4. Greek Philosophy and Cosmogony; 5. Christianity and History; 6. Copernicus, Kepler, Galileo; 7. Descartes, Newton, Leibniz, Kant; 8. The Evolution of Life; 9. Modern Astronomy; 10. What is Secularization?

101 Carl F. v. Weizsäcker, *Die Tragweite der Wissenschaft*, Hirzel, Stuttgart, 1964. Die vollständige Ausgabe inclusive beider Konferenzreihen von 1990: Mit dem bisher

sie gestaltet wurden um die Lehre der »natürlichen Theologie« zu fördern und zu verbreiten, in der es um die Kenntnis von Gott durch die Erforschung der Natur geht. Weizsäckers christliche Konfession, welche schleichend die Seiten der *Tragweite der Wissenschaft* durchdrang, reproduzierte laut Blumenberg das theologische Missverständnis der Moderne, welches er in *Die Legitimität der Neuzeit* so eifrig bekämpfte. In dieser Hinsicht, wie auch im Falle von Carl Schmitt, stellte Weizsäckers Buch für Blumenberg ein weiteres kanonisches Beispiel hermeneutischer Missverständnisse im Zusammenhang mit dem Konzept der Säkularisierung dar.[102] Weizsäckers Fall erschwerte sich durch seinen naiven Ansatz gegenüber derart historisch komplexer Themen wie der Entstehung von Mythen, griechischer Philosophie, moderner Astronomie und dem Konzept der »Säkularisierung«.

In einem entscheidenden Brief von Blumenberg an Weizsäcker vom 12. April 1965 antizipierte er einige jener Themen, die später die *Die Legitimität der Neuzeit* ausmachen würden, wie die These der Umbesetzung, die moderne Selbstbestätigung gegen den theologischen Absolutismus und die Eschatologie. In *Die Legitimität der Neuzeit* zitiert Blumenberg Weizsäcker mehrfach, um eben jene von ihm angesprochene Position zu kritisieren: »*Die moderne Welt kann weitgehend als Ergebnis einer Säkularisierung des Christentums verstanden werden*«.[103]

In diesem Kontext interessiert mich besonders die starke Referenz auf Weizsäckers Entdeckung des Kohlenstoffkreislaufs und der Endlichkeit energetischer Prozesse im Kosmos. Tatsächlich bietet Blumenberg in *Die Legitimität der Neuzeit* eine Anekdote einer erbitterten Auseinandersetzung zwischen Weizsäcker und Walther Nernst [1864–1941], in der es um das finite Alter der Erde geht, das er in *Die Tragweite der Wissenschaft* ausführt. Eben jener Vorlesung, die Weizsäcker der kontemporären Astronomie widmete. In dieser Vorlesung

unveröffentlichten 2. Teil in autorisierter Übersetzung und mit einem neuen Vorwort des Verfassers. Es gibt ebenfalls eine Ausgabe von 2006. Eine Einschätzung dieser Arbeit findet sich unter Dieter Hattrup, *Carl Friedrich von Weizsäcker, op. cit.*, S. 108–24; D. Hattrup produzierte eine Fortsetzung in seinem *Die Tragweite der Wissenschaft. Kölner Vorträge*, Paderborn, 2010, S. 1–80.

102 Alberto Fragio, »La destrucción blumenberguiana de las comprensiones teológicas de la Modernidad«, *ÉNDOXA: Series Filosóficas*, n.º 26, Madrid, 2010, S. 243–278; zur Rolle des Begriffs »Kosmos«, siehe *Die Legitimität der Neuzeit* (*LdN 309–18*).

103 Carl F. v. Weizsäcker, *Die Tragweite der Wissenschaft, op. cit.*, S. 178, zitiert von H. Blumenberg (*LdN 34*).

beleuchtet Weizsäcker die zentralen astronomischen Erkenntnisse jener Zeit, wie die Entdeckung des sich ausdehnenden Universums, die internen Dynamiken von Galaxien, die Rotverschiebung, die stellare Nukleosynthese chemischer Elemente und die Urknall-Theorie. Noch konkreter erzählte Weizsäcker auch die Anekdote seiner Auseinandersetzung mit Walther Nernst in Bezug auf seinen Kommentar zu Fred Hoyles Steady-State-Theorie und den Prozessen spontaner Entstehung von Materie, postuliert durch diese Theorie, besonders in Verbindung mit dem Problem des Alters der Sonne und des Universums:

> 1938, als ich ein junger theoretischer Physiker in Berlin war, hielt ich im physikalischen Kolloquium der Berliner Universität ein Referat über die Umwandlung der Elemente in der Sonne. Ich hatte mir gerade eine Reaktionskette von Atomkernen ausgedacht, die als Energiequelle der Sonne dienen könnte. Es war der sogenannte Kohlenstoff-Zyklus, den auch Bethe im selben Jahr unabhängig gefunden und in einer Arbeit, die die meine an Gründlichkeit übertraf, ausgearbeitet hat; nach unserer heutigen Kenntnis ist es der richtige Reaktionstyp, aber nicht diejenige Reaktion, die gerade in der Sonne (im Gegensatz zu heisseren Sternen), die Hauptrolle spielt. Jedenfalls war ich ganz stolz auf meine Entdeckung, und um ihre Plausibilität zu zeigen, betonte ich, dass sie der Sonne ein Alter garantierte, das sich sehr gut mit dem aus der Rotverschiebung der Spiralnebel bestimmten Alter der Welt vertrug; letzteres war damals noch ein ziemlich neuer Gedanke. Hierin aber erfuhr ich den leidenschaftlichen Widerspruch des berühmten Physik-Chemikers Walther Nernst, der zu einer älteren Generation gehörte und damals Ordinarius für Physik an der Berliner Universität war. Er sagte, der Gedanke eines Alters des Universums sei keine Naturwissenschaft. Ich verstand ihn zuerst nicht. Er erklärte, die unendliche Dauer der Zeit sei ein Grundelement allen wissenschaftlichen Denkens; wer diese leugne, verrate die Grundlagen der Wissenschaft. Ich war über diesen Gedanken erstaunt und wagte den Einwand, es sei naturwissenschaftlich, Hypothesen auf Grund der in der Erfahrung sich zeigenden Hinweise aufzustellen und an neuer Erfahrung zu prüfen, und der Gedanke eines Alters der Welt sei eine derartige Hypothese. Er erwiderte, man könne keine Hypothesen aufstellen, die den Grundlagen der Wissenschaft widersprächen. Er war einfach zornig, und so führte die Diskussion, die in seinem Arbeitszimmer fortgeführt wurde, zu keinem Ergebnis. Prof. P. Debye, in dessen Institut ich damals arbeitete, und der uns in Nernsts Zimmer begleitet hatte, beendete das Gespräch mit der salomonischen Bemerkung: ›*Sehen Sie, Herr Geheimrat, Herr v. Weizsäcker interessiert sich für*

> *die spezielle Frage der Energiequellen der Sonne, und Sie interessieren sich für das Universum als Ganzes; so besteht zwischen Ihnen gar kein direkter Widerspruch. Lassen Sie ihm Zeit. Er ist jung, und wenn Sie recht haben, wird er zuletzt schon zu Ihrer Ansicht kommen‹*. Wir kamen noch rechtzeitig zum Essen nach Hause. Was mich an Nernst beeindruckte, waren nicht seine Argumente, die mir auch heute noch ohne Substanz scheinen, sondern sein Zorn. Warum wurde er zornig?[104]

Blumenbergs Zusammenfassung lautet wie folgt:

> Newton hätte also nicht verstanden, weshalb der Berliner Physiker Walther Nernst zornig wurde angesichts des ihm von dem jungen Physiker Weizsäcker vorgetragenen Gedankens, die Welt könne nach energetischen Erwägungen nur ein endliches Alter haben. Weizsäcker deutet den Zorn des Physikers als den Ausdruck seines Schreckens *angesichts des Gedankens, die Welt könne ein Ende haben.* Die absolute Zeit wäre, anders als bei Newton, zur Eigenschaft der Welt selbst geworden. Weizsäcker sieht in dieser Erfahrung den *tief irrationalen Zug des Wissenschaftsglaubens* dokumentiert: Für Nernst hatte die Welt *den Thron Gottes eingenommen, und es war Blasphemie, ihr Gottes Attribute zu verweigern.* Es war dies eine Art Urerlebnis der Evidenz des Säkularisierungsbegriffs. Weizsäcker hatte zum ersten Mal gemerkt, dass der *Szientismus einen Zug an sich trägt, den ich jetzt die Säkularisierung des christlichen Glaubens nennen würde.* Die berichtete Szene spielte sich 1938 ab, als der theoretische Physiker den ›Kohlenstoff-Zyklus‹ als Energiequelle der Sonnen gefunden hatte; die Erschöpfbarkeit der energetischen Prozesse im Kosmos stellte sich ihm sogleich dar als Verhinderung der weltlichen Unendlichkeit, als kritische Instanz gegen eine ›säkularisierte‹ Wissenschaft, die bewirkt hatte, dass bei dem Physiker der vorhergehenden Generation *in seinem Fühlen das immerdauernde Universum an die Stelle sowohl des ewigen Gottes wie der unsterblichen Seele getreten war.* Dem lässt sich als biographischer Hypothese kaum widersprechen. Aber wenn Nernst nach dem Bericht Weizsäckers eingewendet hatte, der Gedanke eines endlichen Alters des Universums sei keine Naturwissenschaft, weil die unendliche Dauer der Zeit ein Grundelement des wissenschaftlichen Denkens sei, so brauchte er dazu nichts Christliches zu säkularisieren. Er brauchte nur Aristoteles gelesen zu haben, der die Eigenschaften seines Gottes in einer Art ontologischer Argumentation aus der Ana-

---

104 Weizsäcker, *Die Tragweite der Wissenschaft, op. cit.*, S. 166–167. Siehe auch Helge Kragh, *Matter and Spirit in the Universe: Preludes to Modern Cosmology*, Imperial College Press, London, 2004, S. 94; H. Kragh und James M. Overduin, *The Weight of the Vacuum: A Scientific History of Dark Energy*, Springer, New York, 2014, S. 28–36.

> lyse des Zeitbegriffs herleitet, also die Unendlichkeit als theologisches Attribut durch eine Art von Entsäkularisierung zwar nicht ausspricht, aber doch als Konsequenz vorbereitet. [...] Auch Aristoteles wäre zornig geworden vor dem Gedanken an das Ende der Welt, weil es das von ihm für widerspruchsvoll, also denkunmöglich gehaltene Ende der Zeit einschloss. Darüber konnte Newton anders denken, weil für ihn mit dem Ende der Welt nicht das der absoluten und weltunabhängigen Zeit verbunden war (*LdN 93–4*).[105]

Blumenberg schickte Weizsäcker eine Ausgabe seines Buches *Die Legitimität der Neuzeit*[106] und erhielt am 19. Januar 1967 einen kurzen Dankesbrief.[107] Weizsäcker erhielt zudem eine Ausgabe von Blumenbergs Edition von Galileos Schriften.[108] Dennoch, obwohl Weizsäcker auf der Empfängerliste für Blumenbergs Veröffentlichung von *Die Genesis der kopernikanischen Welt* [1975][109] stand, endete der Briefwechsel mit einem Brief vom 17. Juli 1968 aus Weizsäckers Sekretariat, in welchem er Blumenberg knapp dankte für die Zusendung von, was ich für eine Ausgabe von »Wirklichkeitsbegriff und Staatstheorie« [1968] (*WbS 121–46*) halte.[110] Es scheint, als wäre ihre Beziehung ab diesem Zeitpunkt unterbrochen und nicht wieder aufgenommen worden.

---

105 In diesem Abschnitt bezieht sich Blumenberg auf sein Kapitel »Die kopernikanische Konsequenz für den Zeitbegriff«, *Coloquia Copernicana*, I, Varsovia, 1972, S. 57–77. Mehr zu diesem Thema unter *Die Genesis der kopernikanischen Welt* [1975] (*GkW*).

106 Zu *Die Legitimität der Neuzeit* mailing list, siehe A. Fragio, »›*Das Überleben der Übergänge*‹«, *op. cit.*, S. 60–1, Fußnote 128.

107 »*Die* ›Legitimität der Neuzeit‹ *ist bei mir eingetroffen und mahnt mich, die neuzeitliche Hektik des Semesterbetriebs einzuschränken, damit ich zur Muße des Lebens zurückfinde. So bleibt mir zunächst nur der Dank ohne eine sachliche Stellungnahme. ich denke immer noch, es wäre schon, einmal zu einem mündlichen Gespräch über die Sachen zu kommen*«. Brief von Weizsäcker an Blumenberg vom 19. Januar 1967 (DLA Marbach).

108 Galileo Galilei, *Sidereus Nuncius (Nachricht von neuen Sternen). Dialog über die Weltsysteme (Auswahl). Vermessung der Höhle Dantes. Marginalien zu Tasso.* Insel, Frankfurt am Main, 1965. Veröffentlicht im Rahmen einer Vorstudie von H. Blumenberg: »Das Fernrohr und die Ohnmacht der Wahrheit« (*FuO 7–75*). In einem Brief von Weizsäcker an Blumenberg vom 16. Dezember 1965 (DLA Marbach): »*Die freundliche Zusendung Ihrer Ausgabe der Schriften von Galilei gibt mir einen willkommenen Anlaß, Ihnen ein paar Zeilen zu schreiben*«.

109 A. Fragio, »›*Das Überleben der Übergänge*‹«, *op. cit.*, S. 60–1, Fußnote 128.

110 Siehe auch Brief von Weizsäcker an Blumenberg vom 17. Juli 1968 (DLA Marbach): »*Ihre Überlegungen zur politischen Theorie ausführlicher unterhalten*«.

Der letzte Wissenschaftler aus dieser Zeit auf den ich kurz zu sprechen kommen möchte ist Pascual Jordan [1902–1980]. Jordan studierte Mathematik, Physik und Zoologie an der Technischen Hochschule in Hannover und an der Universität in Göttingen, wo er mit Mathematikern wie David Hilbert und Richard Courant und Physikern wie Werner Heisenberg und Max Born studierte. Unter der Leitung des letzteren promovierte er und erhielt 1924 seinen Doktortitel. Während dieser Jahre arbeitete er auch mit Born und Heisenberg an einer bekannten Reihe von Veröffentlichungen zu Matrizenmechanik. Trotz seiner bahnbrechenden Beiträge zur mathematischen Formulierung der damals entstehenden Quantenmechanik und Quantenfeldtheorie, möchte ich stattdessen seine Arbeit in der Kosmologie und der Astrophysik herausstellen.

Jordans Interesse an der Kosmologie lässt sich auf die späten 30er Jahre und die Jahre unmittelbar vor dem Zweiten Weltkrieg datieren.[111] Jordan entwickelte eine heterodoxe Theorie nach der britischen kosmologischen relativistischen Lehre, nah an Eddingtons und Diracs kontroversen kosmologischen Vorlagen.[112] Jordans Kosmologie kombinierte Eddingtons Konzept eines finiten Universums[113] und dessen Ausdehnung mit dem, was Jordan selbst den »Diracschen Gedanken« nannte: nämlich die zeitliche Variation der Gravitations-

111 Siehe vor allem P. Jordan, »Zur empirischen Kosmologie«, *Die Naturwissenschaften*, 26, 1938, S. 417–21; und »Bemerkungen zur Kosmologie«, *Annalen der Physik*, 32, 1939, S. 64–70.

112 H. Kragh, »From Quantum Theory to Cosmology: Pascual Jordan and ›World Physics‹«, in: *Pascual Jordan (1902–1980). Mainzer Symposium zum 100. Geburtstag*, Max-Planck-Institut für Wissenschaftsgeschichte, Neuauflage 2007, S. 133–44; auf S. 137: »*In seinem wichtigen Monograph aus dem Jahr 1952,* Schwerkraft und Weltall, *konnte er auf die vergangenen 15 Jahre zurück blicken und größtenteils korrekt schlussfolgern: ›Ich bin der einzige der bereit war, Diracs Weltmodell ernst zu nehmen, das sogar dessen Urheber teilweise verworfen hatte und die präzisere Formulierung neu zu überdenken‹*. Er fügte hinzu *›Ich muss zugeben, dass ich in Diracs Idee eine der größten Erkenntnisse unserer Zeit sehe und betrachte die Weiterentwicklung als eine wichtige Aufgabe‹*«. Zu Jordans Kosmologie siehe Helge Kragh, *Matter and Spirit in the Universe, op. cit.*, S. 175–85; und Jacques Merleau-Ponty, *Cosmologie du XX*^e^ *siècle, op. cit.*, S. 267 ff.

113 Jacques Merleau-Ponty, *Cosmologie du XX*^e^ *siècle, op. cit.*, S. 268: »[Jordan] *avait présenté l'hypothèse de l'Univers fini comme seule capable de résoudre la paradoxe d'Olbers*«.

konstante.[114] Er griff außerdem James Jeans und Diracs Idee[115] einer spontanen Entstehung von Materie[116] auf, nicht im Sinne von Dirac – als geschmeidige und homogene Produktion von Wasserstoffatomen in den Tiefen des Universums – sondern viel mehr gemäß Albrecht Unsölds Standpunkt.[117] Demnach sind heftige und spektakuläre Supernova-Ausbrüche wahrscheinlich für die Entstehung von Sternen, Nebel[118] und neuer chemischer Elemente zuständig, gemäß dem Alpher-Bethe-Gamow-Schema[119] und Bethe-Weizsäckers Kohlenstoffkreislauf.[120]

---

114 In einem der Zeitungsartikel erhalten in Blumenbergs Nachlass wurde die Diskussion um die Naturkonstanten erwähnt mit besonderer Referenz zu der Frage nach Dirac und dem Rückgang der Schwerkraft im Laufe der Zeit: K. Rudzinski, »Ungelöstes Rätsel Kosmos. Fortschritte der Astronomie – neue Fragen / Spekulationen über das Weltall«, *FAZ*, 15. November 1967 (DLA Marbach). Zu Jordan und die Konstanten der Natur siehe Helge Kragh, *Higher Speculations. Grand Theories and Failed Revolutions in Physics and Cosmology*, Oxford University Press, 2011, Kap. 7 »Varying Constants of Nature«, S. 167–92; siehe auch Jacques Merleau-Ponty, *Cosmologie du XXe siècle, op. cit.*, S. 112 ff: »[…] *entre 1930 et 1950 d'autres auteurs – suivant encore une idée d'Eddington, à leur yeux mal exploitée par son inventeur – P.A.M. Dirac, P. Jordan, abordèrent le problème cosmologique en prenant comme un fait fondamental l'existence de relations remarquables et particulièrement simples entre toutes les constantes numériques de la Physique*«.

115 Jacques Merleau-Ponty, *Cosmologie du XXe siècle, op. cit.*, S. 225, Fußnote 3.

116 Es wurde wie folgt von Max Born erklärt: »*Die gleiche eigenartige Schlussfolgerung wurde in den letzten Jahren von Prof. Pascual Jordan formuliert, aber mit einer wichtigen Abänderung, bei der das Naturschutzgesetzt nicht verletzt wird. Dies wird erreicht, indem der Verlust der Gravitationsenergie in Verbdingung mit der Entstehung von Partikeln berücksichtigt wird*«. Max Born, »Introduction«, *Nature*, 1949, 164, S. 637.

117 »*Seit zehn Jahren habe ich, einen Gedanken Unsölds aufgreifend und radikalisierend, die Vorstellung ausgeführt, daß die Supernovae I neugeborene Sterne seien*«, Pascual Jordan, *Schwerkraft und Weltall. Grundlagen der theoretischen Kosmologie* [1952], Zweitere, erweiterte Auflage. Bearbeitet unter Mitwirkung von E. Schücking, Friedr. Vieweg & Sohn, Braunschweig, 1955, S. 254. Das Kapitel V im dritten Buch ist der Entstehung von Materie, Supernovae und der Theorie der Sternenbildung und chemischer Elemente gewidmet: 3. Buch, *Die Hypothese der Materieerzeugung*, Kapitel V: »Embryonale Sterne«, S. 244–272; § 38 »Die Hypothese der Sterngeburten«.

118 H. Kragh, »From Quantum Theory to Cosmology«, *op. cit.*, S. 138.

119 »*in der Materie der Supernova bei der Explosion eine Neubildung von Elementen nach dem Schema Alpher-Bethe-Gamow stattgefunden hat*«. Pascual Jordan, *Schwerkraft und Weltall, op. cit.*, S. 259. Siehe auch Pascual Jordan, *Atom und Weltall. Einführung in den Gedankeninhalt der modernen Physik*, Friedr. Vieweg & Sohn, Braunschweig, 1956, besonders, »Kernphysik und kosmische Geschichte«, S. 124–32.

120 Pascual Jordan, *Schwerkraft und Weltall, op. cit.*, S. 115 ff.

Nach dem Zweiten Weltkrieg veröffentlichte Jordan eine Reihe von Büchern und Arbeiten[121] in welchen er seine Ideen zu Kosmologie und Astrophysik weiter ausbreitete. Darunter sind *Die Herkunft der Sterne* [1947],[122] *Schwerkraft und Weltall* [1952],[123] *Atom und Weltall* [1956][124] und *Über die Wolkenhülle der Venus* [1967][125] sowie eine Arbeit erschienen in *Nature* [1949], in der er seine Gedanken einem englischsprachigen Publikum vorstellte,[126] und eine Arbeit, die sich mit der zu jener Zeit ebenfalls in Entstehung befindenden Steady-State-Theorie befasste.[127]

Jordans Affinitäten zu Weizsäcker reichten weiter als die Kreation chemischer Elemente in Sternen[128] oder auch deren geteilte religiöse[129] und politische Verbindlichkeiten. Jordan sprach von einer Kosmologie, die die Formation der Erde beschrieb und das Phänomen

---

121 P. Jordan, »Über die Entstehung der Sterne«, *Die Naturwissenschaften*, 45, 1944, S. 183–90.

122 P. Jordan, *Die Herkunft der Sterne*, Wissenschaftliche Verlagsgesellschaft, Stuttgart, 1947. In diesem kurzen Essay fasste Jordan den Kern seiner Theorie zur Entstehung von Sternen, Novae, Supernovae und Materie zusammen.

123 P. Jordan, *Schwerkraft und Weltall, op. cit.*

124 P. Jordan, *Atom und Weltall: Einführung in den Gedankeninhalt der modernen Physik*, (1. Auflage, zugleich 9. neugest. u. erw. Auflage d. *Physik des 20. Jahrhunderts*) Friedr. Vieweg & Sohn, Braunschweig, 1956, besonders, »Kernphysik und kosmische Geschichte«, S. 124–32.

125 P. Jordan, *Über die Wolkenhülle der Venus*, Steiner, Wiesbaden, 1967.

126 P. Jordan, »Formation of Stars and Development of the Universe«, *Nature*, 1949, 164, S. 637–40.

127 H. Kragh, »From Quantum Theory to Cosmology«, *op. cit.*, S. 141: »[Jordan] *beurteilte die Steady-State-Theorie in einem vorteilhaften Licht und neigte zur Betonung ihrer Ähnlichkeit zu seiner eigenen Theorie. Er hoffte wohl, dass seine alte Ansicht zur Entstehung von Materie nun die ernsthafte Aufmerksamkeit erhielt, die sie verdiente. Auf der anderen Seite hätten Steady-State-Theoretiker nichts mit Jordans Theorie zu tun und taten ihr bestes um Unterschiede entweder zu ignorieren, oder hervorzuheben, wie Gold in seiner scharfen Antwort auf Jordans* [englische] *Arbeit im Jahr 1949*«. Siehe auch Jacques Merleau-Ponty, *Cosmologie du XXe siècle, op. cit.*, S. 385: in Hermann Bondis und Thomas Golds Fälle die »*creation continue et uniforme dans tout l'espace, et non, comme dans la théorie de Jordan, par processus spasmodiques et strictement localisés*«. In einem der Artikel in Blumenbergs Nachlass wird in Verbindung mit Hoyle die Idee erwähnt, dass die Explosion des Quasar ein Zeichen dafür ist, dass es eine neue Art der Entstehung von Materie gibt: [unbekannter Autor], »Welt-Entstehung. Schwarzes Loch«, *Der Spiegel*, Nr. 44, 1968, S. 177 (DLA Marbach).

128 Jacques Merleau-Ponty, *Cosmologie du XXe siècle, op. cit.*, S. 233–4.

129 *Der Naturwissenschaftler vor der religiösen Frage: Abbruch einer Mauer* [1963], 6. Auflage, Stalling, Oldenburg/Hamburg, 1972; *Schöpfung und Geheimnis*, Stalling, Oldenburg/Hamburg, 1970.

der Kontinentalverschiebung innerhalb der Hypothese eines progressiven Rückgangs der Gravitationskonstante in der Geschichte des Universums. In *Schwerkraft und Weltall* diskutierte Jordan Weizsäckers Theorie der Planetenformation[130] und umriss die geologischen Konsequenzen dieser Hypothese. In *Die Expansion der Erde* [1966][131] führte er an, dass die Erde von einem ursprünglich viel geringeren Durchmesser zu ihrer aktuellen Größe expandiert ist. Allerdings litten sowohl seine Kosmogonie als auch seine Kosmologie unter Anomalien, einschließlich einer Schätzung des Alters des Universums, das niedriger war als das der Erde. Jordan stellte ein geschlossenes Modell des Universums vor, das sich gleichmäßig in Lichtgeschwindigkeit ausbreitet.[132] Die Entstehung von Materie würde jedoch eine Modifikation der Feldgleichungen der generellen Relativitätstheorie beinhalten, ein Problem, auf das auch die Verfechter der kinematischen Kosmologie und Steady-State-Theorie stießen.[133] Jordan war einer der ersten Wissenschaftler, die eine Version der Urknalltheorie annahmen, zu einer Zeit, als diese Theorie kaum mehr als Spekulation war.[134]

---

130 P. Jordan, *Schwerkraft und Weltall, op. cit.*, S. 243.

131 P. Jordan, *Die Expansion der Erde: Folgerungen aus der Diracschen Gravitationshypothese*, Friedrich Vieweg & Sohn, Braunschweig, 1966. Siehe auch H. Kragh, *Higher Speculations, op. cit.*, S. 190, Fußnote 25.

132 Siehe H. Kragh, »From Quantum Theory to Cosmology«, *op. cit.*, S. 140: »*Jordan glaubte, dass das Universum etwa zehn Milliarden Jahre zuvor entstanden war, aber nicht durch ein explosives Ereignis, wie in Lemaîtres Szenario, da ursprünglich keine Materie im Universum vorhanden war – kein Feuerwerk, das explodieren konnte. Materie, erklärte er, entstand zusammen mit der Ausdehnung*«.

133 *Ibid.*, S. 138.

134 *Ibid*, S. 140: »*Jordan war einer der ersten Wissenschaftler vor dem Zweiten Weltkrieg, die eine Version eines Urknalls im Universum beschrieben, eine Vorstellung die in den 1930er Jahren allgemein als hoch-spekulativ galt, wenn nicht gar als intellektueller Höhenflug, ein* jeu d'esprit. *Jordans Weltmodell war klar inspiriert von by Lemaîtres Feuerwerk-Modell aus dem Jahr 1931 und wie seine belgische Quelle war es endlich in Raum und Zeit. Allerdings, im Gegensatz zu Lemaître (aber gemäß Dirac), bevorzugte Jordan die kosmologische Konstante gleich Null. Obwohl Jordan stark von Dirac beeinflusst war gelangte er zu einem Weltmodell, das sich in wichtigen Aspekten von dem seines britischen Kollegen unterschied: Dirac führte 1938 an, dass nach der Large Number Hypothese Raum flach und unendlich sein müsse, nach Jordan war er endlich, hatte also eine positive Raumkrümmung.* […] *Jordans Bild der Entstehung des materiellen Universums unterschied sich ebenfalls von der Theorie die George Gamow und seine Kollegen zur gleichen Zeit zu entwickeln begannen; eine Theorie die im qualitativen Sinne von Lemaîtres abhing und schlussendlich auf Basis der korrekten Theorie zum frühen Universum anerkannt wurde.*[…] *Nachdem das Standard-Urknall-Modell in den 1970er*

Wie ich angenommen hatte, traf Blumenberg Jordan im Kontext der *Akademie der Wissenschaften und der Literatur zu Mainz*. Zusätzlich zur Zeremonie anlässlich Blumenbergs Ernennung zum ordentlichen Mitglied saß Jordan auch der Ehrung von Erich Rothacker nach dessen Tod am 10. August 1965 vor, bei der Blumenberg die Trauerrede hielt (*Nruf 70–6*).[135] In Blumenbergs Nachlass findet sich ein ausführlicher Bericht einer Lokalzeitung über die *Akademie*, welcher einen kurzen Artikel von Jordan zu Radioastronomie enthält.[136] Daher ist die brillante Einführung von *Die Genesis der kopernikanischen Welt* [1975] zum kosmischen Habitat nicht im Geringsten überraschend. Ohne Zweifel war Blumenbergs Mitgliedschaft in einer wissenschaftlichen Institution ein Stimulus für weiterführende Arbeiten zur Geschichte der modernen Wissenschaft und Astronomie. Jedoch kann angesichts Jordans Persönlichkeit und seinem Engagement bei den Nazis[137] nicht von einer besonders verbindlichen Beziehung mit Blumenberg ausgegangen werden.[138]

Tatsächlich umfasst Blumenbergs Nachlass einen Artikel mit dem Titel »Pascual Jordan. Überall Front« welcher im *Spiegel* [1967] erschien war und eine Kontroverse wiedergab, die Ende 1966 auf eine Einladung Jordans vom *Evangelisch-Kirchlichen Verein der Schweiz* in Zürich hin entstand, wo er über Gott und die theoretische Physik sprechen sollte.[139] Der Pastor und Schweizer Wissenschaftler Heini

---

Jahren fest etabliert war, spielte die Haas-Jordan Vorstellung eines Universums mit netto Schwerelosigkeit eine große Rolle bei der ersten Generation der Quanten-Schöpfungs-Kosmologie, die schließlich zum modernen Bildes sich ausdehnenden Universums führte«. Mehr über Jordans Einordnung von Hubbles Erkenntnissen, siehe *Schwerkraft und Weltall, op. cit.*, S. 106 ff; und *Atom und Weltall, op. cit.* S. 131 ff: »*Eine Entdeckung des amerikanischen Astronomen Hubble läßt uns nun erkennen, daß diese zahllosen Spiralnebel im Begriff sind, in einer gewaltigen ›Fluchtbewegung‹ auseinander zu laufen und sich immer weiter zu trennen*«.

135 Weitere Informationen bei A. Fragio, »›*Das Überleben der Übergänge*‹«, *op. cit.*, S. 37.

136 Pascual Jordan, »Radio-Astronomie«, *Rhein-Main-Nahe*, 9 Februar 1966, S. 10 (DLA Marbach).

137 D. Hoffmann und M. Walker, »Der gute Nazi: Pascual Jordan und das Dritte Reich«, *Pascual Jordan (1902–1980). Mainzer Symposium zum 100. Geburtstag*, Max Plack Institute for the History of Science, Vordruck 2007, S. 83–112.

138 Blumenbergs Anmerkungen zu Jordans Kosmologie in *Die Vollzähligkeit der Sterne* (*VS 273* und *397–8*).

139 [Unbekannter Autor], »Pascual Jordan. Überall Front«, *Der Spiegel*, 1967, 3, S. 86: »*Ende November vergangenen Jahres sollte Jordan, der mit Nobelpreisträger Werner Heisenberg und dem Göttinger Physiker Max Born zu den Vätern der Quantenmechanik*

Gränicher verurteilte die »›*tiefe Verwandtschaft*‹ *zwischen der* ›*seelischen Haltung*‹ *des Gelehrten und dem Nationalsozialismus*«[140] und trat damit eine Kontroverse los, die sich nicht nur in der deutschen und Schweizer Presse wiederfand. *Der Spiegel* begleitete seinen Artikel – in dem Weizsäcker als Unterzeichner des »*Göttinger Manifesto*«[141] genannt wurde – mit einem Foto von Jordan neben der folgenden Schlagzeile: »*Gottforscher Jordan. Wille zur Macht*«.

Ad astra sine asperibus

Die meisten Zeitungsartikel zu Astronomie und Kosmologie in Blumenbergs Nachlass stammen aus den deutschen Zeitungen *Frankfurter Allgemeine Zeitung* (*FAZ*) und *ZEIT*. Nur wenige stammen aus Zeitungen und Magazinen wie der Schweizer *Neue Züricher Zeitung* (*NNZ*), der französischen *L'Express* oder dem deutschen *Der Spiegel*.

Die Sammlung von Material aus der *FAZ* beinhaltet Artikel aus den späten 60ern und 70ern zu den Wissenschaftlern Werner Braunbek [1901–1977] und Hans Jörg Fahr [*1939]. Ersterer war ehemals Professor für theoretische Physik an der *Technischen Hochschule Stuttgart* und der *Universität Tübingen* und veröffentlichte eine Reihe bekannter Bücher zu Physik, wie beispielsweise *Vom Lichtstrahl zum Neutrino. Eine moderne Strahlenphysik für alle* [1968], *Wenn selbst Atome einfrieren – Physik der tiefsten Temperaturen* [1970] und *Die unheimliche Wachstumsformel* [1973].[142] Hans Jörg Fahr

---

gehört, auf Einladung des Evangelisch-Kirchlichen Vereins der Schweiz in Zürich einen Vortrag über ›Naturwissenschaften und christlicher Glaube‹ *halten. Jordans vor drei Jahren erschienenes Buch* Der Naturwissenschaftler vor der religiösen Frage *hatte die Kirchenmänner auf ihn aufmerksam gemacht*«.

140 *Ibid.* »*1943 entdeckte er in seinem Buch* Die Physik des 20. Jahrhunderts *-im Exemplar der Hamburger Staatsbibliothek sind zahlreiche Seiten überklebt- den Führer Adolf Hitler in der Natur. Im mikrophysikalischen Steuerungszentrum der Zellen sah Jordan das Prinzip* ›*der autoritären Führung*‹ *in der gesamten Natur verwirklicht*«. *Ibid.*

141 »*im Jahre 1957 das* ›*Göttinger Manifest*‹ *18 bekannter Atomwissenschaftler, wie Otto Hahn, Werner Heisenberg und Carl Friedrich von Weizsäcker, gegen eine Atombewaffnung der Bundeswehr als Ausdruck schlichter* ›*Unkenntnis der weitpolitischen Lage*‹ *verworfen hatte*«. *Ibid.*

142 Werner Braunbek, *Vom Lichtstrahl zum Neutrino. Eine moderne Strahlenphysik für alle*, Kosmos, Stuttgart, 1968; *Wenn selbst Atome einfrieren. Physik der tiefsten Temperaturen*, Kosmos, Stuttgart, 1970; *Die unheimliche Wachstumsformel* [1973], List Paul Verlag, 1982, und weitere Bücher.

hingegen war Professor für Astrophysik am *Institut für Astrophysik und Extraterrestrische Forschung* an der *Universität Bonn* und Autor einiger Bücher über Astronomie und Kosmologie für die allgemeine Bevölkerung wie *Die zehn fetten Jahre der Weltraumforschung* [1976] und *Raumzeitdenken, Zwangsvorstellung Unendlichkeit* [1982].[143] In den 60ern und 70ern erschienen außerdem zahlreiche Artikel von Robert Gerwin – einem Spezialisten für Nuklearenergie[144] und Pressechef an der *Max Planck Gesellschaft*[145]– Kurt Rudzinski[146] [*1939] und Hans Zettler[147] [†2005], allesamt Wissenschaftsredakteure bei der FAZ.

Darüber hinaus erschienen erst in den 80ern einige Artikel von Günter Paul [*1946], Doktor der Physik an der *Universität Bonn,* Experte in Astronomie und Weltraumerkundung, Mitglied der Redaktionsleitung bei »Natur und Wissenschaft« bei der FAZ und Autor der Bücher *Die dritte Entdeckung der Erde* [1974], *Unsere Nachbarn im Weltall* [1976] und *Aufmarsch im Weltall* [1980].[148]

---

143 Hans Jörg Fahr, *Die zehn fetten Jahre der Weltraumforschung,* Wissenschaftliche Buchgesellschaft, Darmstadt, 1976; *Raumzeitdenken, Zwangsvorstellung Unendlichkeit,* Fromm Druckhaus A, 1982. Unter seinen Publikationen: *Zeit und kosmische Ordnung,* Carl Hanser, 1995; *Universum ohne Urknall. Kosmologie in der Kontroverse,* Spektrum Akademischer Verlag, 1995; und *Der Urknall kommt zu Fall. Kosmologie im Umbruch,* Franckh Kosmos, Suttgart, 1992.

144 Robert Gerwin, *Die Welt – Energieperspektive. Analyse bis zum Jahr 2030,* (Vorgelegt von der Max Planck Gesellschaft nach dem IIASA-Forschungsbericht »Energy in a finite world«), Goldmann Sachbuch, 1982; *So ist das mit der Kernenergie,* Econ, München, 1985. *Prometheus wird nicht sterben. Energie für heute und morgen,* Econ, München, 1984. Er ist auch der Autor eines Buchs über Guillermo Marconi: *Marconi. Ein Erfinderleben in unserer Zeit,* Oppermann, 1957.

145 Manfred Kriener, »Geschichte der Atomenergie. Aufbruch ins Wunderland«, *ZEIT*, 30. September, 2010: *»Robert Gerwin, später Pressereferent der Max-Planck-Gesellschaft und ebenfalls strammer Verfechter der Atomkraft, unterstützt den Vorschlag sowjetischer Wissenschaftler, die strahlenden Hinterlassenschaften per Rakete ins All zu schießen. Dies sei der »zweifellos zuverlässigste Weg«, schreibt er im Februar 1963. Und noch 1969 glaubt der Physiker Carl Friedrich von Weizsäcker nach einem Besuch im Kernforschungszentrum Karlsruhe, dass der gesamte Atommüll des Jahres 2000 »in einen Kasten« passe. Wenn man den »gut versiegelt, verschließt und in ein Bergwerk steckt, dann wird man hoffen können, daß man das Problem gelöst hat««.*

146 Weitere Informationen zu K. Rudzinski bei [unbekannter Autor], »Murren und Mauscheln«, *Der Spiegel* 23, 1969, S. 158–65.

147 Weitere Informationen zu H. Zettler im Nachruf *FAZ*, 27.01.2005, Nr. 22, S. 34.

148 Günter Paul, *Die dritte Entdeckung der Erde,* Econ, München, 1974; *Unsere Nachbarn im Weltall. Auf der Suche nach außerirdischen Intelligenzen,* Econ, München,

Aus der *ZEIT* finden wir einige Artikel von Günter Haaf [*1946], einem Wissenschaftsjournalisten und Wissenschaftsredakteur bei der *ZEIT* in den Jahren 1977 bis 1986, sowie dem Mathematiker Thomas von Randow [1921–2009],[149] Autor bekannter Bücher wie *Der Mensch und die Energie. Von den Pyramiden bis zur Kernspaltung* [1962].[150] Es finden sich ebenfalls Artikel von Adalbert Bärwolf [1921–1995], einem der großen deutschen Chronisten der Weltraumforschung,[151] Wissenschaftsredakteur[152] und Technologiehistoriker[153] und von Joachim W. Ekrutt, Forschungswissenschaftler und von 1974 bis 1975 Direktor des Planetarium Hamburg und Mitwirkender beim Magazin *Stern*.[154]

Ich sollte außerdem einige Artikel aus den frühen 70ern erwähnen vom wissenschaftlichen Autoren Hoimar von Ditfurth [1921–1989] und aus den 80ern vom Physiker Rainer Kayser [*1957]. Die Artikel aus anderen Zeitungen und Magazinen, wie *Der Spiegel*, sind entweder von anonymen oder vereinzelten Autoren. In anderen Fällen finden sich nur Ausschnitte auf denen lediglich Titel und Textkörper vorhanden sind.

Wie bereits erwähnt legen diese Artikel die Proliferation von Studien und Forschung im Bereich Astronomie und Astrophysik dar. Genauer gesagt zeigen sie auf, wie wissenschaftliche Ergebnisse aus

---

1976; und *Aufmarsch im Weltall. Die Kriege der Zukunft werden im Weltall entschieden*, Keil, Bonn, 1980.

149 Weitere Informationen im Nachruf von Karsten Polke-Majewski, »Thomas von Randow – Visionär seines Fachs«, *ZEIT*, 30 Juli 2009. Zu Randow siehe auch H. Blumenberg (*VS 483*).

150 Thomas von Randow, *Der Mensch und die Energie. Von den Pyramiden bis zur Kernspaltung*, Delphin, Zürich, 1962.

151 A. Bärwolf, *Brennschluß- Rendezvous mit dem Mond. Ein Erlebnisbericht der amerikanischen Raumfahrt mit 16 Farbtafeln*, Ullstein Buchverlag, 1969; *Es begann in Peenemünde. Bauten im Weltraum*, Heitkamp, 1970; *Die Marsfabrik: Aufbruch zum roten Planeten*, Herbig Verlag, München, 1995.

152 Klaus Müller, »Adalbert Bärwolf. Verdienstvoller Reporter der Wissenschaft gestorben«, *ZEIT*, 21.11.1995.

153 A. Bärwolf, *Die Geheimfabrik: Amerikas Sieg im Technologischen Krieg*, Herbig Verlag, München, 1994.

154 Zu dieser Zeitschrift gehört der Artikel von J. W. Ekrutt in Blumenbergs Nachlass: »Jupiter lässt Grüssen«, *Stern*, S. 66–72. Ekrutt schrieb unter anderem die folgenden Bücher: *5000 Jahre Zeitberechnung – Der Kalender im Wandel der Zeit*, Kosmos Bibliothek, 1972; *Die Kleinen Planeten. Planetoide und ihre Entdeckungsgeschichte*, Kosmos Verlag, 1982; *Die Sonne. Die Erforschung des kosmischen Feuers*, Gruner & Jahr, 1991; *Sterne und Planeten. Bestimmen. Kennenlernen. Erleben*, Gräfe & Unzer, 1999.

sukzessiven Verbesserungen der Observationstechnologien entstehen und vom Start künstlicher Satelliten und Weltraumteleskopen,[155] was vormals unerforschte Regionen des elektromagnetischen Spektrums der Forschung zugänglich machte.[156] In dieser Hinsicht sind die Artikel in Blumenbergs Nachlass Zeugen der Bewegung von optischer Astronomie,[157] basierend auf dem sichtbaren Lichtspektrum, das die Erdoberfläche erreicht, hin zu »*neuer Astronomie*«[158] – sowohl elektromagnetisch als auch nicht-elektromagnetisch[159] – welche heute in der Hochenergie-Astrophysik zum Einsatz kommt. Die Öffnung des

---

155 Anatol Johansen, »Das Weltall ist ganz anders. Amerikanischer Super-Satellit OAO brachte überraschende Ergebnisse«, *ZEIT*, 9. Mai 1969, Nr. 19, S. 63 (DLA Marbach); [unbekannter Autor], »Zu Weihnachten ein künstlicher Komet«, *FAZ*, 23 Dezember 1984 (DLA Marbach); [unbekannter Autor], »Hubbles bislang tiefster Blick ins All. Weltraumteleskop nahm das schwache Licht von 1500 Galaxien auf«, [weder Datum noch identifizierte Quelle]. Der Artikel beinhaltet ein Foto mit der folgenden Bildunterschrift: »*Zwei Teilbilder des Himmelsfeldes, in dem das Hubble-Weltraumteleskop Galaxien in zehn Milliarden Lichtjahren Entfernung entdeckte*«. Dieser Artikel verweist zudem auf den bekannten Cosmic Background Explorer (COBE), der 1989 ins All geschickt wurde.

156 Ester Antonucci, »Research on Solar Activity in the Last 50 Years: The Space Era«, in: C. Castagnoli und A. Masani (Hsg.), *Astronomy and Astrophysics in Italy in the Second Half of the XX Century*, Italian Physical Society, Bologna, 1998, S. 60: »*Die bahnbrechenden Entdeckungen der Ultraviolett- und Röntgenstrahlung von astrophysikalischen Quellen gehen zurück auf eine Zeit direkt nach dem Zweiten Weltkrieg zurück, als Militärraketen auch zu wissenschaftlichen Zwecken eingesetzt wurden um das Universum aus der Ozonschicht der Erdatmosphäre heraus zu erforschen*«.

157 »*Until 1945, astronomy meant optical astronomy*«, Malcolm Longair, *The Cosmic Century, op. cit.* S. 125.

158 M. Longair, *The Cosmic Century, op. cit.*, Kap. 7, »The opening up of the electromagnetic spectrum and the new astronomies«, S. 125–70.

159 Hans Zettler, »Haben die Neutrinos eine Masse? Stetige Umwandlung zwischen verschiedenen Formen / Konsequenzen für die Astrophysik?«, *FAZ*, 7.5.80 (DLA Marbach). Dieser Artikel zur kosmologischen Bedeutung von Neutrinos und die Ausdehnung und/oder das Schrumpfen des Universums wurden von Blumenberg hervorgehoben. Beispielsweise der folgende Abschnitt: »*unterliegen nur der sogenannten ›schwachen‹ Kraft*«; »*können selbst den Erdball praktisch unbehindert durchdringen*«; »*Als Wolfgang Pauli 1930 das Neutrino postulierte, war er überzeugt, daß man es nie finden werde*«. Zu Neutrinos ist es H. J. Fahr gewidmet, »Die Neutrinos und die ›weißen Zwerge‹. Die Astronomie erschießt die Möglichkeit eines neuen Elementarprozesses«, *FAZ*, (DLA Marbach). Zu Joseph Weber und Gravitationswellenastronomie siehe [unbekannter Autor], »Schwerkraft. Äußerst wild«, *Der Spiegel*, Nr. 11, 1970, S. 177 (DLA Marbach); Robert Gerwin, »Gravitationswellen aus dem Milchstraßenzentrum«, *op. cit.*; und Joël de Rosnays Interview mit Hubert Reeves, »Enquête sur nos origines. L'univers, avec Hubert Reeves«, *L'Express*, 11 Août 1989, S. 42–47 (DLA Marbach).

elektromagnetischen Spektrums enthüllte spektakuläre und unerwartete astronomische Phänomene, wie Radiogalaxien, Quasare, Pulsare, Neutronensterne und schwarze Löcher.[160] Die Fähigkeit, Beobachtungen von oberhalb der Atmosphäre anzustellen – ein Absorbieren der Strahlung in den oberen Schichten der Erdatmosphäre verhindernd – eröffnete völlig neue Bereiche in der Astrophysik und der kosmologischen Forschung und bot einen noch komplexeren, weiteren Blick auf das Universum.[161] Die Zeitungsartikel in Blumenbergs Nachlass beschreiben die großen astronomischen Entdeckungen der 60er, 70er und 80er, vielfach assoziiert mit dem Auftreten von Radioastronomie,[162] Gammastrahlung[163] und Röntgenastronomie,[164] Infrarot[165] und Ultraviolettastronomie.[166]

---

160 Thomas von Randow, »Das Blinken erschüttert die Pulsar-Theorie«, [*ZEIT*?] 14. März 1969 (DLA Marbach); F. B., »Pulsare – Quelle der kosmischen Strahlung? Eine neue Deutung der Ursache der Pulsarwirkung«, *FAZ*, 3. Februar 1971, Nr. 28 (DLA Marbach); H. J. Fahr, »Spinare wirken wie Antimasse. Die Relativitätstheorie und die schnell rotierenden Neutronsterne«, [*FAZ*?], 24.6.70 (DLA Marbach); [unbekannter Autor], »Welt-Entstehung. Schwarzes Loch«, *Der Spiegel*, Nr. 44, 1968, S. 177 (DLA Marbach); Rainer Kayser, »Zwerg statt Monster. Das ›Schwarze Loch‹ im Zentrum der Milchstraße ist kleiner als angenommen«, *ZEIT* [?] 24/1986 (DLA Marbach).

161 Siehe M. Longair, *The Cosmic Century, op. cit.*, S. 126 ff. Es ist wie folgt von K. Rudzinski beschrieben: »*Mit der Radioastronomie hat sich erstmals in der Geschichte der Menschheit eine neue Tür zum Universum geöffnet* [...] *ganz neuartige Forschungsobjekte* [...] *wie die ›Röntgenstrahlungsquellen‹*«, K. Rudzinski, »Ungelöstes Rätsel Kosmos« Fortschritte der Astronomie – neue Fragen / Spekulationen über das Weltall. *FAZ*, 15 November 1967 (DLA Marbach). In diesem Artikel wird auch eine Verbindung zwischen Astronomie und Nuklearphysik vorgeschlagen.

162 Siehe auch W. Braunbek, »Neue Prüfung der Allgemeinen Relativitätstheorie. Am Merkur reflektierte Radarstrahlen im Schwerefeld der Sonne«, *FAZ*, 8.5.68 (DLA Marbach); Kurt Rudzinski, »Zweifel an der kosmischen Rotverschiebung. Absurde astronomische Konsequenzen aus Beobachtungen an Doppelgalaxien«, [*FAZ*?], 30. Juni 1971, Nr. 147, S. 20–21 (DLA Marbach). Ein Überblick über Radioastronomie findet sich bei Woodruff T. Sullivan, »The Entry of Radio Astronomy into Cosmology: Radio Stars and Martin Ryle's 2C Survey«, in: B. Bertotti *et alt.*, *Modern Cosmology in Retrospect, op. cit.*, Kap. 16, S. 309–30.

163 Hans Zettler, »Astronomie mit Gammastrahlen. Pulsare, Milchstraße und Sterne als Strahlenquellen / Erfolgreiche Messungen mit Satelliten«, *FAZ*, circa 1973 (DLA Marbach); G. P. [Günter Paul?], »Satelliten stören Gamma-Astronomie. Kernreaktoren an Bord als Strahlungsquellen / ›Unrechte‹ Signale«, [*FAZ*?], 7.12.88 (DLA Marbach).

164 H. J. Fahr, »Universum ohne Anti-Welt. Zuwenig heiße Röntgenstrahlung / Keine Materiesymmetrie im Weltall«, [*FAZ*?] (DLA Marbach).

165 Robert Gerwin, »Astronomie mit infrarotem Licht. Eine neue Galaxie nahe der Milchstraße / Arbeiten des MPI für Astronomie an der Calar-Alto-Sternwarte«,

Blumenberg als contemplator caeli

Meiner Meinung nach ist in dieser journalistischen Wahrnehmung der astronomischen Erkenntnisse eine »epochale Schwelle« erkennbar und ein unerwartetes Wiederaufleben des *contemplator caeli*. Die plötzliche »Transparenz« des Himmels wurde zum Gegenstand einer Erfahrung, die bis dahin völlig unzugänglich war. Die journalistischen Chroniken zeigen diesen historischen Wandel in der astronomischen Erfahrung. Das Universum – das höchste und wesentlichste Objekt des theoretischen Fachbereichs der Menschen und deren Welt[167] – war nun »zum Greifen nah« und verfügbar in allen Erfahrungsbereichen. Die Wahrnehmung der Astronomie im Journalismus ermöglichte *»die Projektion eines Ideals von Erfassung der Wirklichkeit in die Dimension des Unerreichbaren und damit der ›reinen‹ Bewunderung«* (*LdT 121*). Man kann sagen, die Wiederherstellung des *spectator mundi* wurde möglich. Mit dem Verlust der Opazität des Himmels, wurde das Wiederaufleben des *contemplator caeli* auf gewisse Art die notwendige Konsequenz.

Wie wir in Kapitel drei sehen werden, befasste sich Blumenberg mit der Geschichte des *contemplator caeli*; auf eine Art, durch die ein in den Sternenhimmel blickendes Individuum die persistenteste Figur seiner Arbeiten zur Geschichte der Astronomie wurde. Bedenkt man die Sammlung von Zeitungsartikeln in seinem Nachlass drängt sich die Schlussfolgerung auf: Blumenberg selbst wurde zum *contemplator*

FAZ, 23.6.76 (DLA Marbach): »*Man kann im infraroten Licht auch dort noch etwas sehen*«; Rainer Kayser, »Zwerg statt Monster«, *op. cit.* Siehe auch A. P., »Zwei neue Nachbargalaxien entdeckt«. Maffei I und II in nur drei Millionen Lichtjahren Abstand / Die lokale Milchstraßen-Familie ist größer, *FAZ*, 13.1.71 (DLA Marbach); Robert Walgate, »Der zehnte Planet als Geburtshelfer für Kometen. Wandelstern in der Wolke«, *ZEIT*, 1985 (DLA Marbach).

166 Anatol Johansen, »Das Weltall ist ganz anders«, *op. cit.*; Robert Gerwin, »Astronomie mit Satelliten. Ultraviolett- und Gamma-Astronomie im Weltraum / Das Korona-Leuchten des Sonnensystems«, [*FAZ*?], 19. August 1970, Nr. 190, S. 21 (DLA Marbach). Siehe auch [unbekannter Autor], »Hubbles bislang tiefster Blick ins All«, *op. cit.* According to Longair »*im Gegensatz zu anderen neuen astronomischen Wellenbereichen sind die Ziele der Ultraviolett-Astronomie sehr gut definiert*«, M. Longair, *The Cosmic Century*, *op. cit.*, S. 151.

167 Emanuela Mazzi, »I pensieri astronoetici come laboratorio per un'antropologia sperimentale: la riflessione di Hans Blumenberg sull'impresa spaziale«, in: A Fragio und D. Giordano (Hsg.), *Hans Blumenberg: Nuovi paradigmi d'analisi*, *op. cit.*, S. 163.

caeli.[168] Die historische Besonderheit dieses *contemplator caeli*, dem »Astronoetiker« (VS), als Zeitungsleser und Fernsehschauer, war die Neutralisierung der anhaltenden Bedrohung des Falls. Das war ein Zuschauer im Sicheren, der keine astronomischen Observatorien besuchen musste, sondern stattdessen schlicht auf die Ankunft der Morgenzeitung warten konnte. Der Astronoetiker nahm den Platz der alten *Sorge* ein, mit den Sternen und seiner Neugierde für Himmelserscheinungen, wenn auch unter der beispiellosen Bedingung, dass seine »*Sorge des Sehens*« (*LdT* 152) keinen existenziellen Gegenspieler in Bezug auf die lebende Welt und ihre Forderungen involvierte. Die *Sorge* um die Sterne war nun bequem durch die Zeitungen gesteuert: *ad astra sine asperibus.*

In diesem Sinne sind die »astronoetischen Glossen« in *Die Vollzähligkeit der Sterne* [1997][169] (*VS*) eigentlich eine philosophische Ausarbeitung von Blumenbergs Interesse an Astronomie; eine *Sorge*, die er mehr als drei Jahrzehnte am Leben gehalten hat. Blumenbergs »Glossen« sind ein Denkmal an seine eigene Bewunderung für die astronomischen Erkenntnisse der zweiten Hälfte des zwanzigsten Jahrhunderts. Diese Ergebnisse und Entdeckungen gaben neuen Inhalt für »*die Formierung des kosmischen Hintergrundes der menschlichen Bewußtseinsgeschichte*« (*GkW* 15), da sie den Menschen neue Möglichkeiten zur Selbsterkenntnis (*EmS*) boten. In der Folge können wir Blumenbergs Astronoetik als Übung zur Erkundung der menschlichen Existenz aus kosmologischer Sicht betrachten: »*Das Universum wäre dann nur einer jener weiten Umwege, die der Mensch einschlägt, um Aufschluss über sich als erkenntnisfähiges Wesen zu erhalten: ein Experiment, zu dem ihm sein umfassendster Gegenstand nur die Herausforderung anbietet*« (*LW* 251).

Darüber hinaus beinhaltet der Astronoetiker als *contemplator caeli* auch das *telos* einer bourgeoisen Utopie und deren Ideal einer Welt, die der Kontemplation völlig zugänglich ist. Die zeitgenössische Astronomie befeuert ein Interesse an den Sternen und bietet gleichzeitig ein ästhetisches Vergnügen in Form von »*schönen Wahrheiten*

---

[168] In dieser Hinsicht wurde auf das Konzept verwiesen, »*der Astronoetiker ist eine letzte Form des* contemplator caeli«, Oliver Müller, *Die Sorge um die Vernunft. Hans Blumenbergs phänomenologische Anthropologie*, Mentis Verlag, Paderborn 2005, S. 102. Siehe auch E. Mazzi, »I pensieri astronoetici«, *op. cit.*, S. 281: »*L'astronautica segna, quindi, l'emergere dell'astronoetico quale ultima figura di* contemplator caeli, *osservatore del cielo* [...]«.

[169] Ich führe Blumenbergs »Astronoetik« in Kapitel 4 aus.

über das Weltall«.[170] Elektive Affinitäten zwischen der bourgeoisen Utopie und dem »kosmologischen Pathos« (*VS* XI) sind eine klare Problematik. Für Blumenberg liegt darin wiederum eine weitere bedeutsame Besonderheit: Die Transposition der Astronomie in eine Privatsphäre hinein. Astronomie hat nicht aufgehört die Lücke zwischen Theorie und Leben zu vergrößern, insofern als dass nun ein Fluchtpunkt für die Lebenswelt gegeben war.[171]

Ich denke, dass Blumenberg nach einem schmerzlichen Vorfall, angesichts der Echos zum Lachen der Thrakerin, Astronomie zu seiner Privatsphäre machte. Vor diesem Hintergrund können wir möglicherweise den Bezug zu *per aspera ad astra* herstellen, was die Sterne zu einem legitimen Anlass zur Sorge machen würde und Astronomie insgesamt zu »*einem Akt der Notwehr*«,[172] oder sogar zur »*kosmische*[*n*] *Notwehr*«.[173] Meiner Meinung nach veranlasste dieser Vorfall – der auf die Jahre von *Poetik und Hermeneutik* zurückgeht – Blumenberg dazu, sich von der oben genannten Forschungsgruppe, die er 1963 mitbegründet hatte, abzuwenden. Tatsächlich war er innerhalb der Gruppe bis 1974 aktiv, dem Jahr, in dem sich der Vorfall ereignete.[174]

Ich nehme hier Bezug auf Blumenbergs Essay »Der Sturz des Protophilosophen. Zur Komik der reinen Theorie – anhand einer Rezeptionsgeschichte der Thales-Anekdote«[1976], das sein letzter Beitrag für *Poetik und Hermeneutik* sein sollte. Eine stark geschärfte Kulmination seiner großartigen Arbeit zur Geschichte moderner Astronomie, *Die Genesis der kopernikanischen Welt* [1975], die zu jener Zeit kurz vor Vollendung stand. Viele Jahre später entschied sich Blumenberg »Der Sturz des Protophilosophen« – veröffentlicht als *Das Lachen der Thrakerin. Eine Urgeschichte der Theorie* [1987] –, weiterzuentwickeln und zu verbessern, was uns ein Gefühl dafür gibt, welche Bedeutung Blumenberg diesem Text zugemessen hat.

---

170 H. Blumenberg, UNF -209- (DLA Marbach).

171 Siehe E. Mazzi, »I pensieri astronoetici«, *op. cit.*, S. 285–6: »[l']*aumento di ›visibilità‹ offerto dall'impresa del viaggio spaziale deriva anche dal fatto che essa consente di osservare la terra e la condizione umana dal di fuori e da lontano*«.

172 H. Blumenberg, »Kosmische Notwehr« UNF -210- (DLA Marbach).

173 *Ibid*, -208- (DLA Marbach).

174 Siehe die Arbeiten zu *Poetik und Hermeneutik* veröffentlicht in *Internationales Archiv für Sozialgeschichte der deutschen Literatur*, 1, 2010, und Rüdiger Zill und Petra Boden (Hg.), *Poetik und Hermeneutik im Rückblick. Interviews mit Beteiligten*, Wilhelm Fink Verlag, Paderborn, 2016.

Sein Essay wurde jedoch weit weniger gut angenommen als von ihm erwartet und gewiss nicht, wie es angemessen gewesen wäre: *»Man nimmt die Geschichte der Rezeption anhand einer Vorlage zur Kenntnis und dann Stellung dazu«* (*LdT 160*).[175] Obwohl Blumenbergs Briefwechsel mit den Gründungsmitgliedern von *Poetik und Hermeneutik* seine wachsende Enttäuschung hinsichtlich der Gruppe zeigt, gab es nach der Auseinandersetzung mit dem Philologen Harald Weinrich, der sich später der Gruppe anschloss, kein Zurück mehr. Weinrichs Reaktion war: *»Ich kann die Geschichte von Thales und der schadenfrohen thrakischen Magd sowie die Geschichte von Erfolg dieser Geschichte bei den Philosophen von Plato bis Heidegger nur mit einem gewissen Unbehagen lesen, das sich stellenweise bis zu einem Gefühl der Peinlichkeit steigert. So etwa, wenn Heidegger seine Version der Geschichte mit der selbstgerechten Sentenz beschließt:* ›Und was eine rechte Dienstmagd ist, muß doch auch etwas zum Lachen haben‹ *(vgl. Vorlage Blumenberg). Mich irritiert hier und andernorts die Beflissenheit, mit der diese Geschichte gerade von denjenigen Personen weitererzählt wird, die eigentlich vom Lachen der Magd mitbetroffen sein sollten. Welch eigenartiger Masochismus treibt nur die Theoretiker,* ›das Lachhafte an der reinen Theorie‹ *(Blumenberg) oder die* ›innige Verwandtschaft zwischen dem Komischen und der Theorie‹ *(Marquard) so sorgfältig herauszupräparieren und so nachhaltig dem Gedächtnis der Nachwelt einzuschärfen?«*.[176] Blumenbergs gequälte Antwort findet sich in *Das Lachen der Thrakerin*, jedoch möchte ich sie hier nicht anführen. Mit einer unmissverständlichen Bitterkeit weist er Iser an, seinen Namen nicht mehr als Repräsentant von *Poetik und Hermeneutik* zu nennen.[177] Blumenberg, der zu den *»Mitgliedern der alten Kerngruppe von ›Poetik und Hermeneutik‹«* gehörte,[178] entschied, nach dem Vorfall mit Weinrich endgültig die Gruppe zu verlassen. Die

---

175 In *Das Lachen der Thrakerin* bewertet Blumenberg die historische Auffassung der Anekdote von Thales Brunnensturz als er die Sterne beobachtete. Darauf gehe ich in Kapitel 2 und 3 ein.

176 *»Wir wollen, wie es sich bei einer Forschungsgruppe für Poetik und Hermeneutik gehört, auf die literarische Gattung achten«*. Harald Weinrich, »Thales und die thrakische Magd: allseitige Schadenfreude«, in: W. Preisendanz und R. Warning (Hsg.) *Poetik und Hermeneutik. Arbeitsergebnisse einer Forschungsgruppe*, VII, München, 1976, S. 435–6.

177 *»daß mein Name nicht mehr in der Darstellung der Forschungsgruppe erscheint«*. Brief von Blumenberg an Iser vom 19.01.1977 (DLA Marbach).

178 Brief von Blumenberg an Iser vom 10.08.1976 (DLA Marbach).

magere Auffassung seiner Arbeit zur Geschichte der Thales-Anekdote war, wie ich glaube, mehr als eine reine »Enttäuschung«[179] und führte zu diesem Bruch; eine unerwartete »*Umkehrung des Lachens*«,[180] die fortan astronomische Thematiken zu einer intellektuellen Intimsphäre machen würde. In dieser Hinsicht konnte Blumenberg die neuen Kapitel der Arbeit zu Mythen durch die Astronomie des zwanzigsten Jahrhunderts selbst und unmittelbar, aber aus seiner eigenen persönlichen Privatsphäre erleben. Als *contemplator caeli* wurde Blumenberg auch Zeuge der astronomischen Umbesetzung des Mythos und der Metapher durch zeitgenössische Astronomie. Die astronomischen und astrophysischen Entdeckungen, die in der zweiten Hälfte des Jahrhunderts gemacht wurden ermöglichten es dem Mythos nicht nur zu überleben, sondern auch sich zu erneuern. Durch ihre sensationellen Erkenntnisse re-mythologisierten Astronomen und Astronautiker den Kosmos. Diese Re-Mythologisierung des Kosmos[181] – neben der Einordnung mythischer Nomenklaturen von Himmelskörpern – war zweifellos eng verbunden mit der Proliferation kosmologischer Metaphern und der Erforschung des Sonnensystems durch Sonden und Satelliten. Eine beachtliche Anzahl an Zeitungsartikeln in Blumenbergs Nachlass, wie beispielsweise astronoetische Glossen, beziehen sich auf die Errungenschaften amerikanischer und sowjetischer Sonden (*VS 548*).[182] Diese neuen »siderischen Berichterstatter« meldeten Sensationelles über den Jupiter und sein heißes Meer aus flüssigem Wasserstoff[183] und die vulkani-

---

179 Julia Wagner: Anfangen. »Zur Konstitutionsphase der Forschungsgruppe ›Poetik und Hermeneutik‹«, in: *Internationales Archiv für Sozialgeschichte der deutschen Literatur*, 1, 2010, S. 53–76, Fußnote 13.

180 »*Die Umkehrung des Lachens – Wie man Zyniker wird*« (*VS 448–50*).

181 Günter Paul, »Ein Ereignis, wie es noch nie ein Mensch gesehen hat. Der zerbrochene Komet Schoemaker-Levy stürzt auf den Jupiter/ Riesige Trümmer / Hoffnung auf Erkenntnisse über den Planeten«, [*FAZ*?], 15. Juli 1994, Nr. 162, S. 7 (DLA Marbach).

182 Joachim W. Ekrutt, »Jupiter lässt Grüssen«, *op. cit.* Dieser Artikel erwähnt ebenfalls die U.S. Weltraumsonden Voyager 1 und 2 und Pioneer 10 und 11 und enthält tolle Bilder des Jupiter.

183 H. Z. [Hans Zettler?], »Ist der Planet Jupiter eine ›verhinderte Sonne‹? Erkundung mit ›Pioneer 11‹ / Geschwindigkeitsrekord: 170 000 km/st«, *FAZ*, 29 November 1974, Nr. 277, S. 9 (DLA Marbach): »*Unter der Wolkendecke verbirgt sich vielmehr ein Meer aus flüssigem Wasserstoff, der in grosser Tiefe so stark komprimiert ist, dass er sogar metallische Eigenschaften annimmt. Im Zentrum, in dem man einen kleinen Gesteinskern vermutet, soll eine Temperatur von …*«. Dieser Artikel – von Blumenberg hervorgehoben – bezog sich auf den Jupiter als verhinderten Stern, der sein »*Klassenziel*« nicht

sche Landschaft von Io, mit Bergen so hoch wie die auf der Erde; detaillierte Bilder der Oberfläche und Atmosphäre des Mars,[184] der Bergrücken und Täler der Venus[185] und des blassblauen Pols des Neptun,[186] den Methanschnee von Triton,[187] die Ringe des Uranus[188] und Titan «*comme une sorte de Terre primitive*«.[189]

---

erreichen konnte, mit anderen Worten schaffte er es nicht »*eine kleine Sonne zu werden*«. Neben diesem Abschnitt unterstrich Blumenberg auch die Geschwindigkeitsrekorde der Pioneer 11 Sonde.

184 Kurt Rudzinski, »Ungelöstes Rätsel Mars«, *op. cit.* Zu den Mariner 6 und 7 Sonden, siehe auch Thomas v. Randow, »Fahndung nach Leben auf dem Mars«, *ZEIT*, Nr. 28, 2 Juli 1976, S. 40 (DLA Marbach). Auf der gleichen Seite findet sich ein Artikel von Carl Sagan, »Wenn Viking fündig würde«, *op. cit.*; Adalbert Bärwolf, »Viking landete auf dem Punkt, und ihre Väter staunten und weinten«, *WELT*, 22. Juli 1976, Nr. 168, S. 7 (DLA Marbach); H. Zettler, »Noch kein eindeutiger Nachweis von Mars-Leben. Sehr aktiver Marsboden mit hohem Eisengehalt / Vermutlich anorganische Reaktionen«, [*FAZ*?], 18.8.76 (DLA Marbach); Adalbert Bärwolf, »Noch leugnet das Chemie-Labor ein Leben auf dem Mars«, *WELT*, 31.8.76 (DLA Marbach).

185 G. P. [Günter Paul?] »Sowjetische Sonden zum Halley-Kometen«, [*FAZ*?], 8 August 1984. Nr. 174, Seite 24 (DLA Marbach). Siehe auch das Zeitungsfoto mit der folgenden Bildunterschrift: »*Neue Venus-Bilder so deutlich wie noch nie*«, 23.8.90, von G.P. [Günter Paul?], ein Bild der Venus von der Magellan Sonde: »*So deutlich wie noch nie sind auf dieser Radaraufnahme der amerikanischen Sonde »Magellan« Bergrücken und Täler auf dem Planeten Venus erkennbar*«.

186 [Unbekannter Autor], »Erfolgreiche Nasa-Mission zum Neptun. Entdeckung weiterer Monde«, *NZZ*, 26/27 August 1989, Nr. 197 (DLA Marbach): »*Nachdem sie 1979 den Jupiter, 1981 den Saturn und 1986 den Uranus passiert hatte, brachte die 1977 gestartete amerikanische Raumsonde* Voyager 2«; Gilbert Charles, »Voyager 2: un radeau pour Neptune«, *L'Express*, 1 September 1989, S. 32–4 (DLA Marbach); Horst Rademacher, »Nach dem Rendezvous in den Schatten des Neptuns«. Voyager 2 entdeckt zwei neue Monde des Planeten / Erfolgreicher Abschluß der Reise an den Rand des Sonnensystems, *FAZ*, 26 August 1989, Nr. 197, Seite 7 (DLA Marbach).

187 Horst Rademacher, »Aus den Vulkanen fließt Eis statt Lava«. Voyager-Fotos von Neptunmond Triton begeistern die Wissenschaftler / Methanschnee / Wieder Ringe am Planeten entdeckt, *FAZ*, 28. August 1989, Nr. 197, Seite 198. Dieser Artikel zeigt spektakuläre Bilder des Triton. Siehe auch [Horst Rademacher?] »Abschied von der Welt der Planeten und Monde«, *FAZ*, 6. September 1989, Nr. 206, S. 1 (DLA Marbach). Dieser Artikel ist voller Markierungen Blumenbergs, zum Beispiel: »*minus 240 Grad Celsius*«; »*auf dem Planeten Pluto und dessen Mond Charon*«; »*Einbrüche der Eisoberfläche*«; »*Eisvulkanismus*«; »*Eislava*«; »*Einschlagkrater*«; »*Grenze des Sonnensystems dynamischer*«.

188 [Unbekannter Autor], »Die Bögen am Neptun und eine Theorie. Aufnahmen von Voyager 2 verändern das Bild des Sonnensystems Vorbeiflug«, 25.8.89 (DLA Marbach). Zur Entdeckung der Ringe von Jupiter und Uranus. Es beinhaltet auch Bilder des Neptun und seiner Umgebung.

189 Gilbert Charles, »Espace: les temps nouveaux. La première retombée de Voyager 2 relancer les projets d'exploration spatiale. Une vingtaine de ›missions‹ sont déjà

Zeitgleich mit dem Einsatz dieses überirdischen Spektakels kam allerdings das Beiprodukt einer tückischen Wiederherstellung der irdischen Rätsel und die Wiederbelebung der kosmologischen Spekulation.[190] Vor dem ultimativen Projektivitäts-Horizont[191] entfaltete sich das Universum als nativer Hintergrund der Unbegreiflichkeit, der Ort für Metaphern. Blumenberg drückte dies in *Die Genesis der kopernikanischen Welt* [1975] folgendermaßen aus: »*Das Ungenügen der jeweiligen anschaulichen Gegenwart des Universums für den Begriff wurde Veranlassung zur Konstruktion seiner Geschichte als der Dimension, in der die Totalität einzig begreiflich ist*« (*GkW 76*).

Allerdings haben wir uns daran gewöhnt, dass diese Nicht-Repräsentierbarkeit ein natürliches Merkmal kosmischer Entfernungen ist – »*unvorstellbare Entfernungen*«[192] – oder kosmischer Zeit und nicht als genuiner Hintergrund, unbeeindruckt von jeglicher Konzeptualisierung, die der Repräsentierung astronomischer Objekte

---

programmées«, *L'Express*, September 8, 1989, S. 19 (DLA Marbach). Unter anderem markierte Blumenberg das Folgende: »*le projet Cassini Craf*«; »*Le départ du second engine, Cassini, est prévu pour 1996. Objectif: étudier en détail les anneaux de Saturne…*«; »*…Titan, la plus grosse lune de Saturne, considérée comme une sorte de Terre primitive*«.

190 K. Rudzinski, »Ungelöstes Rätsel Kosmos«, *op. cit.*: »*das* ignorabimus *in der Kosmologie unser Schicksal sein wird*«; Siehe auch Thomas v. Randow, »Mysteriöse blaue Punkte. Quasars geben neue Rätsel auf – Trügt die Rotverschiebung?«, *ZEIT*, 15 März 1968, Nr. 11, S. 29 (DLA Marbach); [unbekannter Autor], »Rätselsterne. Kleine grüne Männer«, *Der Spiegel*, 16/1968, 15.04.1968 (DLA Marbach): »*Seit empfangsstarke Radioteleskope und weitblickende Raumsonden in den letzten Jahren mehr und mehr Kunde von Rätselsternen und merkwürdigen Strahlungsquellen im Weltall einfangen, können die Sternforscher nur mehr mit Spekulationen die Welt erklären*«. Siehe auch K.R. [Kurt Rudzinski?], »Das Rätsel des Radiohimmels – Die 3-Grad Kelvin-Strahlung im Kosmos kein Überbleibsel des Urknalls«, [*FAZ*?] (DLA Marbach); Eugen Hintsches, »Ein Rätsel der Neutronensterne gelüftet. Das stärkste Magnetfeld im Kosmos / Ballonsonde untersucht Röntgenblitze«, *FAZ*, 27. April 1977, Nr. 97, S. 27 (DLA Marbach).

191 Zu dieser Ausgabe siehe Alexander C.T. Geppert (Hg.), *Imagining Outer Space: European Astroculture in the Twentieth Century*, Palgrave Macmillan, Basingstoke/New York, 2012; *Limiting Outer Space: Astroculture after Apollo*, Palgrave Macmillan, London, 2018, und Geppert *et al.* (Hsg.), *Militarizing Outer Space: Astroculture, Dystopia and the Cold*, Palgrave Macmillan, London, 2021.

192 [Unbekannter Autor], »Das Lotteriespiel bei der Suche nach den Außerirdischen. Unvorstellbare Entfernungen, wenig Geld / Geben aber muß es sie eigentlich«, *FAZ*, 12. November 1982, Nr. 263 (DLA Marbach).

unterliegt.[193] In einem Transkript eines Interviews über den Ursprung des Universums mit dem kanadischen Astrophysiker Hubert Reeves [*1932] – erschienen 1989 in *L'Express* – unterstrich Blumenberg exakt die Abschnitte, in denen es darum ging, für zeitgenössische kosmologische Theorien den gesunden Verstand auszuschalten, denn »*nos théories ne s'appliquent plus* [...] [et] *nos notions traditionnelles d'espace et de temps n'ont plus de sens*«.[194] Blumenberg unterstrich auch Reeves Antwort auf die Frage, wie wir uns den Moment vor dem Urknall vorstellen sollen: »*Il préparait l'enfer pour ceux qui posent cette question*«.[195]

Die Zeitungsartikel in Blumenbergs Sammlung sind, kurz gesagt, ein paradigmatischer Fall »*im Kontext der schwachen Determination*« (*TdU 65*) – um seine Worte zu verwenden. Die ultimative Referenz ist eine Art »kosmische Fata Morgana«,[196] eine mysteriöse, riesige Illusion. Es ist tatsächlich möglich eine gewisse hermeneutische Intentionalität in einem Zeitungsausschnitt zum »*schwarzen Stein*« in Blumenbergs Nachlass zu sehen. In diesem Ausschnitt beschreibt der Autor den heiligen Meteoriten, der von Muslimen in Kaaba (einem würfelförmigen Gebäude mit Schutzfunktion) verehrt wird. Der Artikel war mit der folgenden Bildunterschrift versehen: »*Vor seiner Reise nach Gaza unternahm Arafat eine kleine Pilgerfahrt*

---

193 K.R. [K. Rudzinski?], »Sturz eines Weltall-Modells. Begrenzte Materie-Hierarchie / Keine Super-Galaxienhaufen im Universum«, [*FAZ*?] 6. Januar 1971 (DLA Marbach): »*Solche unvorstellbar großen Materieanhäufungen müßten sich aber, weil sie die im ganzen vollständige Kontinuität der Materieverteilung im Weltall durchbrechen würden, durch lokal feststellbare höhere Röntgen-Hintergrundstrahlung verraten*«. Blumenbergs Hervorhebung.

194 Joël de Rosnays Interview mit Hubert Reeves, »Enquête sur nos origines. L'univers, avec Hubert Reeves«, *L'Express*, 11 Août 1989, S. 42–47 (DLA Marbach), S. 45.

195 *Ibid*, S. 46. Siehe auch Hubert Reeves, »On cherche toujours les clefs du cosmos«, *L'Express*, 2 Avril 1989, S. 34–5 (DLA Marbach). Blumenberg unterstrich: »*C'est la théorie elle-même qui est malade*«.

196 [Unbekannter Autor], »Rätselsterne. Kleine grüne Männer«, *op. cit.*: »*Eine kosmische Fata Morgana schliesslich wähnte eine dritte Gruppe amerikanischer Sternforscher zu erkennen, als sie die immer geheimnisvollere Vielfalt der Erscheinungen analysierte. Das ganze Universum, so die These von Dr. Vahé Petrosian und Dr. Edwin Salpeter, jüngst vorgetragen im* Astrophysical Journal, *wirke wie eine überdimensionale optische Linse*«.

nach Mekka. Das Foto zeigt ihn vor dem schwarzen Stein, der von den Muslimen als Zeichen des Himmels verehrt wird«.[197]

[197] Siehe auch Paul Murdin, *Secrets of the Universe: How We Discovered the Cosmos*, The University of Chicago Press, 2009, Kap. 15, »Meteors and meteorites«, S. 82–5, vor allem S. 85: »*Kaaba. Muslime versammeln sich in einem religiösen Ritual um einen Meteoriten, der einst Mohammed gehörte und sich nun im schwarzen, würfelförmigen Gebäude befindet.* [...] *In der Masjid al-Haram Moschee in Mekka wird befindet sich der Hadschar al-Aswad, ein heiliger »Schwarzer Stein« in der Kaaba, einem würfelförmigen Gebäude, der Axe der islamischen Welt. Auch wenn der Stein wissenschaftlich nie untersucht wurde wird gesagt, er sei ein Meteorit, der Abraham vom Erzengel Gabriel überreicht wurde und auch im Besitz des Propheten Mohammed war*«. Joachim W. Ekrutts Artikel »Jupiter lässt Grüssen«, *Stern*, S. 66–72 (DLA Marbach), war gefolgt von einem Bericht über Wallfahrten nach Mekka, welcher spektakuläre Panoramen großer Massen Pilgerer enthielt.

Hans Blumenbergs Metaphorologie des Kosmos

»Der Anblick der Sterne ist der Ausblick auf die Zurückholung der Metapher«.
(Hans Blumenberg, *Der Sturz des Protophilosophen*)

Hans Blumenbergs Metaphorologie und Geschichte der Astronomie: Eine Einführung

Zwei Manuskripte von Blumenberg sind in meinen Augen wichtig, wenn wir eine Verbindung zwischen Blumenbergs früher Metaphorologie und moderner Astronomie herstellen wollen: Seine Doktorarbeit *Beiträge zum Problem der Ursprünglichkeit der mittelalterlich-scholastischen Ontologie* [1947]und seine Habilitationsschrift, *Die ontologische Distanz: eine Untersuchung über die Krisis der Phänomenologie Husserls* [1950]. In meiner Wahrnehmung elaboriert Blumenberg in diesen beiden Arbeiten eine kosmologische Interpretation von sowohl Heideggers Ontologie als auch der Krise von Husserls Phänomenologie,[198] was wiederum Einblicke und ein besseres Verständnis erlauben für Blumenbergs eigene Geschichte der Astronomie und Metaphorologie des Kosmos.

Während seiner Doktorarbeit befasste Blumenberg sich mit den unterschiedlichen Stadien der Geschichte der Metaphysik und verfasste eine gründliche Kritik an Heideggers Verständnis des Seins in der antiken griechischen Philosophie. Hier können wir bereits die Wurzeln von Blumenbergs Interesse an Astronomie und an der Geschichte der Wissenschaft erkennen. Blumenbergs allererste

---

198 A. Fragio, »La ontología cosmológica en la obra temprana de Hans Blumenberg: las *Beiträge* y *Die ontologische Distanz*«, *Res publica*, n.º 23, Murcia, 2010, S. 93–122, auch unter A. Fragio, *Destrucción, cosmos, metáfora. Ensayos sobre Hans Blumenberg*, Lampi di stampa, Milano, 2013, S. 47–80. Weitere Informationen unter Nicola Zambon, *Das Nachleuchten der Sterne. Konstellationen der Moderne bei Hans Blumenberg*, Wilhelm Fink, Paderborn, 2017.

Erkenntnisse in diese Richtung sind verknüpft mit Heideggers Evaluation der Geschichte traditioneller Metaphysik.

Genauer gesagt prüfte Blumenberg die Originalität fundamentaler ontologischer Kategorien der Griechen aus einer kosmologischen Perspektive. Im Gegensatz zu Heideggers Behauptung, dass die Basis der ontologischen Originalität griechischen Denkens exklusiv auf der alten Exegese des Seins vor dem Horizont der Zeit beruht, führt Blumenberg ein alternatives Verständnis an, das zentral ist in seiner Kritik und der darauffolgenden Wiederaneignung Heideggers früher Philosophie und auch bei der Formulierung seines Blicks auf die Scholastik. Laut Blumenberg muss die antike griechische Metaphysik auf Basis ihrer »*kosmologischen Orientierung*« (*BPU8*) verstanden werden. Dorther rührt die Originalität des speziellen antiken griechischen Denkens.[199]

Der kosmologische Ansatz, verbunden mit dem hermeneutischen Horizont der Zeit, verleitet Blumenberg zu einem durchaus anderen Bild des griechischen metaphysischen Gedankens und, vor allem innerhalb der Geschichte der Ontologie, des Stadiums mittelalterlicher scholastischer Ontologie. Seine Beiträge zu Letzterem bieten – in meinen Augen – eine kosmologische Interpretation der Scholastik.

Blumenberg nutzte diesen frühen metaphysischen Ansatz zusammen mit dem phänomenologischen Ansatz »*Metakinesen des geschichtlichen Sinnhorizontes*«(*oD 104*; *PM 13* und *50*) als generellen theoretischen Rahmen, nicht nur für seine frühen Arbeiten zur Geschichte moderner (kopernikanischer) Astronomie und Metaphorologie, sondern auch für seine Hermeneutik der Neuzeit.[200]

Hinsichtlich der Geschichte moderner Astronomie veröffentlichte Blumenberg drei frühe Arbeiten während seines *Studium Generale*: 1) »Der kopernikanische Umsturz und die Weltstellung des Menschen. Eine Studie zum Zusammenhang von Naturwissenschaft und Geistesgeschichte« [1955] (*kUW 637–48*); 2) »Kosmos und System. Aus der Genesis der kopernikanischen Welt« [1957] (*KuS 61–80*); und 3) »Melanchthons Einspruch gegen Kopernikus. Zur Geschichte der Dissoziation von Theologie und Naturwissenschaft« [1960] (*MgK 174–82*).

---

199 *Ibid.*

200 A. Fragio, »La destrucción blumenberguiana de las comprensiones teológicas de la Modernidad«, *ÉNDOXA: Series filosóficas*, n.º 26, 2010, S. 243–278.

In Zusammenhang mit diesen drei Arbeiten möchte ich ebenfalls auf zwei spätere Veröffentlichungen hinweisen: »Kopernikus im Selbstverständnis der Neuzeit« [1964–5] (*KSN 339–68*), ein Vortrag den er am 24. April 1964 in der *Akademie der Wissenschaften und der Literatur zu Mainz* gehalten hat und der eine Erweiterung einer frühen Version aus seinem Nachlass aus dem Jahr 1958 darstellt,[201] und Blumenbergs Einführung in einen Auszug von Galileos Schriften mit dem Titel: »Das Fernrohr und die Ohnmacht der Wahrheit« [1965] (*FuO 7–75*).[202] Blumenbergs größter Beitrag zur Geschichte der Astronomie erschien schlussendlich in Form dreier Bücher: *Die kopernikanische Wende* [1965], *Die Genesis der kopernikanischen Welt* [1975] und *Das Lachen der Thrakerin* [1987].

Hinsichtlich Blumenbergs Metaphorologie erschienen seine ersten Beiträge in den 50ern und 60ern, bevor sie in den Büchern *Paradigmen zu einer Metaphorologie* [1960] (*PM*) und *Die Lesbarkeit der Welt* [1981] (*Leg*) zusammengetragen wurden. Dazu möchte ich gerne auf das letzte Kapitel in *Die kopernikanische Wende* [1965] hinweisen. Es trägt den Titel »Metaphorische Kosmologie–Kosmologische Metaphorik« (*kW 122–64*). Zudem auf die zugrundeliegende Arbeit zu Metaphorologie aus dem Jahr 1957 »Licht als Metapher der Wahrheit. Im Vorfeld der philosophischen Begriffsbildung« [1957] (*LaM 432–47*); und schließlich auf »Das dritte Höhlengleichnis« [1960] (*DdH 705–22*), welche ebenfalls bedeutsame Arbeiten sind.

Zum Zwecke der Klarheit möchte ich eine Unterscheidung einführen, wenn es um den Fundus an Materialien und Erkenntnisse in Blumenbergs Hinterlassenschaften geht: Nämlich zwischen den »kosmologischen Paradigmen« in Blumenbergs Metaphorologie und den »Paradigmen zu einer Metaphorologie des Kosmos«, die Blumenberg – wenn auch nicht systematisch – in anderen Arbeiten entwickelte.

Der erste Fall, »kosmologische Paradigmen« in der Metaphorologie, betrifft diese kosmologische Metaphorik, die einigen Schlüssel-Paradigmen in Blumenbergs allererster Metaphorologie Struktur verlieh, nämlich seiner Arbeit von 1957 mit dem Titel »Licht als Metapher

---

201 Veröffentlicht in der *Akademie der Wissenschaften und der Literatur in Mainz. Abhandlungen der geistes- und sozialwissenschaftlichen Klasse*, Jahrgang 1964, n.° 5, Mainz 1965, S. 339–68. Es gibt auch eine Kurzversion, veröffentlicht im *Jahrbuch der Akademie der Wissenschaften und der Literatur in Mainz*, 1964, S. 174 ff.

202 Enthalten in *Galileo Galilei: Sidereus Nuncius (Nachricht von neuen Sternen). Dialog über die Weltsysteme (Auswahl). Vermessung der Höhle Dantes. Marginalien zu Tasso*, Insel Verlag, Frankfurt am Main, 1965, S. 7–75.

der Wahrheit« ebenso wie seinen *Paradigmen zu einer Metaphorologie*. Hier können wir fünf »kosmologische Paradigmen« in Blumenbergs Metaphorologie ausmachen: 1) Die Höhle als Metapher für den Kosmos in der Metaphorologie des Lichts und des Schattens (*LaM 432–47*); 2) »*das ›unvollendete Universum‹ als Metapher neuzeitlichen Weltverhaltens*« (*PM 78*); 3) »*die Metaphorisierte Kosmologie*« (*PM 143*); 4) die »*Sprengmetaphorik*« (*PM 179; LdN 558–638*) und 5) das Buch als Metapher der Welt (*Leg*).

Im zweiten Fall, »Paradigmen zu einer Metaphorologie des Kosmos«, können wir zwei Haupt-Paradigmen erkennen, eine jede begleitet von diversen Metaphern: I) die »Paradigmen des kosmologischen Wahrheitsanspruchs«; und II) das »existenzielle Paradigma«, welches, wie ich es nenne, auf eine Heideggersche Art die »kosmologische Hermeneutik der Faktizität« beinhaltet und dessen Grundlage ich im folgenden Kapitel skizzieren werde.

Meine zentrale These ist an dieser Stelle, dass die relativ singuläre kosmologische Hermeneutik der Faktizität – also eine Hermeneutik des *Daseins* in einem kosmologischen Sinne –[203] von Blumenberg in seinen frühen Arbeiten zur Geschichte moderner Astronomie entwickelt wurde, speziell im Kontext dessen was Blumenberg »*die kopernikanische Reform der Astronomie*« (*GkW 155*) nennt und später in seinen »astronoetischen Glossen«*Die Vollzähligkeit der Sterne* [1997] und *Lebenszeit und Weltzeit* [1986] fortsetzte.

Beides, sowohl die »kosmologischen Paradigmen« in Blumenbergs Metaphorologie als auch die »Paradigmen zu einer Metaphorologie des Kosmos« sind – meiner Meinung nach – die klarste Artikulation von Blumenbergs Metaphorologie des Kosmos, welche er im Laufe seiner Arbeiten entwickelte, wenn auch nicht systematisch. Hier möchte ich nur »*die Zeitschere*« in *Lebenszeit und Weltzeit* [1986] oder einige der zahlreichen metaphorischen Repräsentationen des Kosmos als »*Weltinsel*«, die »*Uhr*« oder »*wie das Gewebe einer Spinne*« (*TdU 73*) erwähnen.

In diesem Kapitel werde ich mich mit den beiden zentralen Paradigmen aus Blumenbergs Metaphorologie des Kosmos befassen: Das existenzielle Paradigma und das Paradigma des kosmologischen Wahrheitsanspruchs. Beide kommen in der Metaphorologie des *contemplator caeli* zu tragen; Geozentrismus und Heliozentrismus als

---

203 »Kosmologische Phänomenologie der Lebenswelt« sollte ergänzt werden, wie ich in Kapitel 4 ausführen werde.

existenziell-kosmologische Metapher und die Metaphorologie des kosmologischen Wahrheitsanspruchs. Im nächsten Kapitel widme ich mich der eingehenden Analyse der historischen und philosophischen Basis der kosmologischen Hermeneutik der Faktizität.

Die Metaphorologie des *contemplator caeli*

Die zentrale Figur in Blumenbergs Arbeiten zur Geschichte der Astronomie – nämlich ein Individuum, das in den Sternenhimmel blickt – impliziert eine eigene Reihe an Metaphoriken, welche ich die »Metaphern des *contemplator caeli*« nenne. Im Spätmittelalter kontrastieren gerade diese Metaphern offen die sich entwickelnde Neuzeit. Die Figur des *contemplator caeli* kristallisiert das Leitmotiv von Blumenbergs Geschichte der Astronomie insofern, als dass dies ein Versuch darstellt, die Evolution astronomischer Theorien als Geschichte des menschlichen Selbstbewusstseins zu verstehen. Dabei gehen die allerersten Metaphern des *contemplator caeli* auf die Zeit von Thales von Milet zurück, dessen Neugierde über die Sterne ihn dazu veranlassten in einen Brunnen zu stürzen. Aus diesem symbolischen Wert des Sturzes, der die schwierige Beziehung zwischen der *»astronomischen Wahrheit« (FuO 61)* und der Lebenswelt darstellt, ergeben sich die Schlüssel-Metaphern des Astronomen als Beobachter des Himmels: Der »Held-Reformer«; der Astronom als Täter; und die »Märtyrer« der Astronomie.

Die Metapher der heroischen Reformer des Universums (*KSN 339*) ist verkörpert in Kues und allen voran in Kopernikus (*PM 143*).[204] Nach Blumenberg ist Kues einer der Vorläufer der Neuzeit. Er bereitete den Grund für die *»kopernikanische Wende«* (*KSN 343; kW*), denn er war dazu in der Lage die moderne, astronomische Perspektive und

204 Ein Überblick über Blumenbergs Ansatz zu Kopernikus' Astronomie findet sich unter Jean-Claude Monod, *Hans Blumenberg,* Paris, Belin, 2007, Kapitel 4, »Histoire des effets et symbolisation: le malentendu copernicien«, S. 95–115; Jean Seidengart, »Hans Blumenberg, lecteur et interprète de l'œuvre de Copernic«, *Revue de Métaphysique et de Moral.* Blumenberg: Les origines de la modernité, janvier, n.° 1, 2012, S. 15–33; Pini Ifergan, »On Hans Blumenberg's *Genesis of the Copernican World*«, in: Cornelius Borck (Hg.), *Hans Blumenberg beobachtet. Wissenschaft, Technik und Philosophie,* Verlag Karl Alber, Freiburg, 2013, S. 151–169; Nicola Zambon, »Die Erosion des Kosmos: zur Bedeutung der kopernikanischen Wende«, in: Peter König und Oliver Schlaudt (Hg.), *Kosmos. Vom Umgang mit der Welt zwischen Ausdruck und Ordnung,* Heidelberg University Publishing, Heidelberg, 2023, S. 125–142.

die faktische Position des Menschen in einem unendlichen Kosmos (*KdV 22, 35* und *64*) einzuführen. Im Gegensatz bot Kopernikus »*die paradigmatische Bedeutung für die Neuzeit*« (*kW 11*), dank welcher sich eine neue Form des Selbstverständnisses der Menschen in der Welt etablierte, also ein neues Selbstbewusstsein, basierend auf der kosmischen Immanenz (*kW 18, 40* und 122). Nach Blumenbergs kosmologischer Hermeneutik der Neuzeit würdigten sowohl Kues als auch Kopernikus die menschliche Vernunft und bereiteten den Weg für die moderne Selbstbehauptung (*KdV 9, 35* ff. und *55*; *MgK 179*; *LdN*). Entsprechend konzentriert sich viel von Blumenbergs Arbeit zur Geschichte der Astronomie darauf zu verstehen, warum Kopernikus so entscheidend für die Neuzeit wurde (*KSN 341*; *kUW 641*; *kW*; *GkW*). Blumenberg versuchte zu klären wie genau die kopernikanische Reform – die Einführung des heliozentrischen Systems – eine derart zentrale Rolle bei der Bildung eines modernen Bewusstseins spielen konnte (*kUW 641*).

Blumenberg befasste sich mit der »*Genesis der kopernikanischen Reform*« (*kW 39*; *KuS 62* und *73*) sowie der Geschichte und den intellektuellen Bedingungen, die diese ermöglichten. Hierbei legte er eine ungewöhnliche Belesenheit und bemerkenswerte Interpretationsfähigkeiten an den Tag, die ihn dazu veranlassten, eine gänzlich neue Theorie der Neuzeit anzubieten. Blumenberg argumentiert, dass die kopernikanische Reform das Ergebnis der Spannung zwischen mittelalterlicher, christlicher Tradition – nämlich der Schöpfungslehre, dem Nominalismus, dem Protestantismus und den aristotelischen Ableitungen auf der einen – und den stoischen und platonischen Traditionen auf der anderen Seite sind (*KSN 342–3*; *KuS 74*; *GkW 247*). Entsprechend entwickelte Blumenberg eine intellektuelle Geschichte moderner Astronomie, welche die kopernikanische Reform als Triumpf für den Humanismus beschrieb, von dem das moderne Bild des Menschen und der Welt abstammt. Dennoch sollte erwähnt sein, dass Blumenberg, im Gegensatz zu Thomas S. Kuhn zur gleichen Zeit, Kopernikus als Reformer darstellte und nicht als »Revolutionär«.[205] Nach Blumenbergs Ansatz waren einige mittelalterliche Vermutungen notwendig um eine Reformulierung des Kosmos, wie die der kopernikanischen Astronomie, zu erreichen. Blumenberg bezog sich

---

205 Weitere Informationen siehe A. Fragio, »«*Das Überleben der Übergänge*»: la supervivencia de los tránsitos: nuevos paradigmas de análisis de la obra de Hans Blumenberg«, in: Alberto Fragio und Diego Giordano (eds): *Hans Blumenberg. Nuovi paradigmi d'analisi*, Aracne Editrice, Roma, 2010, S. 55 ff.

auf die Thematik der »Zweideutigkeit« im Kopernikanismus. Trotz des mittelalterlichen Hintergrunds und der mehrdeutigen Natur dieser Überarbeitung wurde das Heldentum des astronomischen Reformers in Form eines Monuments für Kopernikus in Thorn festgehalten, begleitet von einem Zitat mit biblischem Echo: *Terrae Motor, Solis Caelique Stator*, »Er hat die Erde bewegt und die Sonne angehalten« (*PM 158; KSN 339–341; BaM 203–7; GkW 310* ff.; *Leg 68* ff.). Es ist nicht überraschend, dass Kopernikus, obwohl er ein heldenhafter Reformer war, auch als eine Art Befreier angesehen wurde (»*als Befreiung des Menschen*«) (*KdV 9*).

Die zweite weit verbreitete Metapher im Zusammenhang mit dem *contemplator caeli* ist die des »Täters« (*aP 103–112; BaM 199–203; GkW 310* ff.). Sie ist eng verbunden mit der Metapher des astronomischen Reformers, da sie sich mit der Handlung der kopernikanischen Reform und ihrer wichtigsten Konsequenz auseinandersetzt: Der Zerstörung des mittelalterlichen Verständnisses des Kosmos zusammen mit der privilegierten Position des Menschen darin. Folglich ist in Blumenbergs Ansatz der »kosmologischen Reform des Kopernikus« (*MgK 174–5*) der Ausgangspunkt für die Zerstörung des Mittelalters (*kW 134–5*) und als solche wurde die heliozentrische Lehre als ernsthafte Bedrohung der Fortsetzung der mittelalterlichen Perspektive auf das Universum und dessen anthropologisches Prärogativ. Entsprechend galt Arbeit an der astronomischen Theorie als Transgression und wurde mit der Kriminalitäts-Metapher in Verbindung gebracht, nach welcher der Astronom ein Täter wäre und seine Tat das Produzieren astronomischen Wissens.[206] Wie wohl bekannt ist, ordnete Blumenberg diese kosmologische Transgression innerhalb der Geschichte der Neugierde ein, welche astronomische Beobachtungen zum *concupiscentia oculorum* machte »*für eine Zeit, die sich dessen nicht mehr so ganz sicher ist, dass jede Wahrheit – und die Wahrheit überhaupt um der Wahrheit willen – für den Menschen gut sei*« (*PM 33; LdN 377* ff.; *NuW; RdW*).[207] Die kriminelle Transgression des *contemplator caeli* enthielt daher eine neue astronomische Wahrheit; eine Wahrheit über den Kosmos, die dazu in der Lage wäre, die mittelalterliche Welt zu erschüttern. Die daraus folgende

---

[206] »*Metaphorik des Theoretikers als Täter*« (*BaM 205–7; GkW 310–340; aP 103* und *110*).

[207] In *Paradigmen zu einer Metaphorologie* skizzierte Blumenberg eine Geschichte dieser Neugierde (*PM 33* ff), welche er später in *Die Legitimität der Neuzeit* (*LdN 263–530*) weiter ausarbeitete.

Dämonisierung von Kopernikus (*aP 103* und *110*) begann und damit die Metaphorik der »Märtyrer« der Astronomie, zu welchen auch Giordano Bruno gehörte, der auf dem Scheiterhaufen verbrannt wurde (*KSN 345*) und Galileo, der seinen astronomischen Überzeugungen abschwören musste. Während die kopernikanische Reform also eine neue astronomische Wahrheit zeichnete, hatten Bruno und Galileo als Märtyrer für eben jene Wahrheit gelitten.

Kosmologisch-existenzielle Metaphorik

Auf einer Grundlage, die durch die vorherrschende Metapher des *contemplator caeli* geschaffen wurde, kann Blumenbergs Geschichte der Astronomie einer Hermeneutik der Faktizität erkannt werden. Diese werde ich »kosmologisch-existenzielle Metaphern«[208] nennen, vor allem hinsichtlich des Prozesses der Metaphorisierung von Konzeptionen des Kosmos, von denen Blumenberg berichtet; und Geozentrismus und Heliozentrismus im Besonderen. Meiner Meinung nach kann diese kosmologisch-metaphorische Hermeneutik der Faktizität kategorisiert werden im Topos »*Metaphorische Kosmologie – Kosmologische Metaphorik*« (*kW 122–164; KSN 351–366; kW 135*). Die anthropologische Prämisse dieser kosmologisch-existenziellen Metaphorik besagt, dass der Kosmos dazu in der Lage ist die Aufmerksamkeit des *contemplator caeli* zu erregen, sofern er sich auf die menschliche Existenz bezieht, andernfalls würde er jegliches Interesse verlieren. Vor allem da die Stellung des Menschen im Universum uns etwas über unsere eigene Existenz verrät (*KSN 367*). Ich denke, das ist der finale Schlüssel zu allen kosmologisch-existenziellen Metaphorisierungen die Blumenberg identifiziert hat. Ich führe an, dass Blumenbergs Metaphorologie des Kosmos gleichzeitig auch ein Werkzeug für die existenzielle Analyse darstellt. Entsprechend umfasst die Geschichte der Astronomie eine kosmologische Hermeneutik der Faktizität,

208 Blumenberg verwies auf die »*Existenzialmetaphorik*« mit Blick auf Galileo (*VdN 115*). Ich sollte hier die »*Daseinsmetapher*« erwähnen in (*SZ 9–27*). In den Arbeitsmaterialien zu »Der archimedische Punkt des Celio Calcagnini« (*aP 103–112*) wies Blumenberg darauf hin, dass das Bild des »Schiffswracks mit Zuschauern« ursprünglich eine kosmologische Metapher aus der epikureischen Philosophie ist: »*Der unbetroffene Zuschauer des Schiffbruchs auf der Meere ist ursprünglich eine kosmologische Metapher*« (*BMT -1-*).

insofern als dass sie die Existenz und den Zustand des Menschen im Universum beschreibt.

Geozentrismus und Heliozentrismus als absolute Daseinsmetaphern

Laut Blumenberg durchliefen Geozentrismus und Heliozentrismus zwei separate Prozesse der existenziellen Metaphorisierung: »*Man kann also die Metaphorisierung der kopernikanischen Welt, und damit die Voraussetzung ihrer neuzeitlichen bewusstseinsbildenden Funktion, nicht verstehen, ohne den strukturell verwandten Vorgang zu analysieren, durch den der antike, vor allem durch* Aristoteles *beschriebene geozentrische Kosmos in der* Stoa *allererst zur Metapher geworden war*« (*PM 148*).[209] In beiden Fällen besteht der fundamentale Kern dieser Prozesse daraus, die räumliche Verteilung der Sterne zu einer existenziellen Bedingung des Menschen zu machen.[210] Der geozentrische Kosmos, vor allem nach stoischem und christlichem Verständnis, war eine Metapher für den privilegierten Status des Menschen, da er dessen Zentrum darstellt. Der stoische Geozentrismus war eine Metapher für das Subjekt, das sowohl die anthropozentrische Teleologie als auch die wohlwollende göttliche Fügung symbolisierte (*kW 135–7* und *140–3; MgK 175; KdV 64; SB 16–17*). Für das mittelalterliche Christentum wäre der Geozentrismus eine Metapher der Intentionalität der Schöpfung und der Theologie der Gnade gewesen. Während die »geozentrische Metaphorik« (*kW 143*) für eine Welt steht, die vom Menschen nach dessen Dafürhalten verwendet werden kann (*kUW 638–9* und *648*), befasste sich die »*kopernikanische Metapher der menschlichen Exzentrizität*« (*kW 128–9* und *159*) mit der Abwesenheit von Teleologie (*kW 128; UeK 42*). Die Tatsache, dass nicht der Mensch im »Zentrum« des Universums steht hat Auswirkungen auf das Selbstverständnis der Menschen und deren Verständnis von ihrer

---

[209] Zur kosmologischen Metapher von Aristoteles siehe auch (*PM 148* ff; *SB 16–17; Tlg 674*).

[210] Bezüglich der Metaphorisierung des Kopernikanismus referenzierte Blumenberg den »*kopernikanischen Metaphernrealismus*« (*kW 129; KSN 366; PM 143* ff), welcher der bereits genannten räumlichen Verteilung der Sterne zugeschrieben werden könnte, also der Metaphorisation der exzentrischen Position. Blumenberg beschreibt die Kopernikanische Metaphorik als »*Sprengmetaphorik*« (*KSN 366*).

Existenz: »*Die kopernikanische Welt wird zur Metapher für die kritische Entrechtung des Teleologieprinzips* […]. [Da] *die kopernikanische Metapher das Pathos der Entteleologisierung durchschlagen liess, dass auf ihr ein neues, an die kosmische Exzentrizität des Menschen gebundenes Selbstbewusstsein beruht*«] (*PM 145–6; Tlg 676; GkW 47* ff.; *Lt 109–19*). Noch allgemeiner referenzierte Blumenberg »*die Metaphorisierung der kopernikanischen Reform*« (*kW 134–145; MgK 174; GkW 149* ff.) und bot damit ein Bild purer Faktizität und Geworfenheit.[211]

Folglich sind Geozentrismus und Heliozentrismus zwei absolut kosmologische Daseinsmetaphern, da sie dem Menschen auf der Welt sehr unterschiedliche Positionen zuschreiben (*kW 127* und *134–5; BdM 14–5; VdN 116*).[212] Mit Blick auf den Geozentrismus: »*in der Mitte des Weltalls und im Sinnzentrum der Natur beheimatet war, wurde er doch um so entschiedener als Sinnbezug der Naturerkenntnis, der Gesamtheit der Wissenschaften, postuliert*« (*WW 69*). Auf der anderen Seite:»*die kopernikanische Umformung des Kosmos zum Orientierungsmodell genommen wird für die Beantwortung einer Frage, die sich mit rein theoretischen und begrifflichen Mitteln noch nie beantworten liess: der Frage nach der Stellung des Menschen in der Welt*« (*PM 144; kW 134–5*). Kurz gesagt wird in beiden Fällen ein exis-

---

211 »*Dieselbe kosmische Unendlichkeit, die im Effekt der Reform des Kopernikus die Kontingenz der Natur aufhebt, steigert die Kontingenz der menschlichen Selbsterfahrung bis zur puren Faktizität und ›Geworfenheit‹*« (*K 1793*). In seinem Kommentar zu Nietzsche und kopernikanischer Astronomie beschrieb Blumenberg die existenzielle Dimension der kopernikanischen Reform: »*Aber Nietzsche formuliert eine ganz entgegengesetzte Deutung jenes Bewusstseinswandels. Mit Kopernikus lässt er die* Selbstverkleinerung des Menschen *beginnen, dem* der Glaube an seine Würde, Einzigkeit, Unersetzlichkeit in der Rangabfolge der Wesen *verlorengegangen sei; durch die* Niederlage der theologischen Astronomie *sei das menschliche Dasein* noch beliebiger, eckensteherischer, entbehrlicher in der sichtbaren Ordnung der Dinge *geworden*« (*PM 143; kW 123*).

212 Loretta Monti, »›Il cielo come caverna‹. L'antitesi tra metafora copernicana e tolemaica nel processo di legittimazione dell'età moderna«, *Discipline Filosofiche*, Anno XI, numero 1, Hans Blumenberg e la teoria della modernità, Quodlibet, Macerata, 2001, S. 153–70, auf S. 165: »*L'antitesi tra metafora tolemaica e copernicana non rappresenta l'opposizione tra il principio di legittimità dell'antichità e quello dell'età moderna, ma una dialettica tutta interna alla modernità. A ragione Blumenberg afferma che la rivoluzione è l'unica metafora assoluta prodotta nell'epoca moderna, al suo interno entrambe le metafore cosmologiche coesistono come le due facce di una moneta*«. Zu kopernikanischer Astronomie als absolute Metapher siehe Remo Bodei, »Navigatio vitae. Métaphore et concept dans l'œuvre de Hans Blumenberg«, *Archives de philosophie*, 2004, S. 206; So bezog sich J-C. Monod auf die Angelegenheit: »*L'interprétation métaphysique est restée attachée à la métaphorisation de la place de l'homme dans le cosmos*«. J-C. Monod, *Hans Blumenberg, op. cit.*, S. 101–2 und S. 109–10.

tenzielles Selbstverständnis des Menschen durch eine kosmologische Metapher vorgestellt.

Meiner Meinung nach verbesserte Blumenbergs Ansatz der absolut kosmologischen Daseinsmetapher den ursprünglich engen Rahmen der Begriffsgeschichte, da sie den historischen und kulturellen Hintergrund lieferte, vor dem die Entstehung sowohl des Geozentrismus als auch des Heliozentrismus möglich war, nämlich die Spannung zwischen dem mittelalterlich-christlichen Verständnis des Kosmos und dem neuen Verständnis des Kosmos, das für das Anbrechen der Neuzeit stand. Dabei stellte sie auch einen Schritt nach vorne dar hinsichtlich Heideggers Hermeneutik der Faktizität, denn sie warf nicht weiter abstrakte Fragen zum Sinn des Seins durch die Analyse der menschlichen Existenz auf, sondern viel mehr historische Fragen zum Universum und der menschlichen Bedeutung darin.[213]

Die kosmologische Metaphorologie der Wahrheit

In meinen Augen werden die Metaphorologie des *contemplator caeli* und die Geschichte der kosmologischen Daseinsmetaphern durch die Metaphorologie der astronomischen Wahrheit vervollständigt. Dieses Thema hat einen engen Bezug zur metaphorischen Analyse der Wahrheit, da, wie Blumenberg sie in den Ursprungsarbeiten seiner Metaphorologie darstellte »*die kopernikanische Umformung des Kosmos zum Orientierungsmodell genommen wird für die Beantwortung einer Frage, die sich mit rein theoretischen und begrifflichen Mitteln noch nie beantworten liess: der Frage nach der Stellung des Menschen in der Welt*« (*PM* 144; *kW* 134–5) und in *Paradigmen zu einer Metaphorologie* (*PM*). In Blumenbergs Ansatz sind die Geschichte der Astronomie und die entsprechende Modifizierung des menschlichen Selbstverständnisses immer mit einer Geschichte der astronomischen Wahrheit verbunden, die ihre eigenen Metaphoriken aufgreift. Hier können wir die Konvergenz zwischen den kosmologischen Daseinsmetaphern und den Metaphern der astronomischen Wahrheit ausmachen, deren letzte Äußerung ich das »milesische Dilemma« nennen werde und wie folgt ausführe: Die Verfügbarkeit des Kosmos macht die Lebenswelt

213 Mit Blick auf die Geschichte der modernen Astronomie als Geschichte der existenziellen Faktizität des Menschen wies Blumenberg auf die konservative Intention von Kopernikus hin, welche auf die Erhaltung der Verständlichkeit verfolgte (*PM* 145).

nicht verfügbar, während die Verfügbarkeit der Lebenswelt den Kosmos nicht verfügbar macht.[214] Dieses Dilemma manifestiert sich – wie wir im nächsten Kapitel sehen werden – in der existenziellen Bedingung des *contemplator caeli*, da dieser eine astronomische Wahrheit vertritt, die er durch seine Himmelsbeobachtungen erlangte, aber diese Wahrheit stellt sich im Konflikt mit der Lebenswelt dar. Daher schlage ich eine Doppel-Metaphorisierung der (nicht) Verfügbarkeit des Kosmos im Verhältnis zur Lebenswelt vor, welche sich auf die Prozesse der Symbolisierung der Schwierigkeiten bei den Zugänglichkeiten des Kosmos und die Transmission und Integration deren epistemologischen Ergebnissen – besonders der astronomischen Wahrheit – in der Lebenswelt stützt. In diesem Kontext ist der Sturz von Thales von Milet in einen Brunnen ein paradigmatischer Fall, der nicht nur stellvertretend für die astronomische Wahrheit auf dem Grund des Brunnens liegt, sondern auch für die historische Transformation in eine Metapher der Verfügbarkeit des Kosmos (*GkW 47* ff. und *111* ff.; *LdT 71–159*) oder sogar ein astronomisches Instrument zur Beobachtung (*SdP 56* ff., *79; LdT 100* ff.; *VS 41*).

Basierend auf *Paradigmen zu einer Metaphorologie* sind Licht und Macht als Metaphern der Wahrheit jedoch besonders interessant für die Metaphorologie der astronomischen Wahrheit wie sie von Blumenberg beschrieben wurde. Die Geschichte beider Metaphern im Kontext der Astronomie ist komplex und deren Entwicklung würde uns zu weit von unserem Schwerpunkt forttragen.[215] Ich werde lediglich einige dieser Meilensteine im Kontext von Blumenbergs Metaphorologie des Kosmos ausführen.

Die vielleicht relevanteste Episode ist der bereits erwähnte Fall moderner Astronomie (*UeK 33–4*). Der theoretische Reformer – als Held und Befreier – setzte sich für seine neuen Wahrheiten über den Kosmos ein, brachte Licht in die mittelalterliche Lebenswelt und veränderte sie. Demnach sind Licht und Macht passende Metaphern für die kopernikanisch astronomische Reform und ihre neue Wahrheit über den Kosmos. Blumenberg befasste sich mit diesem Thema, indem er eine Verbindung zwischen Kopernikus und Galileo herstellte. In beiden Fällen verweist Blumenbergs historische Rekonstruktion auf eine neue sensationelle astronomische Wahrheit, die die

---

214 Wie wir im nächsten Kapitel sehen warden entwickelte Blumenberg diese Frage in seiner Arbeit zur Aufnahme seiner Anekdote zu Thales' Sturz (*LdT 9–32; SdP 11–64*).

215 Siehe zum Beispiel, (*SB 26–8; VS 71; KSN 343; NuP 294–7; Q 10*).

lebensweltliche Ordnung bedrohte und in Frage stellte, da die neue Anordnung des Kosmos eine neue lebensweltliche Ordnung bedeutete.[216] Während Galileo jedoch ursprünglich davon überzeugt war, dass das Licht der Wahrheit der neuen heliozentrischen Lehre eine derart bezwingende Überzeugungskraft hätte, dass sie sich durchsetzen würde, war Kopernikus viel zurückhaltender und misstrauisch hinsichtlich der weltlichen Auswirkungen der neuen astronomischen Wahrheit. Seine Bedenken reichten tatsächlich so weit, dass man von einem »astronomischen Pakt« mit der Lebenswelt sprechen könnte, daher seine damaligen Vorkehrungen bei der Verbreitung seiner Lehre. Obwohl sich Kopernikus dieses deskonträren kosmologischen Wahrheitsanspruchs bewusst war, distanzierte er sich nicht von seiner Überzeugung bezüglich der absoluten Wahrheit seiner heliozentrischen Lehre, auch wenn der Mensch damit seine zentrale Position im Kosmos verlieren würde.

Blumenberg sprach im Zusammenhang mit dieser Problematik vom »*Wahrheitsanspruch der kopernikanischen Reform*« (*FuO 36*).[217] Im Gegensatz zur ursprünglichen Auffassung des Heliozentrismus und den Versuchen der epistemologischen Neutralisation, widersetzte sich Kopernikus den instrumentalistischen Überlegungen, seine Erkenntnisse seien eine reine astronomische Hypothese praktischer Zweckmäßigkeit. Laut Blumenberg war diese instrumentalistische Überlegung zur Lehre von Kopernikus ein Versuch dessen Anspruch auf die Wahrheit zu untergraben. Mit seiner astronomischen Reform glaube Kopernikus jedoch eine neue Wahrheit über den Kosmos gewonnen zu haben (*kW 14* und *38*); eine Wahrheit »*sofern sie nicht mit der alten Heilsnotwendigkeit zusammenhängt, sondern einem neuen Ideal der menschlichen Bestimmung zugeordnet ist*« (*PM 34*). Blumenberg verwendete viele Seiten auf den Austausch mit führenden Vertretern des »*nominalistischen Paradigma der Astronomie*« (*FuO 53*) – vor allem Osiander und Melanchthon (*KuS 61* und *75 ff.*; *MgK 100–21*) – und auf die Diskussion um Kopernikus. In dieser historischen Analyse findet Blumenberg einige der wichtigsten Puzzleteile für seine Hermeneutik der Neuzeit, wie den Prozess der Selbstbehauptung der

---

216 Zu den anthropologisch-theologisch-metaphysischen Unruhen, die mit dem Verlust der menschlichen Zentralität im Universum in Verbindung gebracht werden, was aus der heliozentrischen Astronomie resultierte siehe (*KdV 7* ff).

217 »*Die kopernikanische Reform mit ihrem kosmologischen Wahrheitsanspruch*« (*kW 38*). Zur Ethik des Wahrheitsanspruchs siehe (*GkW 309*).

menschlichen Vernunft und des modernen Selbstverständnisses im Gegensatz zur Schöpfungslehre und des Erlebens der Zeit in Bezug auf den Kosmos.[218]

Galileo und Bruno (*UeK 33–4*)[219] auf der anderen Seite erlebten fürchterliche Schicksale im Schatten der Lehre von Kopernikus (*UeK 33–4; LW 143*) und ihrer nicht-Verfügbarkeit hinsichtlich der Lebenswelt durch etwas, das Blumenberg »*die Umwendung von der bitteren Erfahrung der Ohnmacht der Wahrheit zur wenigstens partiellen Ermächtigung der Vernunft*« nannte (*GkW 502; FuO 21–5, 51* ff. und *74–5; RS 417; Marg 133*).[220] Auch wenn er der mächtigen Metapher des Wahrheitsanspruchs in *Paradigmen zu einer Metaphorologie* ein bestechendes Licht zuschrieb (*PM 14; LaM 33* ff.; *GkW 453* ff.; *TdU*)[221] stellten sich Galileos Erfahrung mit der astronomischen Wahrheit durchaus gegenteilig dar: Als kosmologisches Paradigma einer Entpotenzierung der Wahrheit. Basierend auf tiefgründigen Beobachtungen durch das Teleskop – das »*Fernrohr wurde zum symbolischen Instrument der demiurgischen List*« (*KSN 351; GkW 453* ff.) – glaubte Galileo, dass die mächtige Wahrheit, die von ihm ausging (*FuO 12*) ausreichen würde, um seine Zeitgenossen zu überzeugen, trotz »*des*

---

218 Siehe (*FuO 32; kW 14; SB 333–83; GkW 247* ff und *503* ff; *KSN 357; FuO 18; kK 150–4; KPV 460–5; LW*). Vielleicht sollten wir auch die Ideologie des Prozesses in Bezug zur kosmologischen Wahrheit hinzufügen, wie von J-C Monod vorgeschlagen: »*Le* progrès [...], *tel que le conçoivent les grandes philosophies de l'Histoire modernes, voit dans le temps un facteur d'accroissement des savoirs et/ou des pouvoirs de l'homme, une amélioration immanente des rapports avec la Nature, des rapports sociaux... L'une des conditions de possibilité d'une telle représentation a été la valorisation du rôle du temps dans la découverte de ›verités‹ nouvelles, notamment au plan astronomique: la découverte de planètes nouvelles grâce à la lunette astronomique, et le ›progrès‹ dans la représentation du cosmos grâce à la révolution copernicienne*«. J-C. Monod, *Hans Blumenberg, op. cit.*, S. 131

219 Blumenberg beschreibt Bruno als höchstes Märtyrertum für die Wahrheit (*LdN 639*).

220 Blumenberg referenziert auch Galileo und die Bedeutung der Wahrheit in einem Brief, den er am 9. IX. 1965 an Taubes schickte (DLA Marbach). Siehe auch Blumenberg »Das Fernrohr und die Wahrheit. Zum Neuerscheinen von Galileis *Nachricht von neuen Sternen*« (*BT 230–7*). Blumenberg referenziert auch Galileo in einem Brief den er am 25. V. 1965 an Unseld schickte (DLA Marbach). Siehe auch Blumenbergs unveröffentlichte Arbeit, »*Ankündigung: Galileo Galilei, Sidereus Nuncius*« (DLA Marbach). In Blumenbergs Brief an Gerschmann vom 7./8.11.88, erwähnt er die falschen Momente der Wahrheit (DLA Marbach).

221 Es sollte hier an die Mondkarte des Lichts erinnert werden, die von Galileo entwickelt und in seinen *Sidereus Nuncius* aufgenommen wurde.

Risikos der Sichtbarkeit als der letzten Instanz der Wahrheit« (*FuO 21; LaM 33* ff.). Galileo erlebte letztendlich allerdings das Gegenteil: Die Machtlosigkeit einer kosmologischen Wahrheit – eine Wahrheit des einsamen *contemplator caeli* – und die aggressive Verteidigung der Lebenswelt gegen diese neuen astronomischen Entdeckungen. Die Astronomie von Kopernikus wiederum machte das Universum zugänglich für den menschlichen Verstand – ein erreichbares Universum sozusagen – während sie gleichzeitig die Wirkungslosigkeit einer astronomischen Wahrheit gegenüber einer Lebenswelt (*FuO 9; GkW 762*) als eine nun neutralisierte und machtlose astronomische Wahrheit aufzeigte.[222] Die Schlagzeilen in der siderischen Zeitung und deren Überbringer überzeugten niemanden, als besäßen sie keinerlei verbindliche Kraft.[223] Schließlich wurde jegliches Interesse an den Sternen erneut schwer bestraft (*FuO 20; LdN 263–530*).

---

[222] Blumenberg verwies darauf, dass die Abwesenheit einer »Paratheorie« die Erklärung für einen Widerstand im Teleskop ist. Im Gegensatz zu Kopernikus und Galileo bot Freud eine Theorie an, die die Schwierigkeiten bei der Akzeptanz psychoanalytischer Wahrheiten erklären konnte (*GkW 762*). Zu Blumenberg und Freud siehe Rüdiger Zill, »Zwischen Affinität und Kritik. Hans Blumenberg liest Sigmund Freud«, in: Cornelius Borck (Hg.), *Hans Blumenberg beobachtet, op. cit.*, S. 126–48.

[223] Blumenberg verwies auch auf Husserls Galileo, Phänomenologie und modern Wissenschaft. Siehe besonders (*FuO 44* ff und *75; PM 72–3; LW 321* ff).

Existenzielle Paradigmen in Hans Blumenbergs Geschichte der Modernen Astronomie

»Die Seinsart dieses Seienden ist die Zuhandenheit. Sie darf jedoch nicht als bloßer Auffassungscharakter verstanden werden, als würden dem zunächst begegnenden ›Seienden‹ solche ›Aspekte‹ aufgeredet, als würde ein zunächst an sich vorhandener Weltstoff in dieser Weise ›subjektiv gefärbt‹. [...] Der besorgende Umgang stößt aber nicht nur auf Unverwend-bares innerhalb des je schon Zuhandenen, er findet auch solches, das fehlt, was nicht nur nicht ›handlich‹, sondern überhaupt nicht ›zur Hand ist‹«.

(Martin Heidegger, *Sein und Zeit*, §§ 15–16)

»–Ihre Begeisterungsfähigkeit für die Natur ist begrenzt, lieber Herr Blumenberg. Jedenfalls für die irdische. Die Sterne bleiben intakt…

-… die Astronomie hat den Weg der Ausnüchterung schon länger und weiter beschritten als die Physiologie. […] Sie wissen so gut wie ich, dass ich den Menschen bewundere. Nur eben gerade nicht seine Störanfälligkeit«.

(Hans Blumenberg, »Kreislauf«, *Begriffe in Geschichten*).

Die Unverfügbarkeit des Firmaments: Der Sternenhimmel als existenzielles Paradigma

Wir leben auf der Erde und können Sterne sehen. Das ist eine existenzielle Bedingung, die sowohl in der Astronomie als auch in der Anthropogenese (*GkW 11*) verbreitet ist. Der erste Anthropoid gelangte zwangsläufig an einen Punkt, an dem er seine Gedanken zu seiner direkten Umgebung – die sein Überleben sicherten – pausierte und sich auf den immensen Sternenhimmel über seinem Kopf konzentrierte. Dadurch unterbrach er die übliche Gangart und einen nutzbringenden Kontakt mit der Welt kurzzeitig (*LdT 147*). Indem er seinen Blick auf das Höchste und Entfernteste richtete, musste er, wenn auch nur für einen Moment, das Niedrigste und Nächste verstecken (*SdP 14*). Um den Himmel beobachten zu können

– was die Basis der Astronomie darstellt – muss man zuallererst einmal den soliden Grund unter den eigenen Füßen außer Acht lassen: Eine gefährliche Nichtbeachtung dessen, was so nah ist. Diese neue »*Sorge des Sehens*« (*LdT 152*) – um es mit Heideggers Worten zu sagen – stellte ein Paradox mit anthropologischer Bedeutung vor: »*Sie macht das Fernliegende, das ›nur‹ zu vernehmen ist, zu dem, was dem Menschen nahegeht*« (*LdT 152*).

Diese Sorge bezüglich der Sterne befeuerte übermäßige Bedenken hinsichtlich des Entfernten und des Unnützen; die tückische Sorge darum, was in der Ferne leuchtet und nicht greifbar ist schlechthin, was wiederum die Beständigkeit dessen, was in der Nähe ist verhindert. Mehr noch, die Faszination für das Entfernte – die anthropologische Grundlage der Astronomie – lud zu Passivität ein; zu einem »Nicht-zugreifen-Müssen *als einem bloßen* Unterhaltensein von der Welt« (*LdT 153*).

Aus der Perspektive des existenziell-anthropogenen Paradigmas grenzt sich der Sternenhimmel durch die Tatsache ab, dass er unzugänglich und unerreichbar bleibt (*GkW 25* und *120*; *SdP 16* und *38–9*). Die Sterne gelten »*als unfassbare, unfühlbare, nur optische, nur als Licht dem Auge sich offenbarende Wesen rein geistige, übermenschliche, göttliche Wesen, d.h. Wesen der Phantasie*«.[224] Entsprechend wurde der Sternenhimmel, unter dem sich die Anthropogenese entwickelte, mit Ambiguität aufgeladen (*GkW 11–5*), da seine unverfügbare Natur Zweifel nährte, ob er die Essenz oder etwas unendlich Irrelevantes im Leben des Menschen darstellt (*SdP 54–63*). In jedem Fall hätte man schlussfolgern können, dass nicht alles Gegenstand der Erfahrung werden kann und, dass man genau dort, ganz oben, die ungeheuerliche Sphäre des Unbestimmten ausmachen kann (*SdP 53*; *GkW 28*), wie einen diffusen Horizont, der die Entfernung zu dem für uns überhaupt nicht Erkundbaren vergrößert.

Vom Blickpunkt der terrestrischen Lebenswelt ist der Himmel etwas absolut nicht Verfügbares und Unerreichbares für den Menschen (*GkW 102*). Er etabliert natürliche und unüberwindbare Grenzen menschlicher Aktion als eine unbequeme Präsenz, die sich kaum konzeptualisieren lässt: »*Die Realität des Universums wird als Widerstand gegen den Begriff erfahren*« (*GkW 76*). Darüber hinaus ist der einzige Grund dafür, dass die Totalität der Natur nicht konzeptuali-

---

[224] Ludwig Feuerbach, *Die Unsterblichkeitsfrage vom Standpunkt der Anthropologie* [1846], in: *Sämtl. Werke*, Band 1, S. 125, zitiert von Blumenberg (*SdP 53–4*).

siert werden kann, dass sie nicht in Konzepten entstanden ist. Das soll heißen, dass in den Steppen der Anthropogenese die erstaunliche Unmenschlichkeit des Himmels unverfälscht sichtbar war und bemerkenswert als unüberbrückbare ontologische Distanz zwischen der Unermesslichkeit des Sternenhimmels und der bescheidenen Wahrnehmung der schlammigen terrestrischen Erde. Obwohl die Realität in ihrem Ursprung nicht konzeptualisiert ist, ist die Frage nach der Berechtigung des Universums keineswegs weniger intensiv. Das »*Paradigma des gestirnten Himmels*« (*GkW 105*) zeigt seine Konsistenz als unentfernbares Relikt, das überlebt hat »*nach dem Versagen und im Bewusstsein des Versagens jahrhundertelanger Anstrengungen, den Gott und sein Werk zu rechtfertigen* [...], *über dem Abgrund der nicht beantworteten und nicht beantwortbaren Seinsgrundfrage*« (*GkW 105*).

In meinen Augen ist Blumenbergs Geschichte der Astronomie von eben jenem existenziell-anthropologischem Hintergrund abhängig. Das heißt von einer Reihe an Hoffnungen, Ängsten und Erwartungen, die der Sternenhimmel in der Lebenswelt weckte, einschließlich des Unerwarteten »*Und doch*« (*GkW 135*), das mit dem Realitätszuwachs in Verbindung gebracht wird, der durch eine historische Verschiebung der astronomischen Erfahrung entsteht. Entsprechend stellen die Geschichte der Astronomie und deren ambivalente Errungenschaften ein Model des privilegierten Wissens dar, möglicherweise zusammen mit der Biologie (*dem 19; GkW 128*). Schließlich zeigen sie die Faktizität der menschlichen Existenz auf; die marginale Position des Menschen im Universum. Astronomie, anders als andere wissenschaftliche Disziplinen, suggeriert ein eigenartiges Selbstverständnis des Menschen. Die Immensität der Realität – ihr Absolutismus – zeigt sich am deutlichsten in der brutalen Disproportionalität zwischen der limitierten Erde, auf der wir wandeln und dem riesigen Sternenhimmel, der sich über uns ausbreitet.[225]

---

[225] Odo Marquard, der die Interpretation von Blumenbergs Arbeit als den »Absolutismus der Realität« bekannt machte, schlug in seinem Beitrag zum Band anlässlich Blumenbergs 70sten Geburtstags vor, das wir den Absolutismus dessen, was unter unseren Füßen stattfindet loswerden können, wenn unser Blick in die Ferne schweift. Siehe Odo Marquard, »Lebenszeit und Lesezeit. Bemerkungen zum Œuvre von Hans Blumenberg« in: Michael Krüger (Hg.), *Akzente. Hans Blumenberg zum 70. Geburtstag*, 37 Jahrgang, Heft 3, Juni 1990, S. 269.

Die zwei bedeutendsten astronomisch-existenziellen Paradigmen

In Blumenbergs Geschichte der Astronomie können wir zwei vorherrschende astronomisch-existenzielle Paradigmen ausmachen: Das »astrologische Paradigma« und das »Paradigma der Indifferenz des Universums«, die beide von eindeutigem anthropologischem und metaphorologischem Wert sind. Das erste bezeichnet einen naturgemäß signifikanten und hilfreichen Kosmos, der dem Menschen Signale sendet und durch Astrologie repräsentiert wird. In der astrologischen Version der Welt, schließen Himmelsbewegungen eindeutig auf den Wert eines Zeichens, das ausschließlich des Menschen Glück oder Pech prophezeit.[226] Um also die entscheidenden Bedingungen seiner Existenz bestimmen zu können, muss der Mensch die konkrete existenzielle Bedeutung, die sich in den Sternen versteckt, entziffern und sich entsprechend verhalten: Astrologie verknüpft das Universum mit dem Menschen, *»macht es zum Inbegriff der Zeichen für ihn und ihn damit zum Bezugspunkt aller physischen Prozesse«* (*GkW 75*). Astrologie ist der Ausdruck eines anthropologischen Wunsches danach, dass die gesamte Existenz – insbesondere das Leben des Einzelnen – einer zugrundeliegenden Ordnung folgen, die sowohl nachvollziehbar als auch wohlwollend ist. Entsprechend wird das Schicksal des Menschen von Vernunft bestimmt und nicht von willkürlichen, zufälligen Verkettungen. Die Astrologie muss folglich alle möglichen Fragen beantworten (*SdP 32–3*), obwohl eben dadurch oft viele unterschiedliche und bizarre Antworten entstehen (*LdT 64–5*). Eben darum basiert das astrologisch-existenzielle Paradigma auf einem anthropomorphischen Kosmos, der sich für den Menschen interessieren soll, eine Verbindung zu dessen tiefsten Bedürfnissen hat und konsistent ist mit der Lebensdauer (*LW 99–129*). Ein Kosmos, in dem alles auf Wunsch verfügbar ist und der der *»Tyrannenherrschaft des Geistes«* (*GkW 127; GdT 104*) unterliegt. Astrologie ist demnach keine schlichte Entartung der Astronomie, sondern *»das Exempel für den Verwicklungsgrad von Welt und Mensch«* (*GkW 123*), das in seinem perfektesten Ausdruck den Lauf der Gestirne mit der Geschichte des Menschen in Einklang bringt (*SdP 50*).

Das existenzielle Paradigma der Indifferenz des Universums ist dagegen eine exakte Umkehrung des oben beschriebenen astrologi-

226 *»der Himmel konnte noch einmal im Zeichen deutlich werden«* (*SdP 38*).

schen Paradigmas. Der Sternenhimmel hat keinerlei Bezug zum Glück des Menschen. Er tut nichts zu seinem Vorteil und bietet auch keine angemessenen Antworten, die ihm eine privilegierte Befriedigung verschaffen (*GkW 30–1*). Die »*Neutralisierung der Anfälligkeit für Zeichen*« (*SdP 39*) ist vollständig neutralisiert und deren augenscheinliche Bewegung – rein mechanisch – verliert jegliche Bedeutung für das Vorankommen menschlicher Angelegenheiten. Die Himmelskörper stehen in keinem Zusammenhang mit den speziellen Interessen des Menschen. Wie beim *astrologue cocu* von Thomas Moros, Geoffrey Chaucers oder Samuel Richardsons, ist der Observierende im Paradigma, auch mithilfe seines astrologischen Berufs, nicht dazu in der Lage, die Untreue in der eigenen Ehe in den Sternen zu sehen (*LdT 114–5; SdP 45–50*). Stattdessen kann man an der Himmelsoberfläche die krasse Missachtung der Natur hinsichtlich des Menschen und seines Schicksals erfassen. Kurz gesagt bekommen wir ein Bild eines Universums, das »*kalt, teilnahmslos, bösartig funkelnd, in verächtlicher Ungerührtheit über den Geschicken der Menschen steht*« (*SdP 46*). Den Himmelskörpern dieses Universums fehlt jegliche Empathie, wodurch sie sich in kalte und glänzende Geister verwandeln, die über den nächtlichen Himmel der Erde ziehen (*GkW 84*).

Die historische Basis des existenziellen Paradigmas liegt in dem, was Blumenberg »*die kopernikanische Reform der Astronomie*« (*GkW 155*) nennt. Eine derartige astronomische Überarbeitung wird von der kopernikanischen Weltanschauung deutlich unterstrichen, die den Weg für die Moderne bereitet. Bedenkt man, dass sein Universum eine Erneuerung des alten griechischen Kosmos beinhaltet – also ein Verständnis des Universums als geordnete und sichere Realität, die den epistemologischen Fähigkeiten des Menschen zugänglich ist – erweckt der neue Kosmos nicht länger Zuversicht, sondern wird mehr Gegenstand allen Misstrauens, das aus seiner unerhörten Stille erwächst (*GkW 83–4*).

Nach Blumenberg konserviert die kopernikanische Weltanschauung Erinnerungen an die alte griechische und römische anthropozentrische Teleologie und ist trotz Kopernikus' Heliozentrismus voller Ambiguitäten. Ein zentrales Thema ist, dass dem Menschen eine exzentrische Position in der noch immer finiten *machina mundi* (*GkW 204–5*) eingeräumt wird. Darüber hinaus konnte das kopernikanische System auch »*apokalyptische Ängste*« nicht aus der Gleichung nehmen (*GkW 314*), Ängste wie die Zerstörung der terrestrischen Welt durch die Rotationsbewegung, durch die deren Inhalte möglicherweise ins Universum geschleudert werden könnten (*GkW 313–6*). Während das kopernikanische astronomische Manöver den griechischen Kosmos vor seiner kompletten Auflösung »bewahrte«, schien der neu-belebte Kosmos dem Menschen nicht länger wohlwollende »*Signale für sein Selbstverständnis zu geben*« (*GkW 75*). Stattdessen bot er einen schwindelerregenden, nihilistischen Impetus, der durch die unerträgliche Abwertung des Menschen in einer peripheren Welt verstärkt wurde. Nietzsche beschrieb diesen Kosmos wie folgt: Kopernikus »*der ihn auf die schiefe Ebene gebracht habe, auf der er immer schneller aus dem Mittelpunkt weg ins Nichts rolle, oder genauer: der ihm das Bewusstsein dieses nihilistischen Prozesses gegeben, ihn* ›in's durchbohrende Gefühl seines Nichts‹ *versetzt habe*«.[227]

Mit diesem neuen Verständnis bleibt das Universum der menschlichen Vernunft weiter zugänglich. Allerdings wird es sich nicht weiter mit dem Schicksal der Menschheit befassen, denn ein großer Teil des Universums – wenn nicht das Gesamte – »*hätte mit dem Glück des Menschen nichts zu tun*« (*GkW 139*) und allem voran, weil die Größe des empirisch zugänglichen Universums sehr beschränkt geglaubt wurde.

Die anthropologische Semantik des Kosmos

Meiner Meinung nach konzentriert sich Blumenbergs Geschichte der Astronomie nicht auf die allmähliche Gründung einer wissenschaftlichen Disziplin, sondern viel mehr auf Astronomie als Schlüsselelement im historischen Verständnis der Menschen und deren Position in der Realität. Man könnte sagen sie bildet »*die Formierung des kosmischen Hintergrundes der menschlichen Bewußtseinsgeschichte*« (*GkW 15*). Entsprechend befasst sich Blumenbergs historisch-philosophische Analyse im Besonderen mit der epochalen Transformation von Beziehungen zwischen der Welt und dem menschlichen Bewusstsein durch sukzessive astronomische Errungenschaften, die sich vom Geozentrismus hin zum Heliozentrismus bewegen und wiederum weiter auf die post-kopernikanische Astronomie zu. In dieser Hinsicht würde

---

[227] Friedrich Nietzsche, *Sämtliche Werke*, vol. 5, München, 1980, S. 404, zitiert von Blumenberg (*GkW 126–7*). Siehe auch Blumenbergs Einführung zu Nikolaus von Kues, *Die Kunst der Vermutung. Auswahl aus den Schriften* (veröffentlicht von Hans Blumenberg), Bremen, Schünemann, 1957, S. 8.

ich anführen, dass Blumenbergs Geschichte der Astronomie »*die anthropologische Semantik der Kosmologie*« (*GkW 27*) enthält. Die Geschichte des Verständnisses der Sterne hängt zusammen mit der Geschichte des menschlichen Selbstverständnisses (*GkW 127*), dessen Wendepunkt direkt mit dem existenziellen Paradigma der Gleichgültigkeit zusammenhängt. In einem kalten, feindlichen und rapide expandierenden Universum richtet die Kosmologie den Beobachter der Sterne auf sich selbst und in Richtung anthropologisches Wissen. Folglich wurde die »*kosmologische Indikation für das Selbstbewusstsein des Menschen*« (*GkW 565*) in eine menschliche Handlung übersetzt, durch die Errichtung einer Welt, die, für Menschen geschaffenen als Schauplatz ihrer Freiheit dient.

Laut Blumenberg wurde dieser Prozess durch die moderne Astronomie und die Selbstkonstitution des Menschen selbst gestartet. Die Anhäufung unerträglicher Enttäuschungen durch die Erforschung des Universums – besonders die Entdeckung der peripheren Position der Erde verglichen mit anderen Himmelskörpern – ermunterte den modernen Menschen sich auf den eingeschränkten Raum zu konzentrieren, der ihm näher und vertrauter war: auf sich selbst und die Erde unter seinen Füßen. Dies wurde zum wichtigsten Objekt und Gegenstand der Selbstaffirmation. Nach dem Verlust der anthropozentrischen Bedeutung der Welt und der unerwarteten Entdeckung seiner Exzentrizität re-mythologisierte der moderne Mensch sowohl die Erde als auch sich selbst (*GkW 29–30* und *107*). In der Folge bestanden die Mittel zur Begrenzung der Auswirkungen der kopernikanischen Enttäuschung darin, die kompensatorischen anthropozentrischen Mechanismen wiederherzustellen. Nämlich die Berufung auf die Universalität der Vernunft und die Unabhängigkeit ihrer Errungenschaften; was, kurz gesagt, ein neues Selbstverständnis des Menschen und seiner unmittelbaren Realität ermöglichte (*GkW 91–2*). In Anbetracht dieser Herausforderung im Rahmen der Rechtfertigung der Zufälligkeit seiner Position im Kosmos, stellte der moderne Mensch fest, dass die Selbst-Intensivierung seines eigenen Seins und das Resultat seines Handelns in der Welt – also im »*anthropologischen Absolutismus*« (*GkW 106*) – eine praktische palliative Antwort auf das Nichts bieten, das das Universum darstellt.

Entsprechend ist Blumenbergs Geschichte der Astronomie auf gewisse Art die Fortsetzung der Geschichte der Ontologie, vor allem im darauffolgenden Prozess bezogen auf die »*Legitimationsform des menschlichen Selbstbewusstseins anhand des physischen Schemas*«

(*GkW 108*) und noch spezieller bezogen auf die metaphysischen und anthropologischen Auswirkungen, die sich aus dem historischen Bild der Welt ergeben (*GkW 307–8*). Es erzeugt nicht das gleiche Konzept von Realität wie ein unzerstörbarer, zuverlässig angeordneter Kosmos, oder ein Universum, geneigt zum eschatologischen Zusammenbruch, oder zur Herstellung neuer und verstörender Himmelskörper wie Sterne, Kometen und Planeten. Mit dem Fall des geozentrischen Systems – nach Blumenberg dem geschlossensten dogmatischen System der Welt-Erklärung – ergibt sich die große metaphysische Transformation, die die kopernikanische Reform möglich gemacht hat: »*Dieser Aspekt zeigt die ›Vorgeschichte‹ der kopernikanischen Reform nicht als die allmähliche Verdichtung und Konvergenz von Motivreihen zu einer schliesslich unabwendbaren historischen Notwendigkeit. Mir erscheint als das aufregende geschichtliche Problem dieser Epochenwende gerade nicht die Erklärung des* Faktums *der Leistung des Kopernikus oder gar die Versicherung von ihrer* Notwendigkeit, *sondern die Begründung ihrer blossen Möglichkeit*« (*GkW 198–9*). Eine solche Möglichkeit kann in nichts anderem resultieren als der radikalen Veränderung des zugrundeliegenden Konzepts der Realität und ihres spezifischen epistemologischen Zugangs. Laut Blumenberg wäre eine derart tiefgreifende Anpassung des geozentrischen Bildes der Welt, wie sie durch Kopernikus stattfand, unmöglich gewesen, ohne die Krise des Scholastizismus, welcher die natürlichen Philosophien sanktionierte, die Kopernikus in seiner astronomischen Reform anbrachte und ohne die humanistische Tradition, die die klassische anthropozentrische Teleologie erneuerte, die den menschlichen Verstand ehrte: »*Die Veränderung, die im geschichtlichen Selbstbewusstsein der Menschheit durch Kopernikus bewirkt wurde, ist in ihrer Radikalität nur denkbar vor dem Hintergrund und in der Konsequenz einer nie bezeichenbar anfangenden, nie unterbrochenen Vorgeschichte des menschlichen Verhältnisses zur kosmischen ›Umwelt‹*« (*GkW 13–4*).

Der *contemplator caeli*

Ist, wie bereits erwähnt, ein Individuum, das in den Sternenhimmel blickt und eine zentrale Figur in Blumenbergs Arbeiten zur Geschichte der Astronomie (*CC; GkW; SdP; LdT; SZ*). Dieser *contemplator caeli* stellt die Menschheit dar, getrieben von einer starken Neugier, die sich in den dunklen Himmel bohrt mit dem Ziel, den Himmel zu beobachten, trotz der Tatsache, dass sein eigenartiges Verhalten Misstrauen in seinen Zeitgenossen erweckt. Dennoch ist der Astronom eine Art *theoros*: ein unproduktiver *spectator mundi* (*LdT*; *SZ*), frei von allen weltlichen Belangen und dem unprofitablen Streben nach den Sternen verschrieben. Getrieben von einer glühenden Sorge um den Sternenhimmel konzentriert er all seine Energie auf diese brillante Spannung, ignoriert aktuelle menschliche Interessen und erwartet sämtliche Arten von Risiken und Gefahren. Seine Sorge um die Sterne provoziert immer wieder eine Selbstentblößung (*GkW 121*) und macht ihn schließlich zum »*Opfer seines Antriebs*« (*SdP 16*). Die Seltenheit des nächtlichen Beobachters der Welt verstärkt die wohl bekannten existenziellen Bedingungen, die die Theorie unterstützen und plausibel machen. Obwohl die Grundlage des Verhaltens des nächtlichen Beobachters selbst nicht sichtbar ist, erregt sein existenzieller Zustand darüber hinaus – anders als die Konsequenz seiner Neugier – Ärger bei allen, die ihn erleben: »*Theorie ist etwas, was man nicht sieht. Zwar besteht theoretisches Verhalten aus Handlungen, die unter intentionalen Regeln stehen und zu Komplexen von Aussagen in regulierten Zusammenhängen führen, aber diese Handlungen sind nur mit ihrer Aussenseite als ›Verrichtungen‹ sichtbar. Einem in ihre Intentionalität nicht Eingeweihten, sie vielleicht nicht einmal ihrem Typus nach als ›Theorie‹ Vermutenden, müssen sie rätselhaft bleiben, können sie anstössig oder sogar lachhaft erscheinen*« (*LdT 9*).

Die Beobachtung der Sterne und die damit zusammenhängenden theoretischen nächtlichen Anstrengungen werden zu einer unerschöpflichen Quelle der Spannungen und Missverständnisse in der Lebenswelt und der Theorie, denn von außen ist schwer zu verstehen, was es mit diesen rätselhaften Objekten auf sich hat, dass sie eine gesamte Lebenszeit an Arbeit ausfüllen können. Heutzutage kommt einem die Beschäftigung von Astronomen ganz und gar nicht mehr eigenartig vor, da deren sehr kostspiele Beobachtungsinstrumente dunkle Nachtspaziergänge zu Zeiten, zu denen andere in wohlverdienter Ruhe schlafen, überflüssig machen. Erst verspätet wurde eine solche Versöhnung mit der »*terrestrischen Lebenswelt*« (*GkW 499*) möglich, da die Askese durch die Einführung eines Berufskodex der »*so etwas wie ›Lebenswerte‹ hergeben muss*« (*GkW 23*) stattfand. Im Hintergrund steht noch immer die lange und ereignisreiche Geschichte des *contemplator caeli* und seine fortwährende Konfrontation mit der Lebenswelt; unentbehrlich in den Bemühungen zum Überkommen der Inkongruenz unter den offensichtlichen, bekannten und weltlichen Intuitionen, ebenso wie den herausfordernden Spitzfindigkeiten der astronomischen Rationalität.

Die Errungenschaften der Astronomie erforderten die graduelle Vernachlässigung der allgemeinen Wahrnehmung von Phänomenen *»als Ausgangsbasis wie auch als Erfüllungsnorm der Naturerkenntnis«* (*GkW 470*) und unterminierten damit – in Husserls Worten – *»das ›Sinnesfundament‹ aller theoretischen Prozesse in der Anschaulichkeit der ›Lebenswelt‹«* (*GkW 470*). Für die Lebenswelt sollte dort alles für die Wahrnehmung verfügbar und erlebbar – und testbar – sein. Astronomie vergrößert dagegen die Lücke zwischen Theorie und Leben und macht die *»Reduktion der Kosmologie auf den Unschuldsstand einer vortheoretischen Lebenswelt«* (*GkW 78*) nicht umsetzbar. Das verhinderte die Befriedung des langjährigen Konflikts im Alltag. Astronomie war nicht dazu in der Lage den Abstand zu den ursprünglichen Motivationen zu verringern, die sich in eben jener Lebenswelt befinden (*GkW 61*; *oD*, Erster Teil §§ 1–6 und Dritter Teil §§ 4–8). Astronomisches Wissen bezieht sich nur auf die Lebenswelt zurück, wenn es definitive Antworten auf die zuvor gestellten Fragen bietet. Wenn es also reichhaltige Ernten versprechen, Verfinsterungen vorhersagen, oder Ängste, ausgelöst durch unerwartete Himmelskörper, eliminieren kann. Die Lebenswelt fordert jedoch ihren Wert als fundamentale Basis und betont nicht nur die Lücke zwischen den unerschöpflichen Anforderungen an den theoretischen Antrieb und die finite Natur des Lebens, sondern lenkt auch Aufmerksamkeit darauf die *»blosse Wahrnehmung der Differenz von theoretischem Anspruch und praktischer Nüchternheit hinzunehmen«* (*SdP 61*).

Der *contemplator caeli* in historischer Perspektive

Ich würde gerne näher auf die verschiedenen Entwicklungsstadien des *contemplator caeli* in Blumenbergs Geschichte der Astronomie eingehen. Die alte griechische Tradition gilt als bemerkenswert, vor allem der Stoiker. Nach dem griechischen Beobachter fällt alles, was in der menschlichen Wahrnehmungsfähigkeit nicht verfügbar ist, aus der Realität. Diese Annahme basiert auf etwas, das Blumenberg *»das Sichtbarkeitspostulat«* (*GkW 731*) nennt. Demnach ist der Kosmos essenziell auf den Menschen abgestimmt, weshalb keine Abweichung zwischen dessen physischer Konstitution und der generellen Architektur der Welt zu erwarten ist: *»Das Sichtbarkeitspostulat ist eine*

Konsequenz aus dem symmetrischen Bau des geozentrischen Universums und der zentralen Position des Menschen in diesem« (*GkW* 731). Innerhalb eines solchen Schemas besteht der Himmel aus fixierten Sternen, deren Entfernung zur Erde gleichbleibend ist und es ist ausgeschlossen, dass sich jenseits der menschlichen Wahrnehmung weitere Sterne verstecken: »*Wenn überhaupt ein Fixstern wahrgenommen werden kann, können es alle*« (*GkW* 731). Dies postuliert die Forderung, dass keine zusätzlichen Mittel notwendig sind, um optimale Sicht jenseits des bloßen Auges zu erreichen, denn der Sternenhimmel ist perfekt auf die kognitiven Möglichkeiten des Menschen abgestimmt und bewegt sich innerhalb seiner intellektuellen Fähigkeiten. Zudem erfordert die Herrlichkeit des Kosmos die Anwesenheit des *spectator mundi*, andernfalls ist seine Pracht sinnlos, denn die Schönheit kann nicht wahrgenommen werden wenn sie niemandem gefällt.

Das ist die paradigmatische Version des *contemplator caeli* der, wie Diogenes Laertius' Anaxagoras, den ultimativen Grund für seine Existenz in der offenen Möglichkeit der Beobachtung der Sonne, des Mondes und des Himmels erkennt (*GkW* 22). Er zieht eine größere Befriedigung aus der Beobachtung der Natur als aus der *polis* öffentlicher Angelegenheiten (*GkW* 19). Der griechische Himmelsbeobachter betrachtet also das Firmament der Fixsterne als Zugangsweg mit einer höheren Wirklichkeit, er hat es »*mit einer reineren Wirklichkeit, mit dem gedankennäheren Teil der Natur zu tun*« (*LdT* 121). Darum wird die perfekte Symmetrie zwischen dem Kosmos und dessen Verständnis gelegentlich durch ein Ideal der Wahrnehmung und Realität im Rahmen des Zugänglichen ersetzt und folglich wird der Himmel in purer Bewunderung zu einem exemplarischen Objekt zunehmender Unerreichbarkeit, wie bei Aristoteles und Ptolemäus (*SdP* 44; *GkW* 250).

Der alte griechische Beobachter eines geozentrischen und generell anthropozentrischen Kosmos wird in einen gnostischen Beobachter der Welt verwandelt, für den die Darstellung des Sternenhimmels am Ende irreführend und enttäuschend ist (*GkW* 32). Das bombastische Spektakel des Himmels verschleiert die wahre Position des Menschen in der Welt. Der naive Beobachter ist perplex angesichts der gleißenden Pracht des Himmels. Er glaubt am richtigen Ort zu sein, zur richtigen Zeit und, dass alles darauf ausgerichtet ist ihn zu erfreuen und zu ehren, während die Realität ein schändlicher Trick ist, angewandt von versteckten und boshaften Mächten, um den Menschen von Gott fernzuhalten und seine Unterdrückung auf der Erde aufrechtzuerhalten. Der gnostische Beobachter findet ungläubig einen dämonisierten Kosmos, der inhärent falsch ist und ihn mit seiner irreführenden Erscheinung der Vertrautheit verlockt (*GkW 35–6*). Entsprechend wäre der gnostische *contemplator caeli* ein Vorläufer des christlichen Gläubigen und seines Skeptizismus bezüglich des Himmels, da er himmlische Idole ignorieren würde, um den dahinter versteckten Schöpfer zu entdecken (*SdP 26*). Trotz dieser augenscheinlichen Zentralität des Menschen, sollte er nicht vergessen, dass er nicht zum Kosmos gehört und seine Erlösung in Wirklichkeit bei der Zerstörung der Welt kommen wird (*GkW 317–8*). Daher zeichnet der Gnostizismus die christliche Eschatologie auf eine Art, nach der die persönliche Erlösung negativ von der Stabilität des Kosmos konditioniert ist (*GkW 35–6*); auf seinen nahenden Ruin wird die wahre Pracht des Paradises folgen.

Der christliche *contemplator caeli* pendelt dagegen zwischen den extremen initialen Werten, die der Stoizismus und der Gnostizismus darstellen (*GkW 32*). Seine Bewunderung für den Himmel ist zurückhaltend, zur selben Zeit betrachtet er sich jedoch als Zentrum der Schöpfung. Der christliche Beobachter weigert sich seine Sichtweise als falsch oder zufällig anzunehmen. Entsprechend ist es notwendig, *»dass er sich auf den systematisch ausgezeichneten Blickpunkt im Zentrum der Bewegungen versetzen muss«* (*SdP 25*) um sich in Richtung Transzendenz zu orientieren. Der christliche *contemplator caeli* hat aus dem Gnostizismus gelernt seinen Wissensdurst zu mäßigen, um seine astronomische Neugierde zu lenken und die anthropozentrische Teleologie dabei zu erhalten (*GkW 39; SdP 34–5*). Der Himmel ist sicherlich ein fantastischer Ort, in den der Mensch nicht nach Wunsch eindringen kann. Darum muss der christliche Beobachter zwischen zwei möglichen und gegensätzlichen Blickrichtungen entscheiden. Entweder in Richtung *»des erreichbaren Ganzen der Erkenntnis«* (*LdT 68; SdP 47*), oder in Richtung natürliches Geheimnis und entsprechende Nicht-Verfügbarkeit des himmlischen Willens. Die alternative Wahl war zwischen einem Gott, der den Menschen gegenüber keinerlei Verpflichtung hat, aber die kognitive Zugänglichkeit der Welt gewährleistet (*GkW 234–5*), und einem Gott, undurchschaubar sowohl in seiner Gestaltung als auch in den ultimativen Zielen seiner Schöpfung. Es war nicht leicht zu entscheiden ob, kurz gesagt, die Umlaufbahnen im Himmel das Ergebnis eines unzugänglichen Willens sind, oder ob sie viel mehr der Beweis für Gottes Omnipotenz sind. Die Figur des christlichen Astronomen kann eingeordnet werden als eine Nichtübereinstimmung »*bei dem Zusammenstoss zwischen dem antik-philosophischen und dem biblisch-theologischen Element*« (*SdP* 29). Die christliche Astronomie sagt »*die Dauerhaftigkeit der kosmischen Ordnungen und Gesetze, die sie schon anschaulich wahrzunehmen glaubt, muss die Astronomie gegen jeden ›höheren‹ Vorbehalt von Eingriff und Verfügung behaupten, will sie die Langfristigkeit in ihren Aussagen rechtfertigen*« (*SdP* 30). Der mittelalterliche Beobachter hadert mit der Beständigkeit seiner Ergebnisse und der beharrlichen Anfechtung der Transzendenz. Die Krise des Mittelalters, besonders mit dem Nominalismus, resultierte schließlich in der Unterdrückung der letzten Überreste der kosmisch-anthropozentrischen Teleologie, was die Möglichkeit eines garantierten und erreichten Wissens über das Universum in Frage stellt (*GkW* 236–9).

Nichtsdestoweniger wurde die alte Vorstellung der Zentralität des Menschen im Kosmos später während der Renaissance wiederbelebt (*GkW* 48), wenn auch ohne den Providentialismus der teleologischen Anthropologie. Die Hauptkonsequenz dieser Ansicht wirkt sich auf die Würde und Autonomie des Menschen in Beziehung zur Welt aus: Die metaphysische Zentralität des Menschen ist Beweis für die Rationalität der Welt (*GkW* 565). Nach Blumenberg ist dieser Renaissance-Humanismus und sein platonisches Erbe die Basis der kopernikanischen astronomischen Reform und des heliozentrischen *contemplator caeli*, insofern als dass die epistemologischen kosmischen Privilegien des Menschen nur innerhalb dieser Tradition gewährleistet werden können, ohne eine äußerst fragwürdige anthropologische Unschuld anzusprechen, wie die des stoischen Naturalismus (*GkW* 239 und 580–1; *KuS* 61–80). Diese Tradition gestattet die Vermeidung des Skeptizismus des Nominalismus und der späteren Theologie der Befreiung (*GkW* 240). Man kann sagen, dass der Humanismus der Renaissance und sein platonisches Erbe die »*rationale Anthropozentrik*« (*GkW* 48), die später im Kopernikanismus angenommen wurde (*GkW* 204–13), schlussendlich unmöglich machten. Eine Welt, die für den Menschen geschaffen ist, garantiert dem menschlichen Verstand ihre Zugänglichkeit (*GkW* 237). All dies wahrt das alte Postulat der Sichtbarkeit (*GkW* 737 ff.): Die perfekte Übereinstimmung zwischen dem, was am Himmel sichtbar ist und was sich tatsächlich darin befindet, auch wenn der kopernikanische Beobachter seine Stille gewiss verloren hat (»*Am Ende des ruhenden Betrachters*«) (*GkW* 47).

Die exzentrische Position, die der kopernikanische Heliozentrismus anführte, verkomplizierte das Postulat der Sichtbarkeit weiter, denn seine terrestrische Perspektive verwandelt die Wahrnehmung der Sterne in »*die zufällige Konvergenz heterogener physischer Ereignisreihen*« (*GkW 746*). Der kopernikanische Perspektivismus der astronomischen Reform, gemeinsam mit verstörenden Fragen danach, ob die Verbindung zwischen dem Beobachter und dem Beobachteten rein zufällig und unbeabsichtigt war (*GkW 121–2*), ebnete den Weg für die exakte Umkehr des Postulats der Sichtbarkeit: »*Diese Endstufe der Umkehrung des Sichtbarkeitspostulats bedeutet, dass das Unsichtbare eben die Stelle eingenommen hat, für die in der metaphysischen Tradition das Sichtbare die Sanktion des Zugangs zur Wirklichkeit zu besitzen schien*« (*GkW 747*). Zudem verlor der *contemplator caeli* seine ästhetische Empfindsamkeit und seine astronomische Arbeit begann sich stattdessen auf das dunkle Kabinett zu konzentrieren, in dem der postkopernikanische Astronom viel seiner Zeit verbrachte, vereinnahmt von den endlosen Exkursen seiner mathematischen Berechnungen. Während sich die komplexe Maschinerie des Nachthimmels weiterhin draußen bewegt, versuchte der Astronom sie drinnen zu verstehen (*GkW 66–76*).

Der *contemplator caeli* verliert seine Position: Der Sturz

Die Anekdote von Thales' Sturz in den Brunnen ist repräsentativ für den paradigmatischen Fall des Verlusts der Position des *contemplator caeli* als Beobachter. Blumenberg setzte sich ausführlich mit dieser Anekdote auseinander. Sie erzählt vom Sturz von Thales von Milet in einen Brunnen, während er die Sterne beobachtete, was die thrakische Magd, die ihn begleitete, zum Lachen provozierte. Die Anekdote beinhaltet nicht nur die Dichotomie des »Anwesend-Seins-zur-Hand« und der »nicht-verfügbaren Existenz« aus einem astronomischen Blickpunkt einerseits und dem »Anwesend-Sein-zu-Fuß« und dessen Variationen andererseits: »Den Boden unter den Füßen verlieren«, »mit beiden Beinen auf dem Boden stehen«, etc. Dies ist etwas »Existentielles« – von Heidegger unentdeckt – das Blumenberg mit großer Eloquenz in seinen zwei bemerkenswerten Arbeiten zur Geschichte der Aufnahme von Thales Anekdote *Der Sturz des Protophilosophen* [1976] und *Das Lachen der Thrakerin* [1987] aufzeigte. Aus Ersterem möchte ich gerne zitieren:

> »Der späte Heidegger erinnert sich in diesem Zusammenhang nicht mehr an ein elementares Ergebnis der Daseinsanalytik aus *Sein und Zeit*, das man als eine letzte Zuspitzung der frühen, in der Thales-Anekdote emblematisierten Philosophenerfahrung bezeichnen könnte: zwar liegt dem milesischen Philosophen das Nächstliegende, insofern es vor seinen Füssen ist, so fern, dass er darüber stürzt – aber gerade dieser Realismus des Sturzes und des durch ihn provozierten Gelächters verhüllt und verschweigt, dass es noch Ferneres gibt als das Nächstliegende, über das man in den Brunnen fällt. Heidegger hat das als Fazit der hermeneutischen Struktur seiner frühen Ontologie ausgesprochen: ›Das Seiende, das wir je selbst sind, ist ontologisch das Fernste‹« (*SdP* 62–3).

Gefangen zwischen dem *offensichtlich nicht-Verfügbaren* und dem *versteckt Verfügbaren* und blind für das Nächstliegende, wanderte der Milesier in das Dunkel der Nacht mit der Überzeugung, dass hohe Objekte erreichbar wären und mit dem Ziel jeden Himmelskörper in seiner Universalität zu erforschen, ohne jemals zu etwas Konkretem und Nahem herabzusteigen, oder darauf einzugehen, was sich vor den eigenen Füßen abspielt. So fiel Thales in den Brunnen, der direkt vor ihm stand. Folglich der Tadel der thrakischen Magd in der platonischen Tradition der Anekdote: Der Milesier wollte die Dinge im Himmel verstehen und ignorierte dabei »*was ihm vor der Nase und den Füßen läge*« (*SdP* 11).

Der Sachverhalt »vor den Füßen« beinhaltet keinerlei Sorge des Astronomen, der seine Aufmerksamkeit auf das Entfernte und nicht-Verfügbare richtet. Nach der thrakischen Magd werden diese astronomischen Gedanken plötzlich unterbrochen von der fassbaren Realität unter seinen Füßen, die herrisch seine Aufmerksamkeit auf den legitimen Inhalt der Sorge lenkte. In seinen wachsamen Augen fällt Thales nur, weil sich das Versteckte direkt vor seinen Füßen befindet, während er das Himmelsphänomen studiert. Die thrakische Magd fühlt sich daraufhin dazu befugt ihren Herrn zu warnen, ihn an die fassbare und verbindliche Realität der Zweckmäßigkeit des Alltags zu erinnern und führt dabei sein Unvermögen die Sterne zu erreichen an, sowie sein inakzeptables Desinteresse an der terrestrischen Welt (*SdP* 32–3).[228]

---

[228] Reinhart Herzog lenkte Aufmerksamkeit auf die Tatsache, dass in all der Geschichte zur Aufnahme von Thales' Anekdote, die Antwort des gestürzten Astronomen an die thrakische Magd nie aufgezeichnet wurde: »*die Frage nach Thales' Antwort*«. Weitere Informationen in seinem »Das Schweigen des Thales«, in: Michael

Thales bleiben die Objekte der Welt fremd. Sie scheinen ihm so eigenartig und fern, wie der thrakischen Magd die Himmelskörper. Die Neugier des Proto-Philosophen nach den Sternen ist augenscheinlich nicht kompatibel mit den niederen, irdischen Angelegenheiten, denn »*zugunsten des Philosophen gilt die seltsame Rechtsvermutung, es müsse mächtig sein, was ihn gegen die Gewöhnlichkeit angehend denken lasse – und nicht nur weitab von dieser –, wenn über den Denkenden das Gelächter der in ihren Besorgungen aufgehenden Alltäglichkeit herfällt*« (*LdT* 154–5). Dieses Gelächter beinhaltet Konsequenzen, nicht nur für alles, was wir als von den Menschen entfernt betrachten, sondern auch für alles, was ihm nahe sein sollte. Thales hatte vergessen, dass der Erdboden, auf dem er geht, nicht eben jener eines Sterns ist und landete so im Dreck dieser Erde (*SdP* 32–3). Thales Bedenken veranlasste ihn dazu die Erde unter seinen Füßen zu verlieren: »*Wo Verlust von Realität und Realismus zu beklagen sein soll, ist der Boden unter den Füssen die geläufigste Metapher; wenn das Verlassen der Lebenswelt beschrieben werden soll, wird er zur Metapher der unauffälligen Zuverlässigkeiten, aus denen das Syndrom der Lebensweltlilchkeit besteht, die zu thematisieren einer der spätesten Einfälle der Philosophie sein wird*« (*LdT* 116).

Bilder und Metaphern der Nicht-Verfügbarkeit

Ich möchte dieses Kapitel beenden mit der Betrachtung einiger metaphorischer Darstellungen des »nicht-verfügbaren Seins« als existenzielle Bedingung, wie von Blumenberg in seiner Geschichte der Astronomie angeführt. Die vielleicht symbolträchtigste ist die aristotelische Unterscheidung zwischen sublunarer Welt und supralunarer Welt, welche Blumenberg für den paradigmatischen Fall der astronomischen Resignation zu halten scheint. Diese Unterscheidung von Welten thematisiert nicht nur die Inkongruenz zwischen dem menschlichen Intellekt und dem Himmel, sondern symbolisiert auch, wenn man sie metaphorisch betrachtet, die Lücke zwischen dem, was man *an der Hand hat* und dem unbekannten, unerreichbaren *Entfernten*, das nicht konzeptualisiert werden kann. Die supra-lunare Welt macht die verschwommene Sphäre aus, die dem Menschen

---

Krüger (Hg.), *Akzente. Hans Blumenberg zum 70. Geburtstag*, 37 Jahrgang, Heft 3, Juni 1990, S. 221–3.

nicht-verfügbar ist, in die er nicht eingreifen kann und die er sich nicht zu eigen machen kann. Nicht einmal das Hinauswagen in ihre allgemeinsten Eigenschaften ist möglich, denn »*die Eigenschaften der himmlischen Körper seien nicht auf den Begriff der irdischen zu bringen*« (*GkW 227*). Zudem steigt die supra-lunare Welt »*zum Kriterium der äussersten Zweideutigkeit des Himmels*« (*GkW 28*) auf; »*zum Ärgernis der menschlichen Fixierung auf die Unveränderlichkeit seiner Weltlage*« (*GkW 28*). Es ist außerdem eine Welt ohne jegliche Vorsehung (*SdP 29*).

Wir können diese spezielle Metapher der nicht-Verfügbarkeit mit der Tradition kosmologischer Metaphern der Hoheit in Verbindung bringen, nach der ein unbestimmter Anteil des Himmels dem unzugänglichen Raum Gottes zugeordnet ist. Diese Metaphern zielen mit ihrem klar existenziellen Inhalt darauf ab darzustellen, dass nicht alles auf der Welt den Menschen betrifft, vor allem nichts Hohes, das Verehrung, Respekt und Ehrfurcht gebietet.

In diesem Kontext ist Kierkegaards Metapher des Wagens ebenfalls bemerkenswert. Blumenberg verortet sie innerhalb der Tradition der »*Lichtmetaphorik*« (*GkW 138*) mit der Besonderheit, dass sie benutzt wird, um einen Menschen zu beschreiben, der, von übermäßigem Licht geblendet, versucht seine Situation zu verdunkeln, um besser sehen zu können: »*Am ehesten hatte wohl Kierkegaard die Figur für diese Form der Selbstverfinsterung durch Eigenlicht gefunden*« (*GkW 138*). 1845 beschreibt Kierkegaard in seinem Tagebuch eine Szene, in der ein wohlhabender Mann in die nächtliche Dunkelheit fährt, geleitet von den Lichtern seines Wagens. Der reiche Mann sieht also nur einen sehr schmalen Bereich viel besser als der arme Mann, der, da er ohne Lichter fährt, zwar nicht sieht was vor ihm liegt, dafür aber das weite Panorama des Himmels. Der reiche Mann orientiert sich am Unmittelbaren und verliert den Blick für das Ferne, das der arme Mann nach Belieben betrachten kann, aber unter der riskanten Bedingung, dass er das Nahe nicht sieht: »*Der ›reiche Mann‹ ist hier keine soziale Kategorie, sondern eine religiöse. Es ist der, der sich auf seine Mittel, auf seinen Realismus des Nächstliegenden verlässt, und sein Licht ist durchaus das der Rationalität: es lässt ihn tatsächlich besser sehen, aber es verbirgt ihm die Sterne*« (*GkW 138*). Kierkegaard hatte nicht ahnen können, anders als Simmel (*H 76*), dass die Lichter der Stadt die Nacht in den Tag verwandeln und damit sowohl die Landschaft als auch den Sternenhimmel vernebeln würden. Moderne Städte verhindern diesen Blick nach oben in ein »*gegenständliches*

Korrelat eines Unerreichbaren, nicht Umsetzbaren, nicht Handelbaren – also jenen Grenzwert jeder Kultur, an welchem sich der ›Praxisbezug‹ ausblendet« (*GkW 138*).

Dies war die existenzielle Bedingung von Tycho Brahe, der glaubte den kürzesten Weg zu seinem Wagen zu finden, wenn er in die Sterne blickte. Sein Kutscher entgegnete ihm allerdings, ganz in der Manier von Kierkegaards reichem Mann und Thales' thrakischer Magd: »*Guter Herr, auf den Himmel mögt ihr euch wohl verstehen, hier aber auf der Erde seid ihr ein Narr*« (*LdT 109*). Blumenberg argumentiert, dass eine solche Antwort keine Kritik, sondern die Feststellung eines Kompetenzkonflikts ist. Die gleichzeitige Anerkennung und Verleugnung des Kutschers bezieht sich auf den unrechtmäßigen Handlungsspielraum im Versuch die terrestrische Welt durch die Beobachtung der himmlischen Welten erschließbar zu machen. Das Wissen um die Position und Kinematik der Sterne wird beim Finden des kürzesten Wegs auf der Erde als nutzlos und kontraproduktiv sanktioniert.

Das vielleicht reichhaltigste Bild der Wagen-Metapher wird durch die Anekdote von Voltaire und Madame du Châtelet dargestellt. Während eines Ausflugs nach Cirey im Jahr 1747 kommt Voltaires Wagen zu Schaden und setzt seine Insassen an die frische Luft. Der Sekretär, der die beiden begleitete, wurde zur nächstgelegenen Stadt geschickt um Hilfe zu holen und bei seiner Rückkehr »*sieht der Sekretär eine Szene von lächerlichem Mangel an Realismus, von Verachtung der drastischen irdischen Realitäten*« (*SdP 40*). Voltaire und Madame du Châtelet saßen nebeneinander auf den Polstern des Wagens, die man herausgeholt und in den Schnee gelegt hatte, und betrachteten die Schönheit des Sternenhimmels: »*Aber nun sind sie hingerissen von der Grossartigkeit des Schauspiels über ihnen und um sie und unterhalten sich, trotz ihrer Pelze vor Kälte zitternd, über die Natur und die Bahnen der Sterne, über die Bestimmung der zahllosen Weltkörper in der Weite des Raums*« (*SdP 40*). Zu ihrem vollendeten Glück hätte ihnen, laut Sekretär, lediglich das entsprechende optische Instrument zum Studieren der Himmelstiefen gefehlt, dabei vergaßen sie ihre jämmerliche Situation auf Erden. »*Erst die eintreffende Hilfe unterbricht die kosmische Kontemplation und das Weltengespräch*« (*SdP 40*).

Unter den vielen weiteren Metaphern zur nicht-Verfügbarkeit, wie der organischen Metapher des Idealismus (*GkW 81–2*), dem Turm zu Babel (*GkW 96*), oder der Metaphorisierung der Unsichtbarkeit

(*GkW 125*), möchte ich gerne die mehrdeutige Metapher »*Die Vollzähligkeit der Sterne*« (*VS 16*) hervorheben, die vermutlich neben der existenziellen Metapher der Verfügbarkeit passend platziert ist. Ich beziehe mich auf das Gedicht »Der alte Brunnen« von Hans Carossa, was Blumenberg ein »Nachtlied« (*VS 13*) nennt. In diesem Gedicht beschreibt er die Szene eines Gastes, der zum ersten Mal in einem einfachen Landhaus zu Gast ist, das sich nahe an einem verlassenen Brunnen befindet, der ebenfalls als Quelle dient: Er muss sich zunächst an das sanfte Geplätscher gewöhnen und ist dann so sehr daran gewöhnt, dass er aufwacht »*wenn der Ton aussetzt*« (*VS 13*). Der Hausherr muss ihn dann beruhigen: Ein nächtlicher Wanderer unterbrach den Strom mit seinen Händen, um aus ihnen zu trinken. Das ist, sagt Blumenberg, die »*Erfahrung in der Einsamkeit, daß sie nicht endgültig ist*« (*VS 13*). Mehr nächtliche Wanderer werden kommen, um zu trinken und zeigen durch eine gelegentliche, kurze Unterbrechung des Geplätschers ihren Wanderweg auf, bevor sie weiterziehen (*VS 13*). In anderen Versionen des Gedichts findet der erschrockene Schläfer Beruhigung in den »*vollzählbaren*« (*VS 16*) Sternen am Himmel, die sich ihm darbieten, wenn er erwacht. Der Fluss der Quelle mag unterbrochen werden, und damit auch sein Schlaf, jedoch nicht die Weltordnung, dargestellt durch die unbestreitbare Stabilität des Sternenhimmels. Der Himmel selbst bleibt unverändert und dient als Referenzpunkt für alle, die sich desorientiert in der Welt wieder finden, nachdem ihre Ruhe plötzlich unterbrochen wurde. Zudem ist es möglich, die Sterne am Himmel zu zählen, um wieder in den Schlaf zu finden: Es ist nicht wichtig, ob dieses Zählen tatsächlich stattfindet, aber es könnte (*VS 16*).

Ich erwähne diesen Abschnitt als ein Bild der nicht-Verfügbarkeit, da dessen mehrdeutige Formulierung auch ein unerreichbares Universum aufzeigt. Wie in dem beliebten Lied, inspiriert von Carossas Gedicht, kommt bald der Zweifel: »*Weißt du wieviel Sternlein stehen?*« (*VS 17*). Angesichts der Tatsache, dass das Zählen jedes Sternes utopisch ist, muss es um die reine Möglichkeit des Zählens gehen. Wie durch die stellare Kartographie aufgezeigt – ein Unterfangen dessen Vervollständigung stets an die künftigen Generationen weitergegeben wird (*LW 99–152; VS 79–101*) – bleibt der Sternenhimmel so entfernt und nicht-verfügbar wie immer. Dabei gibt uns seine brillante und zählbare Erscheinung Hilfestellung, während wir auf einer exzentrischen Erde liegen, die sich teilnahmslos auf ihrem leeren Orbit dreht.

Ein Kapitel zu Astronoetik: Blumenbergs Phänomenologie der Lebenswelt aus einer kosmologischen Perspektive

»Jetzt ist klar geworden, dass man zuvor Astronom gewesen sein musste, um sich endlich mit der Lebenswelt des Menschen beschäftigen zu können«.
(Hans Blumenberg, *Vollzähligkeit der Sterne*)

»Wasser und Glas, Kleid und Schrank sind beide in gleicher Weise ›im‹ Raum ›an‹ einem Ort. Dieses Seinsverhältnis läßt sich erweitern, z. B.: Die Bank im Hörsaal, der Hörsaal in der Universität, die Universität in der Stadt usw. bis zu: Die Bank ›im Weltraum‹«.
(Martin Heidegger, *Sein und Zeit*, § 12)

Einstein und Husserl im Jahr 1917

In einer seiner astronoetischen Glossen, »Keine Lebenswelten« (*VS 463*), verweist Blumenberg auf die zeitliche Nähe zwischen Einsteins Formulierung der relativistischen Kosmologie und Husserls wichtigster intellektueller Errungenschaft – laut Blumenberg –: Die Einführung des Konzepts der »Lebenswelt« (*TLW 36*) in die Philosophie. Die posthume Veröffentlichung von Band XXXIX der *Husserliana* ist eben jener »Lebenswelt« gewidmet und zeigt, in welchem Ausmaß diese Einschätzung korrekt ist.[229] Der Einstieg in die relativistische Kosmologie ist allgemein auf den 8. Februar 1917 datiert, als Einstein an der Preußischen Akademie der Wissenschaften in Berlin seine bekannten »Kosmologischen Betrachtungen zur Allgemeinen Relativitätstheorie« vorstellte.[230] Zur gleichen Zeit begann Husserl sein Konzept der »Lebenswelt« zu formen, das 1934 mit seiner ebenso

[229] E. Husserl, *Die Lebenswelt. Texte aus dem Nachlass (1916–1937)*, veröffentlicht von Rochus Sowa, Gesammelte Werke, Band 39, Springer Verlag, Berlin, 2008.
[230] Zu diesem Thema siehe »Kosmologische Apokalypse« in diesem Buch.

bekannten Reihe an Vorlesungen in Wien und Prag, die den Kern seiner *Krisis der europäischen Wissenschaften und die transzendentale Phänomenologie* darstellen,[231] seinen vollsten Ausdruck erreichte. Dass zwei der wichtigsten Meilensteine in der Relativitätstheorie bzw. der transzendentalen Phänomenologie zufällig zur gleichen Zeit erschienen, weist auf eine tiefere Verbundenheit hin, wie Blumenberg aufschlussreich anführt. Diese Verbundenheit bezieht sich auf die grundlegenden Vermutungen zur Formulierung der Relativität, die wir passend als »*Urstiftung*« (*LW 313–74*) bezeichnen können. Eines der bezeichnenden Merkmale der Relativitätstheorie, das sie zur Vollendung der modernen Physik macht, ist die Inklusion des Beobachters als Schlüsselelement bei der Erforschung der beschriebenen physikalischen Prozesse: Ein Beobachter, verhängnisvoll in das Zentrum intrikater kinematischer und dynamischer Prozesse vertieft, fällt als Figur in dieser neuen physikalischen Theorie auf. Entsprechend war Einsteins Relativitätstheorie besonders übereinstimmend mit der transzendentalen Phänomenologie.

Blumenberg stellte einen Bezug zu all diesem mittels der Anekdote des Dachdeckers her, der weitgehend mit Einsteins frühem Konzept der Relativität in Verbindung gebracht wurde (*VS* IX).[232] Laut dieser Anekdote sah Einstein, wie ein Dachdecker von einem Dach fiel und, glücklicherweise, beim Sturz unverletzt blieb. Einstein ergriff die Gelegenheit und fragte ihn: »*Wie* war *das*?«.[233]

Nicht ohne Grund wies Blumenberg darauf hin, dass, hätte Einstein die naheliegendere Frage »Geht es Ihnen gut?« gestellt, diese Anekdote nie den Weg in die Geschichte der Wissenschaft gefunden und Einstein vielleicht nie ein neues Konzept von Schwerkraft entwickelt hätte. Die grundlegende Verbindung zwischen Relativität und Phänomenologie findet sich in der Beschreibung der Verdopplung des »Urerlebnisses« – jemand der stürzt und dessen Bericht erhalten bleiben sollte und jemand der diesen Sturz miterlebt – und der so schlussendlich zur primären, intuitiven Basis der Neuinterpretation der Schwerkraft wird.

---

231 E. Husserl, *Die Krisis der Europäischen Wissenschaften und die Transzendentale Phänomenologie,* Martinus Nijhoff, Den Haag, 1954.

232 Weitere Informationen zu dieser Anekdote siehe Albrecht Fölsing, *Albert Einstein,* Surkamp Verlag, Frankfurt am Main, 1993, »Ein Mann fällt vom Dach – Auf dem Wege zur Allgemeinen Relativitätstheorie«, S. 343 ff.

233 »*Er fragte ihn: Wie* war *das?*«. Blumenberg, »Drohender Verlust einer Anekdote« (*VS 219*).

Einsteins spezielle »*Erlebnisfähigkeit für ein Weltallproblem*« (*VS 231*) wurde von Blumenberg mit Newtons Apfel Anekdote verglichen (*VS 54–65*).[234] In beiden Fällen geht es um die Verwandlung einer mehr oder weniger alltäglichen Situation in ein individuelles »*Einzelerlebnis*« (*VS 221*), das im Folgenden als wissenschaftliches »*Ergebnis*« (*Lt 13–4; VS 219–21*) gesehen wird. Die Anekdote des Sturzes des Dachdeckers und dessen spekulative Leistung definiert, kurz gesagt, »*das Paradigma eines exklusiven Erlebnisses*« (*VS 221*), das nur transzendentale Phänomenologie analysieren konnte. Darüber hinaus war es die systematische Analyse eben jener »ursprünglichen Erlebnisse«, die die Phänomenologie erschaffen wollte.[235]

Es ist wohl bekannt, dass Einstein seine Relativitätstheorie aus einer Reihe an Gedankenexperimenten entwickelte, die Menschen in Aufzügen im freien Fall und durch fahrende Züge laufend beinhalteten. Die detaillierte Analyse dessen ermöglichte ihm Schlussfolgerungen, die für das Verständnis von Schwerkraft und Raumzeit relevant waren. In dieser Hinsicht muss die bizarre und überraschende Verbindung zwischen Einsteins Gedankenexperimenten zu relativistischer Physik und Husserls phänomenologische Analyse der Bewegung, die auch eine besondere Verknüpfung zum Thema der Lebenswelt darstellt, betont werden.[236] Tatsächlich nutzte Husserl, wie ich darstellen werde, Gedankenexperimente »kosmologischer« Art, um zu epistemologischen Schlussfolgerungen für seine genetische Phänomenologie zu kommen. Die Relativitätstheorie mit ihren konzeptuellen Paradoxen und Zeitreisen kann dagegen als eine Art »Inkommensurabilität« unter den »Lebenswelten« betrachtet werden.

Einige herausragende Untersuchungen betonten die Darstellung des anthropologischen Themas in Blumenbergs Astronoetik.[237] In

---

[234] Blumenberg stellte ebenfalls einen Bezug zur Anekdote von Thales her: »*Die Geschichte unserer Theorie vom Weltall beginnt mit einem Sturz und endet mit einem Sturz*«. Die von Thales und dem Brunnen in ersterem Fall, die von Einstein und dem Mann auf dem Dach in zweiterem: »*Tales und Einstein: zwei komplementäre Anekdoten von theoretischen Elementarereignissen*«. H. Blumenberg, »Einstenium« (*VS 220*).

[235] Siehe auch H. Blumenberg, »Takt und Methode« (*VS 221*).

[236] Einige Beispiele unter (*TLW 43* und *48*; *VS 507*; *ZdS 156*).

[237] Bruno Accarino, »Vestigium umbra non facit. Astronoetica, ostilità e amicizia in Hans Blumenberg«, *Daedalus. Le digressioni del male da Kant a Blumenberg*, Milano, Mimesis, 2002, S. 109–122; Emanuela Mazzi, »De la tierra al cielo y regreso. La reflexión de Hans Blumenberg sobre la posición del hombre en el cosmos después de la empresa astronáutica«, *Revista Anthropos*, n.° 238, Barcelona, 2013, S. 21–41; E. Mazzi, »I pensieri astronoetici come laboratorio per un'antropologia sperimentale: la

diesem Kapitel werde ich anführen, dass Blumenbergs Astronoetik nicht nur anthropologische, sondern auch phänomenologische Themen verbindet. Als These möchte ich hier anführen, dass diese unerwartete Verbindung zwischen den philosophischen Untersuchungen des Kosmos und dem phänomenologischen Denken ein direktes Ergebnis der Astronoetik stattfindet. Im Speziellen werde ich eine Interpretation der Astronoetik als Phänomenologie der Lebenswelt vorschlagen, die Blumenbergs phänomenologische Anthropologie vervollständigt, dargestellt in *Beschreibung des Menschen* (*BdM*). Ich werde schließlich anführen, dass die Blumenbergsche Phänomenologie der Lebenswelt, wie sie in der posthumen *Theorie der Lebenswelt* (*TLW*) vorgestellt wurde, ebenfalls als Kapitel der Astronoetik gelesen werden kann.

Blumenbergs Lehre von der Lebenswelt

Auch wenn Blumenbergs Arbeiten bereits von Anfang an phänomenologische Themen beinhalteten – während aufeinander aufbauender Phasen seiner Gedanken konstant überarbeitet und ausgearbeitet – wurden seine Verbindungen zur Phänomenologie erst nach der posthumen Veröffentlichung seiner Bücher deutlich und erlangten folglich eine neue Bedeutung. Dies war gewiss der Fall mit *Zu den Sachen und zurück* [2003], *Beschreibung des Menschen* [2006], *Theorie der Lebenswelt* [2010] und *Phänomenologische Schriften* [2018]; manche von ihnen von Manfred Sommer überarbeitet, der Blumenbergs früherer Assistent und selbst Phänomenologe war. Daher werde ich mit Bedacht von den »Epochen der Blumenbergschen Phänomenologie« sprechen. Ohne Zweifel ist Blumenbergs frühe Metaphorologie, gelesen als »*Metakinesen des geschichtlichen Sinnhorizontes*« (*oD 104*),[238] die erste, die sich unter dem Einfluss der Begriffsgeschichte

riflessione di Hans Blumenberg sull'impresa spaziale«, in: Alberto Fragio und Diego Giordano (eds): *Hans Blumenberg. Nuovi paradigmi d'analisi*, Aracne Editrice, Roma, 2010, S. 263–300; Rüdiger Zill, »Die Entstehung des Weltraums als Erfahrungsraum und die Inversion des menschlichen Erwartungshorizontes«, in Michael Moxter (Hg.): *Erinnerung an das Humane. Beiträge zur phänomenologischen Anthropologie Hans Blumenbergs*, Tübingen, 2011, S. 300–326.

238 Siehe auch *Paradigmen zu einer Metaphorologie* [1960]: »*Der historische Wandel einer Metapher bringt die Metakinetik geschichtlicher Sinnhorizonte*« (*PM 13* und *50*). A. Fragio, »«*Das Überleben der Übergänge*»: la supervivencia de los tránsitos: nuevos

in Richtung Phänomenologie der Geschichte und einer Theorie der Erlebnisse entwickelt hat.[239] In diesem Prozess wandte Blumenberg Husserls freie Variation der Geschichte an (*TLW 179*). Allerdings sollten wir, trotz dieser historisierten Phänomenologie und jenseits der in *Zu den Sachen und zurück* überarbeiteten »phänomenologischen Glossen«, die bereits genannte phänomenologische Anthropologie und Phänomenologie der Lebenswelt berücksichtigen, die in *Beschreibung des Menschen* bzw. *Theorie der Lebenswelt* definiert sind.

Diesem Argumentationsfaden folgend können wir einige von Blumenbergs Beiträgen als Empfang unterschiedlicher phänomenologischer Themen betrachten, vor allem die der »Lebenswelt«. So beziehe ich mich beispielsweise auf Blumenbergs »*Unbegrifflichkeit*« (*SZ 77–86; TdU*) die wir als Zusammenfluss der »Lebenswelt« und der Begriffsgeschichte verstehen können; Blumenbergs Essayreihe zu Thales von Milet (*LdT 9–32; SdP 11–64*); und jene die in *Die Sorge geht über den Fluss* überarbeitet wurden. Die »Lebenswelt« war ebenfalls zentral in *Lebenszeit und Weltzeit* [1986] (*LW 313–74*),[240] wo Blumenberg die Geschichte der Astronomie als herausragenden Ort für die historisch-phänomenologische Objektivierung der Zeiterfahrung vorstellte.[241] Allerdings findet der Kern der Blumenbergschen Lehre über die Lebenswelt ihre expliziteste und präziseste Formulierung erst im posthumen Buch *Theorie der Lebenswelt*.[242]

---

paradigmas de análisis de la obra de Hans Blumenberg«, in: Alberto Fragio und Diego Giordano (eds): *Hans Blumenberg. Nuovi paradigmi d'analisi, op. cit,* S. 27–74.

239 A. Fragio, »Hans Blumenberg and the Metaphorology of Enlightenment«, in: Cornelius Borck (Hg.), *Hans Blumenberg beobachtet. Wissenschaft, Technik und Philosophie,* Verlag Karl Alber, 2013, S. 108, Fußnote 81.

240 Siehe im Speziellen Blumenbergs Analyse der »Lebenswelt« in »Das Lebensweltmißverständnis«, der erste Teil von *Lebenszeit und Weltzeit* [1986] (*LW 7–68*). Siehe auch »Lebenswelt und Technisierung unter Aspekten der Phänomenologie« (*LT 7–54; TdL*).

241 Siehe im Speziellen den Abschnitt »Zur genetischen Phänomenologie der Weltzeit«, in: *Lebenszeit und Weltzeit* (*LW 295–312*). Wir sollten diesen Abschnitt als eine herausragende Überarbeitung einiger Themen aus Husserls bekanntem Buch zur Phänomenologie des inneren Zeitbewusstseins betrachten, der Blumenberg einige Seminare widmete. Zu diesem Thema siehe A. Fragio, »Hans Blumenberg and the Metaphorology of Enlightenment«, *op. cit.*, Fußnote 3.

242 César González Cantón, »Hans Blumenberg, *Theorie der Lebenswelt*«, *Revista Anthropos*, n.º 238, Barcelona, 2013.

Charakterisierung der Blumenbergschen Phänomenologie der Lebenswelt

Das posthum veröffentlichte Buch *Theorie der Lebenswelt* besteht aus einer Sammlung ziemlich abschweifender und manchmal sogar redundanter Essays hinsichtlich des Themas der Lebenswelt. Das Konzept der *»Lebenswelt«* war nicht nur *»ein wichtiges Stück der phänomenologischen Architektur«*, sondern *»ein wichtiges Element von Blumenbergs philosophischer Überwindung von Husserls Gedanken. Noch entscheidender: essenziell, da es die Lebenswelt den Blumenbergschen Vorschlag einer phänomenologischen Anthropologie zusammenfasst«*.[243] In Husserls Phänomenologie, in der eine Art Kehre des Themas der Lebenswelt festgestellt werden kann – etwas, das Blumenbergs Interesse auf sich zog –, ist es ebenfalls möglich eine Kehre hin zur Anthropologie in Blumenbergs eigenen Arbeiten durch die Phänomenologie der Lebenswelt zu beobachten. Tatsächlich bezieht Blumenberg anthropologische Themen[244] in seine Bewertung der phänomenologischen Analyse der Lebenswelt ein und entwickelt sie in *Beschreibung des Menschen* weiter.

Aus einem historischen Blickpunkt liegt der vielleicht wichtigste Einblick, den Blumenberg in seiner Rekonstruktion der Ursprünge des Konzeptes der »Lebenswelt« bietet, in der Verbindung zum Kantianismus. Laut Blumenberg stellt Husserl das Konzept der »Lebenswelt« als Gegenstück zum ursprünglichen *Faktum* der Wissenschaft dar, dem Ausgangspunkt des philosophischen Standpunkts des Neukantianismus (*TLW 71* und *112–3*). Durch eine solche Übertragung hätte Husserl *»seine heimliche Verbindung mit dem Neukantianismus«* (*TLW 113*) abgeschlossen, was das Problem des Lebens in der Erkenntnistheorie verschleierte.[245]

In diesem ursprünglichen historischen Ansatz kann man das besondere Merkmal von Blumenbergs Charakterisierung der Lebenswelt in der Spannung zwischen der Unbestimmtheit und der Offen-

243 *Ibid.*

244 Siehe vor allem Blumenberg, »Selbstverständlichkeit, Selbstaufrichtung, Selbstvergleich« (*TLW* III).

245 Blumenberg bezog sich auf die historischen Aspekte dieser Frage mit Blick auf die neukantianische Lehre und das bekannte Treffen in Davos (*TLW 113*). Er betonte zudem erneut, dass Heidegger weniger einer von Husserls Anhängern war als vielmehr des neukantianischen Rickert, welcher eine sehr scharfe Kritik zu Simmels Philosophie des Lebens (*TLW 125–6*).

sichtlichkeit identifizieren. Laut Blumenberg ist die »Lebenswelt« »*ein unbestimmter Begriff*«; eine »*Lebenswelt als ein Reservat von Ungenauigkeit*« (*TLW* I 1 und *13*). Nichtsdestoweniger versuchte Blumenberg mögliche alternative Definitionen zu skizzieren. Die Definition mit der vielleicht größten metaphysischen Bedeutung ist die Folgende: »*die ›Lebenswelt‹ muss beschrieben werden als der Inbegriff von Erfolgen der Stabilisierung des Lebens in der Realität*« (*TLW 15*). In diesem Sinn verstand Blumenberg das Konzept der »Lebenswelt« als Ausgangspunkt der Geschichte, oder sogar als eine Art »*Fata Morgana*« einer Welt.[246]

In jedem Fall laufen diese und andere Definitionen im Blick der Lebenswelt als »*irrationales Urfaktum*« (*TLW* I.5)[247] zusammen durch eine grundlegende und unbegründete Ambiguität, die dennoch von den Menschen abstammende Realitäten, wie den Verstand oder die Wissenschaft, unterstützen und stabilisieren kann.[248] Zur gleichen Zeit präsentiert Blumenberg die Lebenswelt als »*das Universum der Selbstverständlichkeit*«.[249] Aus diesem Blickpunkt wird die Lebenswelt leicht übersehen, da sie der eigentliche Sinn der menschlichen Erfahrung ist: Ihr »Boden«; der Ort an dem die Nachweise begründet sind.[250]

In diesem initialen Ansatz ist Blumenberg nicht weit von Husserls Charakterisierung der »Lebenswelt«[251] entfernt und Blumenberg selbst widmete sich der zweideutigen Aufgabe »*das Selbstverständliche verstehen*« (*TLW 100*). In seinem Kommentar zu Husserls »Lebenswelt« betont Blumenberg wie die Lebenswelt als Horizont zu verstehen ist, der den Fluss der Erlebnisse reduziert und organisiert. Entsprechend artikuliert Blumenberg die Spannung zwischen der Dynamik der Offensichtlichkeit und der Dynamik des Unbekannten durch den Begriff »Horizont«. Die »Lebenswelt« ist dann der Horizont der wandelnden Erlebnisse, die sich durch eine Verschiebung ihrer Grenzen unbestimmt ausweiten kann: »*Lebenswelt ist zwar ein Grenz-*

---

246 »*Die Lebenswelt kann nur definiert sein als* terminus a quo *der Geschichte*« (*TLW 164*); »*Die Lebenswelt ist dann die Fata Morgana einer Welt*« (*TLW 230*).

247 Weitere Informationen zu »ursprüngliche Tatsache« siehe auch (*BdM 48* ff).

248 »*Die Lebenswelt ist eine unbegründete Totalität*« (*TLW 234*); »*In der* Selbstauslegung des Lebens *ist das* Ich-lebe *radikaler als das* Ich-denke« (*TLW 125*).

249 Blumenberg verwendete diesen Ausdruck häufig. Siehe zum Beispiel (*TLW 28; 80; 123; 167; 170; 234*).

250 »*In der Lebenswelt gibt es die Sinnfrage nicht*« (*TLW 89*).

251 E. Husserl, *Die Krisis, op. cit.* § 34 a-f.

begriff, aber die durch ihn bestimmte oder zu bestimmende Lebenswelt hat selbst keine Grenzen« (*TLW 84*). Außerdem drückt das Verständnis der Lebenswelt als Horizont die zentrale Diskrepanz zwischen dem Komplex der Horizonte aus, der die Welt darstellt und ihre existenzielle Übersetzung als integrierte Lebenswelt-Horizonte.[252] Der Konvergenzpunkt dieser Horizonte ist Husserls kartesianisches cogito, welches Blumenberg in *Beschreibung des Menschen*[253] aus einer anthropologischen Perspektive neu betrachtet hat. Die Unbeständigkeit und Ungewissheit der Grenzen des Lebenswelt-Horizonts – also die stets präsente Möglichkeit einer Verschiebung zwischen Offensichtlichkeit und Ungewissheit – machen den Vorgang der Integration des Ungewissen in die Lebenswelt unvermeidlich.[254] Im Gegensatz zu Husserl bedachte Blumenberg jedoch, dass die Lebenswelt eine Rationalität zeigt, die auf einer menschlichen Selbsterhaltung basiert, welche aus dem anthropologischen Bedürfnis entsteht, sich mit der essenziellen Unsicherheit des Lebenswelt-Horizonts zu konfrontieren: »*Die präventive Konstitution des Menschen steht im Zusammenhang mit der Inkonstanz des Horizontes seiner Lebenswelt*« (*TLW 136*); das Resultat einer Angst, ausgelöst durch das Ungewisse in der Peripherie der Lebenswelt.[255]

In diesem Kontext bezieht sich Blumenberg außerdem auf Heidegger und führt die Existenz von Verbindungen zwischen der phänomenologischen Analyse der Lebenswelt und der Hermeneutik der Faktizität an (*TLW 136*). Blumenberg antizipiert dabei seine eigene existenziell-anthropologische Analyse des primitiven Bewusstseins, das er später in *Beschreibung des Menschen* entwickelte, darin wurde die phänomenologische Entstehung der menschlichen Subjektivität aus dem tierischen Bewusstsein heraus vorgestellt (*TLW* III; *136; 140–3; 152–4*).

---

252 »*Die Welt ist die Gesamtheit der Horizontkomplexe*« (*TLW* 117). »*Der Begriff Welt ist ein Grenzbegriff. Welt ist der Horizont der Horizonte*« (*TLW* 118). Wir sollten nicht vergessen, dass der Begriff »Horizont« auch in Husserls Beschreibung der Lebenswelt zentral ist, siehe *Die Lebenswelt. Texte aus dem Nachlass (1916–1937), op. cit.* In *Lebenszeit und Weltzeit,* Blumenberg betonte den Zeithorizont der Lebenswelt; nämlich Zeit als Dimension des Lebenswelt-Horizonts.

253 A. Fragio, »Hans Blumenberg and the Metaphorology of Enlightenment«, *op. cit.*

254 »*zwischen ihrer konstanten Selbstverständlichkeit und den Inversionen von Unbekanntem*« (*TLW*135).

255 »*die hinter ihrer Peripherie liegende Herkunftszone des Unbekannten*« (*TLW 136*).

Hinsichtlich der Phänomenologie der Lebenswelt ist Blumenbergs zentrale Behauptung, dass aus der Lebenswelt eine *»endogene Rationalität«* (*TLW 15*) entsteht, die eng verbunden ist mit dem evolutionären Prozess der Hominisation. In anderen Worten, eine Rationalität, begründet in der natürlichen Geschichte der Menschen als Lebewesen auf der Erde und, zu großen Teilen, basierend auf dem Prinzip der Selbsterhaltung (*TLW I6*).[256]

Der finale Aspekt von Blumenbergs »Lebenswelt«-Charakterisierung auf den ich hier gerne kurz eingehen möchte bezieht sich auf die bekannte Formel die Wittgenstein anwandte, um die Welt zu definieren. Blumenberg kehrte sie um mit den Worten: *»Die Lebenswelt ist nicht alles, was der Fall ist«* (*TLW 80*). Wir können diese Formel verstehen als eine Indikation dafür, dass die Lebenswelt nicht mit strikter Unmittelbarkeit endet, sondern auch alle einhergehenden Annahmen und Überzeugungen beinhaltet; das bereits genannte *»Universum der Selbstverständlichkeit«*, anwendbar in jedem Fall, der den ultimativen Horizont der Lebenswelt in diesem gleichen Sinne gestaltet. Meiner Meinung nach ist die Bedeutung dieses Zusatzes zu Wittgensteins Formel wiederum selbst in einer anderen Formel von Blumenberg wie folgt kondensiert: *»Die konstruktive Beschreibung des Uneinsehbaren«* (*TLW* I2). Durch diese Formel ist das Argument für die Pluralität der Lebenswelten antizipiert und die Blumenbergsche Phänomenologie der Lebenswelt klar anerkannt (*TLW 9* ff.).[257] Das führt uns direkt in den Bereich der Astronoetik.

---

[256] Siehe César González Cantón, »Hans Blumenberg, *Theorie der Lebenswelt«*, *op. cit.* Blumenberg bezog sich auch auf die Anthropologisation der offensichtlichen Selbsterhaltung: »*Das* Universum der Selbstverständlichkeiten *ist auch anthropologisch sinnvoll extrapoliert: Die Lebenswelt ist als solche eine lebensdienliche Welt, die verdeckte Selbstgegebenheit steht im Funktionszusammenhang der Selbsterhaltung«* (*TLW 173*).

[257] In »Keine Lebenswelten«, führt Blumenberg an, dass Husserl keine »freie Variation« der Analyse der »Lebenswelt« angewendet hat: *»denn es gab keinen Weg von einer Lebenswelt zur anderen, keine Vergleichbarkeit* zwischen *ihnen, da keine Zuschauerposition* ausserhalb *ihrer«* (*VS 464*). Blumenberg weist darauf hin, dass jede »Lebenswelt« wie eine »Gefangenschaft« wäre. Wie ich versuche anhand des »Erfahrungsbodens« darzustellen ist Blumenbergs Bewertung von Husserl nicht ganz akkurat. Mehr noch, in Blumenbergs Fall könnten wir eine phänomenologische Umbesetzung der Pluralitäten von Lebenswelt in Betracht ziehen.

Ein astronoetischer Husserl

Eine Proto-Astronoetik nach Husserl

Es ist wohl kaum ein Zufall, dass zwei zuvor erwähnte Elemente in Blumenbergs Astronoetik zusammenlaufen: Die Phänomenologie der Lebenswelt und die phänomenologische Anthropologie. In Husserls Gedanken können wir bereits eine Art »Astronoetik« sehen – etwas das man eine »kosmologische Proto-Phänomenologie der Lebenswelt« nennen kann – die in Blumenbergs *Die Vollzähligkeit der Sterne* [1997] weiterentwickelt wurde.

In Husserls späterem Manuskript mit dem Titel »Grundlegende Untersuchungen zum phänomenologischen Ursprung der Räumlichkeit der Natur«, üblicherweise unter dem kurzen Titel *Die Ur-Arche Erde bewegt sich nicht*[258] bekannt, müssen wir die astronoetische Einsicht *avant la lettre* anerkennen.[259] In diesem Manuskript aus dem Jahr 1934, direkt vor der Teilpublikation von *Die Krisis der europäischen Wissenschaften,* finde ich ausreichend Begründung für eine »kosmologische« Basis von Husserls Konzeptualisierung der Lebenswelt, vor allem in Bezug auf die kopernikanische Weltsicht und die galiläische Wissenschaft.[260]

---

258 Edmund Husserl, »Grundlegende Untersuchungen zum phänomenologischen Ursprung der Räumlichkeit der Natur«, in: Marvin Farber (Hg.), *Philosophical Essays in Memory of Edmund Husserl,* Cambridge (Mass.), 1940, S. 307–25 (Neuauflage in Greenwood Press im Jahr 1968). Englische Übersetzung von Fred Kersten: »Foundational Investigations of the Phenomenological Origin of the Spatiality of Nature«, in: Peter McCormick und Frederick A. Elliston (Hsg.), *Husserl. Shorter Works,* University of Notre Dame Press, Indiana, 1981, S. 222–33. Einige Abwandlungen und weitere Entwicklungen des Themas, die Husserl in seinem Manuskript aufgreift, finden sich im posthuman *Die Lebenswelt. Texte aus dem Nachlass (1916–1937), op. cit.* Zu Husserls Manuskript siehe Guido D. Neri, »Earth and Sky: An Analysis of Husserl's 1934 Manuscript on ›The Spatiality of Nature‹«, *Telos,* n.° 92, New York, 1992, S. 63–84. Laut Neri, Ludwig Landgrebe transkribierte Husserls Manuskript in den späten 1930er Jahren.

259 Blumenberg bezog sich in *Beschreibung des Menschen* (*BdM 656* ff) auf dieses Manuskript und in »Weltmodell und Lebenswelt. Vierter Teil: Der Erde als Lebensboden und Erfahrungspol« (DLA Marbach). Rüdiger Zill fasste den Inhalt dieses Textes von Blumenberg in »Die Entstehung des Weltraums« zusammen, *op. cit.,* S. 313–9.

260 Zu moderner Physik und Lebenswelt siehe (*ZdS 155* ff). In *Die Krisis,* entwickelte Husserl das Konzept der »Lebenswelt«, welches sich auf eben jene moderne Physik bezog, im Speziellen die galiläische Physik.

Auf dem Briefumschlag, auf dem dieser kurze Text skizziert wurde, hinterließ Husserl die folgende erklärende Notiz: »*Umsturz der kopernikanischen Lehre* in der gewöhnlichen weltanschaulichen Interpretation. Die Ur-Arche Erde bewegt sich nicht. Grundlegende Untersuchungen zum phänomenologischen *Ursprung der Räumlichkeit der Natur* im ersten naturwissenschaftlichen Sinne. Alles notwendige Anfangsuntersuchungen«.[261] Daher ist es möglich das Hauptargument des Manuskripts als Kontur einer phänomenologischen Analyse der Bewegung von Körpern auf der Erde durch die genetische Phänomenologie der Lebenswelt zusammenzufassen. Husserl studierte »*das Sichbewegen von Körpern in der ursprünglich anschaulichen Funktion der Erde als ›Boden‹*«.[262] In Husserls Analyse werden auch einige zusätzliche Entwicklungen bezüglich der »Lebenswelt« vorgestellt, auch wenn er diesen Ausdruck nicht selbst verwendete.

Der Ausgangspunkt von Husserls Analyse war das Verständnis der Erde als eine sukzessive Ausdehnung des Horizonts: »*Die Offenheit* [der Welt] *als nicht vollkommen ausgedachte, vorstellig gemachte, aber implizit schon geformte Horizonthaftigkeit*«.[263] Da »*in fortgesetzter und verbundener Erfahrung die einzelmenschlichen Erfahrungsfelder zur Einheit eines Erfahrungsfeldes kommen*«[264] ist die Summe, die sich aus dem fragmentarischen Erlebnishorizont der Welt ergibt, die Repräsentation der Erde als »*synthetische Einheit*« oder »*Ortssystem*«; die finale und absolute Synthese der »*aktuellen Erfahrungsfelder*«.[265] Aus einem phänomenologischen Blickpunkt ist die Repräsentation der Erde als synthetisches Ganzes also die finale Gesamtheit der unterschiedlichen Horizonte. In diesem Kontext verwendete Husserl dann die Metapher der Erde als »*Erfahrungsboden*«: »*Die Erde ist nicht die ›ganze Natur‹* […]. *Doch ein Körper! Obschon für uns der Erfahrungsboden für alle Körper in der Erfahrungsgenesis unserer Weltvorstellung*«.[266]

---

261 Husserl, *Die Ur-Arche Erde bewegt sich nicht, op. cit.*, S. 307; Englische Übersetzung, *op. cit.* S. 222. Siehe auch Agustín Serrano de Haro, »Introducción«, in: Husserl, *La Tierra no se mueve. Investigaciones básicas sobre el origen fenomenológico de la espacialidad de la naturaleza* (1995), Editorial Complutense, Madrid, 2006, S. 7.

262 Husserl, *Die Ur-Arche Erde bewegt sich nicht, op. cit.*, S. 309.

263 *Ibid*, S. 307.

264 *Ibid*, S. 308.

265 *Ibid*, S. 307.

266 *Ibid*, S. 308. Trotz Blumenbergs bereits erwähnter astronoetischer Glosse bezieht sich Husserl ach auf »*den Wechsel der Böden*«, *ibid*, S. 313.

Der »Boden« und der »Horizont« wurden zu den beiden dominanten Metaphern – mit kosmologischer Resonanz – in Husserls genetischer Phänomenologie der Lebenswelt: »*Ich kann auf meinem Erdboden immerfort weitergehen und sein ›körperliches‹ Sein in gewisser Weise immer voller erfahren; er hat seinen Horizont darin, dass ich auf ihm eben gehen und gehend von ihm und allem, was darauf ist, immer mehr erfahren kann*«.[267] In dieser Hinsicht war die Beziehung zwischen Boden und Horizont essenziell in der phänomenologischen Analyse der Bewegung und ihrer zwei zentralen Schlussfolgerungen: 1) »*Die Ur-Arche Erde bewegt sich nicht*«; und 2) die Ur-Genesis der Intuition der terrestrischen Bewegung liegt in unserer Voraussetzung auf dem Erdboden geboren zu sein. Nach Husserl verstehen wir terrestrische Bewegungen, obwohl wir keine Ur-Intuition der allgemeinen Erdbewegung haben, weil wir auf dem Boden der Erde geboren wurden und dort leben.

Durch diesen Ansatz konvertierte Husserl den Erdboden in eine Art Transzendenz des menschlichen Erlebnisses; sowohl einer formalen als auch materiellen Instanz, die es ermöglicht, die Bewegungen anderer Körper wahrzunehmen, aber nicht die Bewegungen der Erde selbst, da sie nicht das ursprünglich intentionale Objekt der terrestrischen Erfahrung sein kann. So sagt Husserl, die »*Erde selbst in der ursprünglichen Vorstellungsgestalt bewegt sich nicht und ruht nicht, in Bezug auf sie haben Ruhe und Bewegung erst Sinn*«.[268] Und weiter »*aber es ist doch alles zunächst auf den Boden aller relativen Bodenkörper, auf den Erdboden bezogen*«.[269] Durch die »*erste Stufe der Konstitution der Erde als Boden*«[270] ist es möglich zu sehen, dass die Erde »*Arche ist, die erst den Sinn aller Bewegung ermöglicht und aller Ruhe als Modus einer Bewegung*«.[271] In anderen Worten gibt es aus Perspektive der genetischen Phänomenologie kein Erleben des Erdbodens als Körper, denn »*Dieser ›Boden‹ wird zunächst nicht als Körper erfahren, in höherer Stufe der Konstitution der Welt aus Erfahrung wird er zum Boden-Körper, und das hebt seine ursprüngliche Boden-Form auf. Er wird zum Totalkörper: zum Träger aller bisher voll*

267 *Ibid*, S. 312.
268 *Ibid*.
269 *Ibid*.
270 *Ibid*, S. 310.
271 *Ibid*, S. 324.

(normal) allseitig empirisch zureichend erfahrbaren Körper [...]«.[272] Die wahrlich ursprüngliche Intuition ist allerdings, dass sich die Erde nicht bewegt, denn, phänomenologisch, kann die Erde nicht als ihr ursprünglicher Erdboden, als Körper, empfunden werden.

Der spanische Philosoph Agustín Serrano fasste Husserls Argument klar zusammen: »*Husserl unterscheidet drei Stadien in der Genesis der Repräsentation der Erde* [...]. *Im ersten,*[1] *die Repräsentation der Ur-Figur der Erde, ist die Erde als Erfahrungsboden der Körper, der Ort des Ausruhens und Model aller Bewegung; die Erde ist nicht ein Köper wie andere und ihre Verleugnung kann nicht begriffen werden. Im zweiten Stadium* [2] *ist die Erde selbst ein Körper als der Erdboden für andere normale Körper: Sie ist ›der‹ universale Körper. Im dritten Stadium* [3], *wenn die Himmelskörper als normale Körper auftreten – und nicht nur als reine Lichterpunkte – wird die Erde ein Körper unter vielen anderen Körpern, und steuert die Erfahrungen der Körper, obwohl sie ebenfalls von den anderen* [Körpern] *gesteuert werden könnte*«.[273]

Das bringt uns zu etwas, das ich als zentrale Voraussetzung der Astronoetik und allererste Phase einer Lebenswelt-Phänomenologie aus einem kosmologischen Blickpunkt sehe: »*sowie Erde zum Weltkörper geworden ist in der offenen Mannigfaltigkeit umgebender Körper*«.[274]

Es ist bekannt, dass dies tatsächlich die Basis der modernen Astronomie und ihrer Revolution darstellt. Allerdings behauptet Husserls intuitiv-geozentrische Lehre das Gegenteil: Jede »extra-terrestrische« oder kosmologische Erde für menschliches Leben kann nicht mehr sein als ein »*versehentlicher Ersatz für die Ur-Erde,* [...] *deren Sinn und Validität sich auf die Prozesse der empirischen Verfassung der Welt von der Erde bezieht*«.[275] Entsprechend führt Husserl die phänomenologische Ergänzung des Kopernikanismus an, da Kopernikus die Sonne als empirische »Erde« betrachtet, auch wenn sie nicht die reale, intuitive Unterstützung für die Lebenswelt war. Die heliozentrische Hypothese überträgt die Bedingung der ursprünglichen, absoluten Erde von der Erde auf die Sonne, der aber die notwen-

---

272 *Ibid*, S. 308.

273 Agustín Serrano, »Introducción«, in: Husserl, *La Tierra, op. cit.*, S. 13, Fußnote 2. Meine Übersetzung. Siehe auch »*Inventario cosmológico en la perspectiva intencional originaria*«, *ibid.*, Fußnote 12, S. 28–9.

274 Husserl, *Die Ur-Arche Erde bewegt sich nicht, op. cit.*, S. 312.

275 Agustín Serrano, »Introducción«, in: Husserl, *La Tierra, op. cit.*, S. 29, Fußnote 12. Meine Übersetzung.

dige intuitive Unterstützung fehlt, um einen solchen konzeptuellen Wandel zu rechtfertigen.[276] Durch diesen Widerspruch und ähnlich wie seine spätere *Krisis der europäischen Wissenschaften* mit der galiläischen Physik, wollte Husserl die ursprüngliche, intuitive terrestrische Lebenswelt als phänomenologische Rekonfiguration wieder etablieren und damit die wissenschaftliche Abweichung korrigieren. Dennoch konzentriert sich die phänomenologische Rekonfiguration in diesem Manuskript – *Die Ur-Arche Erde bewegt sich nicht* – ausschließlich auf die kopernikanische astronomische Erfahrung. Diesem Thema widmet Husserl schließlich seine theoretische Arbeit zur Lebenswelt, welche er im Rahmen der genetischen Phänomenologie entwickelte.

Entsprechend könnte man sagen, dass Husserls Kritik an der kopernikanischen Weltanschauung aus dem Blickpunkt einer Art »kosmologischer Lebenswelt Proto-Phänomenologie« geschah: »*Wir Kopernikaner, wir Menschen der Neuzeit sagen: Die Erde ist nicht die ›ganze Natur‹, sie ist einer der Sterne im unendlichen Weltraum. Die Erde ist ein kugelförmiger Körper, freilich nicht auf einmal und von Einem wahrnehmbar in seiner Gänze, aber in einer primordialen Synthesis als Einheit aneinandergeknüpfter Einzelerfahrungen. Doch ein Körper!*«.[277]

Allerdings gab es direkt nach Husserls Tod Raumfahrten und damit verbundene visuelle Produktionen, die eine umfängliche Wahrnehmung der Erde ermöglichten, was so meisterhaft von Blumenberg in einem seiner bemerkenswertesten Aphorismen beschrieben wurde.[278]

---

[276] *Ibid*, S. 19, Fußnote 6. Agustín Serrano erklärt Husserls Position zu der kopernikanischen Weltanschauung wie folgt: »*Die kopernikanische Weltanschauung konnte jedoch nicht aus Überprüfungen und expliziten Wahrnehmungshorizonten heraus entstehen*«. *Ibid*, Fußnote 1, S. 11. Meine Übersetzung.

[277] Husserl, *Die Ur-Arche Erde bewegt sich nicht, op. cit.*, S. 308.

[278] Ich beziehe mich auf Blumenberg Aphorismus mit dem Titel »Sichtbarkeit«: »*Ein angehender Philosoph schreibt 1930 in seiner Habilitationsschrift:* ›Es hat vielleicht niemand recht verstanden, was ich will, der nicht einsieht, dass die Sichtbarkeit der Dinge nur vor dem absolut Negativen eigentlich zu erleben ist‹. *Es mag sein, dass man dies im Jahre 1930 seinen Lesern nicht zutrauen konnte. Ein halbes Jahrhundert später weiss jeder, was gemeint sein konnte, der nur flüchtig Notiz genommen hat von den Anblicken, die die Erde aus dem Weltraum bietet. Sie war für ihre Bewohner immer das Unsichtbare schlechthin. Man hatte sie unter den Füssen, nicht vor den Augen, als das Selbstverständliche und Unauffällige. Da eben fehlte es an Negation als Bedingung von Auffälligkeit. Der Blick aus dem Raum lässt die Erde, wenn es so zu sagen erlaubt ist, in*

Phänomenologische Gedankenexperimente für ein neues Verständnis der Erde

Husserls kosmologische Proto-Phänomenologie der Lebenswelt wurde in einer Reihe von Gedankenexperimenten verkörpert, enthalten in seinem Manuskript. Das erste stellt sich die Existenz »fliegender Archen« oder »Raumschiffe« – »Luftschiffe« – wie eine Art räumliche Lebenswelt in einer erweiterten terrestrischen Lebenswelt vor. In einem dieser Raumschiffe könnte er »*so hoch fliegen, dass die Erde als Kugel erscheinen würde.*[...] *Ich entdecke also, dass sie ein grosser Kugelkörper ist. Aber das ist eben die Frage, ob und wie ich zur Körperlichkeit käme, in dem Sinne, dass die Erde ›astronomisch‹ eben ein Körper unter den anderen, darunter den Himmelskörpern wäre*«.[279] Hier gestattet Husserl eine Reformulierung der intuitiven-geozentrischen These von der Unterscheidung zwischen dem »*Stamm-›körper‹*« und dem »*Stammboden*«: »*für den Menschen auf dem Flugzeug, sofern er die Erde als Stamm-›körper‹, Boden-›körper‹ in Erfahrung hat. Aber kann nicht das Flugzeug als ›Boden‹ fungieren?* [...]. *Müsste ich nicht all das auf das Flugzeug übertragen denken an konstitutiver Geltung (der Form nach), was der Erde als meinem Boden, als Boden meiner Leiblichkeit überhaupt Sinn gibt?*«.[280]

Husserl löste das Dilemma dieses Gedankenexperiments, indem er die Reflexion der Himmelskörper bei der astronomischen Erfahrung berücksichtigte. Seine Lösung kann mit der phänomenologischen Analyse der Bewegung von Körpern auf der Erde in Verbindung gebracht werden, dank derer er die folgende Schlussfolgerung vorschlug: »*Die Schwierigkeit wiederholt sich bei den Sternen. Um sie als Körper ›erfahren‹ indirekt auffassen zu können, muss ich schon Mensch auf der Erde als meinem Stammboden für mich sein*«.[281]

Was würde also passieren, fragt Husserl, wenn wir anstatt auf der Erde in diesen Raumschiffen geboren würden? In diesem zweiten Gedankenexperiment stellt sich Husserl eine Erweiterung der terrestrischen Erde vor. »*Es ist aber auch möglich, dass der Erdboden sich erweitert, etwa in der Art, dass ich verstehen lerne, dass in Raum*

einem Meer von Negativität erscheinen: eine Insel im Nichts. Das macht sie sichtbar in einem eminenten Sinne: schmerzhaft deutlich« (*dS 136*).

279 Husserl, *Die Ur-Arche Erde bewegt sich nicht, op. cit.*, S. 317.

280 *Ibid.*

281 *Ibid.*

meines ersten Erdbodens grosse Luftschiffe sind, die in ihm längere Zeit fahren: auf einem bin ich geboren, lebt meine Familie, es war mein Seinsboden, bin ich lernte, dass wir nur Schiffer sind auf der grösseren Erde, etc. So kann eine Vielheit von Bodenstätten, Heimstätten zur Einheit einer Bodenstätte kommen«.[282] Diese Raumschiffe bieten »*die Möglichkeit von fliegenden Archen* [...], *die sich herausstellen in der ›Erfahrung‹* [...] *als blosse ›Luftschiffe‹, ›Raumschiffe‹ der Erde, von ihr ausgegangen und wieder zurückkehrend, von Menschen bewohnt und geführt, die nach ihrem letztlichen generativen und für sie selbst historischen Ursprung auf dem Erboden als ihrer Arche beheimatet sind«.*[283] Dieses Gedankenexperiment lässt entsprechend keinen Raum für wichtige Einwände, denn im ersten Gedankenexperiment ist alles das, »*auf die Arche Erdboden und ›Erdkugel‹ relativ und auf uns, die irdischen Menschen«.*[284]

Daher formuliert Husserl ein drittes Gedankenexperiment: Was würde passieren, wenn es zwei Erden gäbe, die als Erdboden dienen könnten? In diesem Fall könnte man zwischen den beiden hin und her fliegen »[...] *wenn ich und wir fliegen könnten und als Bodenkörper zwei Erde hätten, von denen wir die je andere durch Flug erreichen könnten. Eben dadurch würde der eine Körper für den anderen Boden«.*[285] Husserl ging auf diese Einwände ein mit der Behauptung, dass es tatsächlich eine Erde wäre, die in zwei Hälften gespalten ist: »*Aber was heisst zwei Erden? Zwei Stücke einer Erde mit einer Menschheit. Beide zusammen würden zu einem Boden und wären zugleich Körper jeder für den anderen. Sie hätten um sich den gemeinsamen Raum, in dem jeder als Körper ev. beweglichen Ort hätte, aber die Bewegung relativ immer auf den anderen Körper und irrelativ auf den synthetischen Boden ihres Zusammen«.*[286] Allerdings fügt er hinzu: »*Ursprünglich konstituiert sein kann nur ›der‹ Erdboden mit umgebendem Raum von Körpern«.*[287]

Das Ergebnis dieses Experiments stellte die Möglichkeit einer »*Vielheit von Bodenstätten, Heimstätten zur Einheit einer Bodenstätte«*[288] vor und darin liegt das vierte und finale Gedankenexperiment, das Husserl in seinem Manuskript formuliert: Die Existenz

282 *Ibid*, S. 318.
283 *Ibid.*
284 *Ibid.*, S. 320.
285 *Ibid.*, S. 317–8.
286 *Ibid.*, S. 318.
287 *Ibid.*
288 *Ibid.*

einer Vielzahl von »*Heimstätten*«, die nicht die Erde sind. Im Gegensatz zu Blumenbergs bereits erwähnter Glosse[289] schien Husserl die Möglichkeit dieser Pluralität bereitwillig anzuerkennen: »*Ich kann mir natürlich vorstellen, dass sichtbar werdende ›Punkte‹ ferne Körper sind, die herangekommen sind und sich nun nähern können, bis sie den Erdboden erreichen, etc. Nun aber auch: ich kann mir vorstellen, dass es Heimstätten sind*«.[290] So scheint die Erde Ur-Arche zu sein, unsere Arche. Aber zur gleichen Zeit zeigt sich ihr Zustand als Himmelskörper unter anderen Himmelskörpern: »*Erst wenn wir unsere Sterne als sekundäre Archen uns vorstellen mit ihren ev. Menschheiten*«.[291] Und weiter »*Und auch das gilt für selbstverständlich, dass Erde nur einer der zufälligen Weltkörper ist, einer unter anderen, und fast wäre es lächerlich, nach Kopernikus meinen zu wollen, dass die Erde, ›bloss weil wir zufällig auf ihr Leben‹, Mittelpunkt der Welt sei, bevorzugt sogar durch ihre ›Ruhe‹, in Bezug auf welche alles Bewegte bewegt sei*«.[292] In diesem Fall hat jede »*ihre ›Historizität‹ vom jeweiligen Ich aus, das in ihr beheimatet ist*«[293] und entsprechend einen eigenen »*Stammboden*« oder eine eigene »*Urheimat*«.

Husserls Antwort ist eher überraschend und überschreitet sicherlich alles, was von der phänomenologischen Analyse im engen Sinne gestattet ist. Husserl bezieht sich wieder auf die ursprüngliche phänomenologische Natur der terrestrischen Erlebnisse, aber er verweist auch auf die Historizität und radikale Eventualität der terrestrischen Erlebnisse. Wie Agustín Serrano aufzeigte, ging Husserl von der Historizität des Lebens auf der Erde als »ursprüngliche Historizität« aus – wenn ich es so nennen darf – die sich bedingt auf Basis der transzendentalen Bedingung des Erlebnisses des Universums.[294] Folglich hat »*alles Seiende überhaupt Seinssinn nur von meiner konstitutiven Genesis und diese ›irdische‹ geht voran*«.[295] Oder, in anderen Worten: »*Aber worauf alles ankommt ist: nicht die zum apodiktischen Ego, zu mir, zu uns gehörige Vorgegebenheit und Konstitution zu vergessen, als Quelle alles wirklichen und möglichen Seinssinnes, aller*

289 Blumenberg, »Keine Lebenswelten« (*VS 463*).
290 Husserl, *Die Ur-Arche Erde bewegt sich nicht, op. cit.*, S. 318–9.
291 *Ibid.*, S. 320.
292 *Ibid.*, S. 321.
293 *Ibid.*, S. 319.
294 Agustín Serrano, *op. cit.*, S. 52, Fußnote 26.
295 Husserl, *Die Ur-Arche Erde bewegt sich nicht, op. cit.*, S. 324.

möglichen Erweiterungen, welche in der in Gang stehenden Historizität schon konstituierte Welt sich weiter ausbauen kann«.[296]

Schließlich war es der Phänomenologe der Gedankenexperimente entwarf und sie ergäben nur Sinn, wenn man sich auf seine entsprechende terrestrische Erfahrung bezog. Dieses Ergebnis war aber nicht vollumfänglich aufschlussreich und Husserl erkannte, im Gegensatz zu den terrestrischen Horizonten, dass »*die Homogenisierung der Himmelsferne sogar unter Iteration ihre phänomenologischen Fragen mit sich bringt«.*[297]

Zu diesen »phänomenologischen Fragen« sollte natürlich auch die Überarbeitung der Lebenswelt-Phänomenologie aus einem kosmologischen Blickpunkt gehören, da Husserls Gedankenexperimente die Möglichkeit einer neuen, pluralen Typologie der Lebenswelt eröffneten, zumindest eine der terrestrischen Lebenswelt: Die Raumschiff-Lebenswelt und die Lebenswelt der »sekundären Arche«.

Vor diesem Hintergrund kann Blumenbergs Astronoetik als Umsetzung von Husserls eigenartigem kosmologischen Gedanken gesehen werden, aber mit den neuen Referenzpunkten des Wettlaufs ins All im zwanzigsten Jahrhundert und der darauffolgenden menschlichen Mondlandung, Ereignisse die Husserl – darauf bestehe ich – nicht erahnen konnte. Dank dieser denkwürdigen Errungenschaften wurde eingeführt, was man »das ursprüngliche *Faktum* der Astronoetik« nennen könnte; also der *terminus a quo*, dessen *terminus ad quem* das Entstehen der astronoetischen Lebenswelt und der phänomenologischen Anthropologie des Kosmos sein sollte.

Neue Episoden für den Sinn der Erde: Mit den Füßen auf dem Mond stehen

Man kann sagen, dass der erste Mensch auf dem Mond und der damit einhergehende Wechsel des Erfahrungsbodens nicht nur ein kleiner Schritt für den Menschen war, sondern ein riesiger Sprung für die Phänomenologie der Lebenswelt. Wie im vorherigen Kapitel aufgezeigt konzentrierte sich Blumenberg auf die gegensätzliche Beziehung zwischen der astronomischen Theorie und der Lebenswelt. Also auf etwas, in dem wir einen weiteren fundamentalen Konflikt für

---

[296] *Ibid.*, S. 323.
[297] *Ibid.*, S. 320.

die Phänomenologie der Lebenswelt aus kosmologischer Perspektive erkennen können (*LdT 9–32; SdP 11–64*). Es war allerdings eine Sache, den Mond durch ein Teleskop zu beobachten und eine völlig andere, seine Oberfläche zu betreten. Die zentrale Frage drehte sich um die historische Umformung der terrestrischen Lebenswelt des *contemplator caeli* in die lunare Lebenswelt des Astronauten, was nicht nur eine faktische Ausdehnung oder Erweiterung der menschlichen Lebenswelt beinhaltete, sondern eine reale Transfiguration des Erd-Sinns.[298] Die Mondlandung stellte ein effektives Überwinden der terrestrischen Lebenswelt- »Schwelle« dar und entsprechend einen paradigmatischen Fall von Integration in die menschliche Lebenswelt von sowohl dem kosmischen Boden als auch dem astronomischen Horizont. Es war nicht nur ein Konflikt zwischen dem Terrestrischen (praktische Rationalität) und dem Astronomischen (theoretische Rationalität), sondern ein Konflikt eben jener Bedeutung der menschlichen Erfahrung auf der Erde. Mit dem ersten Menschen auf dem Mond wurde real, was bis dahin nur reine Spekulation war. Um es mit Husserls Worten zu sagen: »*Wenn ich nun die Erde als bewegten Körper ›denke‹ – dann brauchte ich, um sie als das, ja überhaupt als einen Körper denken zu können, im ursprünglichsten Sinne, d.h. für sie eine mögliche Anschauung gewinnen zu können, in der ihre Möglichkeit des Seins als ein Körper direkt evident werden kann, einen Boden, auf den alle Körpererfahrung, und damit alle Erfahrung von verharrendem Sein in Ruhe und Bewegung bezogen ist*«.[299] Aber »*Solange ich keine Vorstellung habe von einem neuen Boden, als einem solchen, von wo aus die Erde im zusammenhängenden und in sich zurückführenden Gehen als ein geschlossener Körper in Bewegung und Ruhe Sinn haben kann, und solange ich keine Vorstellung gewinne von einem Austausch der Böden und einem dadurch zum Körper Werden beider Böden, solange ist eben die Erde selbst Boden, aber kein Körper*«.[300]

Und das ist exakt was geschah als der Mensch den Boden des Mondes betrat. Nun war es möglich, wie auf der Erde, auf den Boden des Mondes zu treten und dort zu laufen und damit die Erfahrung

---

298 Weitere Informationen zu Blumenbergs astronoetischer Glosse zum Mond siehe *Die Vollzähligkeit der Sterne* [1997], besonders »Unter dem Mond« (*VS* VI) und »Mondphysik« (*VS* XIX). Siehe auch »Was die Mondlandung brachte« (*VS 419*), mit Fokus auf die Cassirer und die Mystifikation der menschlichen Mondlandung.
299 Husserl, *Die Ur-Arche Erde bewegt sich nicht, op. cit.*, S. 312.
300 *Ibid.*, S. 313.

des Horizonts zu erweitern nur um den Körper der Erde vom Mond aus am Himmel aufgehen zu sehen. Am lunaren Horizont hatte die effektive Integration der terrestrischen Lebenswelt nun als halluzinierte Erweiterung der lunaren Lebenswelt, tatsächlich stattgefunden. Oder nach Aristoteles: Die Unterscheidung zwischen sublunaren und supralunaren Welten wurde verwandelt in die Unterscheidung zwischen subirdischen und suprairdischen Welten. Wenn der kopernikanische konzeptuelle Wandel daraus bestanden hatte sich einen Beobachter auf der Sonne vorzustellen, der die Erde am Horizont aufgehen ›sieht‹, konnte Armstrong die Erde tatsächlich vom Mond aus am lunaren Horizont aufgehen sehen.[301] Somit machte der erste Mensch auf dem Mond die vorübergehende Überwindung der Erde als exklusive Lebensunterstützung möglich, eine komplette Externalisierung der terrestrischen Lebenswelt, die einen astronoetischen Prozess der Integration kosmologischer Horizonte angestoßen hatte. Hier möchte ich gerne betonen, dass die Mondlandung und die darauffolgenden astronoetischen Nachforschungen eine faktische Änderung beinhalten *»in der ursprünglich anschaulichen Funktion der Erde als ›Boden‹«*[302] und entsprechend eine erstaunliche kosmologische Phänomenologie der Lebenswelt als viertes Stadium der Entstehung des Erden-Sinns einführten.

Die astronoetische Glosse als kosmologische Phänomenologie der Lebenswelt

Mein Ziel ist es folglich Blumenbergs Phänomenologie der Lebenswelt als ein Kapitel der Astronoetik zu interpretieren. In anderen Worten: In der Astronoetik können wir die Kontur einer kosmologischen Phänomenologie der Lebenswelt erkennen. Entsprechend können die »astronoetischen Glossen«, die posthum in *Die Vollzähligkeit der Sterne* [1997] zusammengetragen wurden, nicht nur als »phänomenologische Glossen« verstanden werden, sondern auch als »astronoetische Glossen für eine kosmologische Phänomenologie der Lebenswelt«. Aus dieser Perspektive dürfen Blumenbergs Ergänzungen zu Husserls Phänomenologie der Lebenswelt als eine

301 José Luis Montesinos, »Husserl, 1934: La Tierra no se mueve«, Fundación Canaria Orotava de Historia de la Ciencia, 2010, S. 23.
302 Husserl, *Die Ur-Arche Erde bewegt sich nicht, op. cit.*, S. 309.

Art »astronoetische Phänomenologie« betrachtet werden, die eine Grundlage für eine »phänomenologische Anthropologie des Kosmos« bietet. Darin liegt der spekulative Kern von Blumenbergs Gedanken zum zeitgenössischen Universum, in der dreifachen Konvergenz von Astronoetik, Phänomenologie und Anthropologie. Meiner Meinung nach ist die Zuspitzung von Blumenbergs Arbeit zum Konzept der »Lebenswelt« – in Übereinstimmung mit der historischen Verschiebung der astronomischen Erfahrung, die im zwanzigsten Jahrhundert geschehen war – die Entstehung der astronoetischen Lebenswelt.

Der kosmologische Horizont und der Erdboden der Lebenswelt: Die astronoetische Lebenswelt

Eine astronoetische Phänomenologie sollte sich mit der Einkapselung der Lebenswelt aus kosmologischer Perspektive befassen. Blumenberg stellt einen Bezug her zur möglichen Proliferation des Lebens im Universum als eine Art »organischer Expansionismus«, der Schutz und Deckung benötigt: »*Das Leben geht in den Raum mit seinen Gehäusen*« (*VS* 82). In der astronoetischen Glosse »Der Lebensweltboden – eine treibende Scholle« (*VS* 533), betont Blumenberg auch das menschliche Bedürfnis danach, einen Erdboden zu haben. Die Festigkeit und Zuverlässigkeit des Bodens unter den Füßen ist ein Grundbedürfnis für menschliches Leben: »*Alle Weltabenteuer des Menschen setzen voraus, dass er sich immer wieder und irgendwann wieder auf ein Stück festen Bodens stellen kann*« (*VS* 482). Es ist eben jene Annahme, die »[...] *für die Festigkeit und Zuverlässigkeit des Bodens unter seinen Füssen immer schon voraussetzte. An diesem Punkt hat die phänomenologische Theorie der Lebenswelt angesetzt und widerentdeckt, wie wenig das Wissen, das der Mensch von seiner Welt erworben hat, sich verträgt mit dem unmittelbaren und lebensweltlichen Bewusstsein, das er von den Bedingungen seines Lebens besitzt und gar nicht preisgeben kann. Die Theorie der Lebenswelt ist immer auch eine von der geringen Eindringtiefe der Theorie in das Bewusstsein*« (*VS* 482).[303] Aus dieser Perspektive zeigt die Astronoetik, als eine

[303] Die Fortführung dieses Abschnitts ist von großem Interesse: »*Seine Rückkehrfähigkeit wird bestärkt dadurch, dass alle irgend bekannten Ziele im Weltall keine Daueraufenthalte sein können, weil sie dem Menschen zu langweilig wären. Für den Differenzierungsgrad der menschlichen Sinnlichkeit und die Leistungsfähigkeit der Sprache*

kosmologische Phänomenologie der Lebenswelt, sowohl die eigenartige Einkapselung der Lebenswelt als auch ihre wesentliche Fragilität, die Angreifbarkeit der Bedingungen die Leben unterstützen und eine solche Einkapselung möglich machen. Die wichtigste Errungenschaft der astronoetischen Phänomenologie besteht also daraus, den faktischen Austausch des erlebten Erdbodens als normativer Fakt der menschlichen Existenz unter Neubetrachtung ihres kosmischen Hintergrunds anzuerkennen. Nach dem ursprünglich astronoetischen *factum brutum* – auf einem Boden zu gehen, der nicht der terrestrische ist – folgt sie der ursprünglichen Basis der astronoetischen Lebenswelt, die von der Realität neuer Körper und neuer Erdböden ausgeht. Also dem kosmologischen Austausch der erlebten Erdböden und folglich der möglichen Integration ihrer Horizonte innerhalb einer neuen Synthese.

Dennoch enthüllte die Raumfahrt die Einzigartigkeit der Erde als kosmische Oase für das Leben und setzte eine unerwartete Erneuerung des Geozentrismus durch, die Blumenberg durch die Begriffe »Geotropismus« oder »geotrope Astronautik« konzeptualisierte.[304] Allerdings ist der Geotropismus primär die Inklusion des kosmischen Horizonts in die terrestrische Lebenswelt und basiert eben auf dem Austausch kosmologischer Erfahrungsböden. Vielleicht finden wir genau hier die beste Definition für die astronoetische Lebenswelt: Die Erholung der erweiterten terrestrischen Lebenswelt durch die Einführung kosmologischer Horizonte und Erdböden.

Zu einer astronoetischen Lebenswelt-Analyse: Die phänomenologische Anthropologie des Kosmos

Das Programm einer phänomenologischen Analyse der Lebenswelt aus einer kosmologischen Perspektive sollte sich außerdem mit der historischen Entwicklung der menschlichen Neugier befassen, sowie deren Projektion auf das Universum und das daraus resultierende

sind die kosmischen Gegenstände einfach zu öde, zu kompakt, zu eintönig, zu unergiebig. Die Sinnlichkeit des Menschen ist nicht zu arm, wie die Aufklärung gern vermutete, sondern zu reich, um an den kosmischen Gegenständen Befriedigung zu finden. Die astronautische Geotropie ist auch ein rein seinsorisches Phänomen« (*VS 482*).

304 Lesende können eine Übersicht des Geotropismus finden unter E. Mazzi, »De la tierra al cielo y regreso«, *op. cit.*

Überwinden der terrestrischen Lebenswelt. In dieser Hinsicht ist es möglich, nicht nur die Hauptthemen aus Blumenbergs astronoetischen Glossen zu prüfen, sondern auch die seiner späteren phänomenologischen Anthropologie. Einfach gesagt könnte uns eine »*Phänomenologie des theoretischen Verhaltens*« (*TLW 174; 438*) aus einer kosmologischen Perspektive dabei helfen zu erklären, dass beispielsweise »*seine auffälligste Spur auf dem Boden des Mondes das Zeichen seines Willens zur Heimkehr ist – der Beweis dafür, dass nach ihm dort nicht gesucht zu werden braucht, dass er nicht mehr dort ist*« (*MvM 113*).[305] Allerdings ist nach Blumenbergs Lehre die letztendliche Basis der Sorge um die Himmelskörper schlicht menschliche Selbsterhaltung. Phänomenologische Anthropologie zeigt, dass Neugier eine Quelle der Rationalität ist, die auf die menschliche Selbsterhaltung zielt und daher gleiches angenommen werden kann für die Neugier, die sich speziell auf das umgebende Universum richtet. Die astronoetische Lebenswelt ist nichts anderes als die Ausdehnung des Horizonts durch die »*Integration des Unbekannten*« (*TLW* 55), welche die Offensichtlichkeit der terrestrischen Lebenswelt durchbrach um das Universum als eine herausfordernde »*konstruktive Beschreibung des Uneinsehbaren*« (*TLW* I2) zu entdecken. Es ist also nicht richtig, wie Blumenberg aufzeigt, zu sagen »*dass der Mensch sich im Weltall genauso benehmen würde, als ob er zuhause wäre. Das nämlich war das Einzige, was er nicht war*« (*MvM 113*). Darum kann die astronoetische Phänomenologie die Eigenheiten der terrestrischen Lebenswelt aufdecken und auf einer kosmologischen Hermeneutik der Faktizität kollaborieren; weil sie die Inkonsistenz und Ungewissheit der Grenzen des Horizonts der terrestrischen Lebenswelt aufzeigt. In diesem Sinne stellt sich das Universum als die Dimension dar, in der beinahe alles begreifbar ist und folglich unaufhörlich den Horizont der Lebenswelt erweitern kann.[306] Entsprechend kann ich das Leitmotiv der astronoetischen Phänomenologie der Lebenswelt in der folgenden Frage an das Universum sehen: »*Genau wie bei uns – oder ganz anders?*« (*VS* XIII). Es ist wohl bekannt, dass Blumenberg in *Die Vollzähligkeit der Sterne* dieses Thema mit extraterrestrischer

---

305 Siehe beispielsweise Blumenbergs »Stern ohne Neugierde« (*VS* 349); »Raumlust – Vor dem Abheben« (*VS* VIII). Es gibt zum Thema eine Übersicht unter B. Accarino, »Vestigium umbra non facit«, *op. cit.*

306 »*Was wirklich ist, ist möglich; und was möglich ist, ist auch hierorts möglich. Das ist schon die halbe Astronoetik*« (*VS 337*).

Kommunikation,[307] mit dem Zusammentreffen auf »*andere Andere*«, mit dem Problem der Intersubjektivität[308] und mit dem kosmologischen Status der Vernunft verknüpft hat.[309] Ich würde gerne auch die Schlüsselthematik der »*genetischen Phänomenologie der Weltzeit*« (*LW 295–312*) ergänzen in Beziehung zur Zeit der Lebenswelt. All das macht, kurz gesagt, den Kern einer phänomenologischen Anthropologie des Kosmos aus und konzentriert sich auf »*die Verbindung von Kosmologie und Anthropologie*« (*BdM 537*).[310] Ohne auf all diese komplexen Themen[311] genauer einzugehen, möchte ich gerne darauf hinweisen – als vorläufige Schlussfolgerung – dass die astronoetische Analyse der Lebenswelt den Menschen zunächst einmal in ein »Zoon astronomikon« verwandelt.

---

307 »Auf Sendung und auf Empfang« (*VS IV*).

308 »Hoffnung auf andere Andere ohne Furcht vor ihnen?« (*VS* 156). Siehe auch »Mit geschlossenem Visier« (*VS 474*) und »Unverwehbare Spuren« (*VS 484*).

309 »Im Zentrum der Vernunft« (*VS* XX).

310 Die Ausweitung der Anthropogenese auf die Astronoetik spielt eine vorherrschende Rolle in Blumenbergs anthropologischen Überlegungen aus einer kosmologischen Perspektive. Bruno Accarino fast seine Einsichten in seinem »Vestigium umbra non facit«, *op. cit.* in den folgenden Worten zusammen: Blumenberg »*se si traspone nell'universo la situazione originaria degli incontri tra uomini primitivi nella libera savana e il loro significato per la vita e per la morte*«.

311 Weitere Informationen siehe die bereits erwähnten Arbeiten von B. Accarino und E. Mazzi.

Ausblick für eine Metaphorologie des Gegenwärtigen Universums

»Vielleicht muss in einem Zeitalter, dessen Grösse wie Gefährdung auf Erfahrungserkenntnis zurückgehen, der Metaphysiker im Gewande des Empirikers auftreten. Spekulation, einst die höchste Aufzeichnung der Geister, geniesst kein Zutrauen mehr; die exakte Beschreibung legitimiert allein die Erkenntnis«.

(Hans Blumenberg, *Der Mann vom Mond*)

»Metaphysik erwies sich uns oft als beim Wort genommene Metaphorik; der Schwund der Metaphysik ruft die Metaphorik wieder an ihren Platz«.

(Hans Blumenberg, *Paradigmen zu einer Metaphorologie*)

Die kosmologische Umbesetzung der Metaphysik

Was geschah mit der Erhabenheit der Metaphysik? Die Geschichte der Metaphysik erhielt tatsächlich sämtliche Stigmata einer dubiosen Tradition. Ihre abgeschnittene Bestrebung eine ultimative Bedeutung der Realität anzubieten und einen definitiven und überzeugenden Diskurs einzuführen, der die Erklärung für alle fundamentalen Fragen liefert, wird oft als Beispiel für Abweichungen angeführt, die durch philosophische Nachforschungen entstehen. So wurde die Geschichte der Metaphysik eine der traurigsten Erzählungen über das Irren und die Fehler der menschlichen Vernunft. Ohne die Intensität ihrer Behauptungen jedoch zu verringern, setzte die nun stigmatisierte Metaphysik ein neues Gesicht auf und sah sich nach anderen Orten um, an denen sie ihrer Aufgabe nachgehen konnte. Und so *versteckte* sie sich in den ruhigen Gewässern der kosmologischen Spekulation. Während die letzten großen Metaphysiker sich eitel dem ehrgeizigen Projekt der Erneuerung der fundamentalen philosophischen Ontologie[312] widmeten, wurden die Kosmologen, manchmal mit Diskretion und manchmal mit viel Lärm, die wahren Erben der jahrtausend-Aufgabe des Verstehens der Realität. Die physikalische Kosmologie stellte ein neues, großes Narrativ über die Natur der Welt und ihrer Genese vor, in der die größten philosophischen Spekulationen durch die höchsten astronomischen und kosmologischen Spekulationen[313] ersetzt wurden. Mit dem Siegeszug der Kosmologie als wissenschaftliche Disziplin, wurden die Riesen der Wissenschaft auch in die Riesen der Metaphysik verwandelt, auf deren Schultern andere stehen wollten, um die Grenzen der Welt sehen zu können.[314]

Mit der stets wachsenden Anzahl an siderischen Boten stieg proportional auch der »*Hunger nach kosmischer Zeugenschaft*« (*VS 140*). Unter diesen neuen Stern-Boten ist Stephen Hawking der vielleicht namhafteste (und gewiss medial bekannteste).[315] Viele weitere könnten genannt werden, aber Hawking verkörpert wie kein anderer die Bereitschaft, sowohl ein solcher Bote, als auch ein Riese der wissenschaftlichen Metaphysik zu sein.[316] Er schrieb erfolgreich Sternenboten und schlug Spekulationen um astronomische Hypothesen vor, ohne sich in etwas zu verstricken, das Blumenberg »*die Welträtsel und die Selbstüberschätzung ihrer Löser*« (*VS 278–80*) nennt. Unter großen Anstrengungen erarbeitete Hawking neue kosmologische Wahrheiten. Trotz des Unbehagens, das seine beliebten Bücher auch heute in der wissenschaftlichen Gesellschaft auslösen, ist Hawking ein paradigmatischer Fall, der sich sowohl in die riskante Willkür der astro-

---

312 Blumenberg gibt die heitere Anekdote von Heidegger und dem Bienenstich wieder (*MvM 92–3*). Während Heidegger die Grundlage fehlte, auf der er *seinem* Stich eine derart gewichtige Bedeutung geben konnte, hatte die Kosmologie schon immer mehr als genug Gründe und ausreichend Legitimität für einen solchen Anspruch.

313 Helge Kragh, *Higher Speculations. Grand Theories and Failed Revolutions in Physics and Cosmology*, Oxford University Press, 2011.

314 Blumenberg führte dies bereits hinsichtlich moderner Wissenschaft an: »*Newtons Universum mechanischer Gravitation wurde alsbald zum Leitschema* […]. *Dies alles fixiert die geschichtlich folgenreiche Erscheinung, dass die Philosophen begannen, den Naturforschern über die Schulter zu spähen, um an ihren Modellen metaphysische Leitbilder zu gewinnen*« (*WW 71*).

315 Michael White und John Gribbin, *Stephen Hawking. A Life in Science*, Viking, New York, 1992. Ich werde mich in Kapitel 7 mit Blumenberg und Hawking befassen.

316 Stephen Hawking, *On the Shoulders of Giants: The Great Works of Physics and Astronomy*, Running Press, Philadelphia, 2002, S. IX: »*Wenn ich weiter gesehen habe dann nur, weil ich auf den Schultern von Riesen stand*« schrieb Isaac Newton in einem Brief an Robert Hooke im Jahr 1976. Es ist bekannt, dass Pierre Fermat und Isaac Barrow diese Riesen für Newton waren.

nomischen Spekulation als auch in den metaphysischen *Impetus* der gegenwärtigen physikalischen Kosmologie begibt. Ersteres ist ein Merkmal der Geschichte der Metaphysik, während zweiteres ein weiterer Beweis für die kosmologische Umbesetzung der Metaphysik darstellt. Das metaphysische Schicksal der zeitgenössischen Kosmologie verwandelte den »*astronomischen Wirklichkeitsbegriff*« (*Lt* 24 ff) in das ultimative Konzept jeglicher Realität.

Meiner Ansicht nach begann die kosmologische Umbesetzung der Metaphysik mit Einsteins relativistischer Kosmologie, die ein großartiger neuer Nährboden für wissenschaftliche Spekulation war und auf der physikalisch-mathematischen Darstellung einer »großangelegten Struktur« des Universums basierte.[317] Eine Repräsentation in der der »metaphysische *Ethos*« der relativistischen Kosmologie eigenartig gegen Einsteins anti-eschatologischen *Pathos* kontrastiert wird.[318] Die Transformation der relativistischen Kosmologie in eine evolutionäre Kosmologie, unter anderem durch Friedmann und Lemaître,[319] steigerte die Effizienz der wissenschaftlichen Kosmologie bei der Erstellung von Darstellungen des gesamten Universums

---

317 Nach meinem Wissen war Einstein der erste, der diesen Ausdruck in seinen bekannten »Kosmologische[n] Betrachtungen zur allgemeinen Relativitätstheorie«, *Preußische Akademie der Wissenschaften, Sitzungsberichte*, 1917, S. 142–152. Siehe auch die Klassiker Stephen Hawking und George Ellis, *The Large Scale Structure of Spacetime*, Cambridge University Press, 1973; und Phillip James Edwin Peebles, *Large-Scale Structure of the Universe*, Princeton University Press, 1980.

318 Weitere Informationen in Kapitel 6 »Kosmologische Apokalypse«.

319 *Ibid*. Siehe auch Georg Singer, »Die Kontroverse zwischen Alexander Friedmann und Albert Einstein um die Möglichkeit einer nichtstatischen Welt«, in: Hilmar W. Duerbeck und Wolfgang R. Dick (Hsg.), *Einsteins Kosmos. Untersuchungen zur Geschichte der Kosmologie, Relativitätstheorie und zu Einsteins Wirken und Nachwirken*, Verlag Harri Deutsch, Frankfurt am Main, 2005, S. 142–61; Kurt Roessler, »Georges Lemaître, das expandierende Universum und die kosmologische Konstante«, in: *ibid*, S. 162–85. Es wurde von Jean-Pierre Luminet wie folgt beschrieben: »*Einstein a crée la théorie de la relativité générale et écrit les équations gouvernant les propriétés physico-géométriques de l'Univers; Friedmann a découvert les solutions non statiques de ces équations, décrivant la variation temporelle de l'espace, et entrevu son possible commencement dans un singularité; Lemaître a relié l'expansion théorique de l'espace au mouvement observé des galaxies, jeté les bases physiques du Big Bang et anticipé le rôle fondamental joué par la mécanique quantique et l'énergie du vide; Gamow a montré comment les éléments légers se sont formés dans l'Univers chaud des origines, et prédit l'existence du rayonnement fossile; Hubble, enfin, a prouvé la nature extragalactique des nébuleuses spirales, et assis expérimentalement la loi de proportionnalité entre leur vitesse de récession et leur distance*«. J.-P. Luminet, *L'invention du Big Bang* [1997], Éditions du Seuil, Paris, 2004, S. 21.

und trägt so zum Prozess der kosmologischen Umbesetzung der Metaphysik bei. Während die Relativitätstheorie eine Beschreibung der großangelegten Struktur des Universums ermöglicht, bietet die daraus resultierende evolutionäre Kosmologie das mythische Bild eines Kosmos, der als gesamtes aus einem initialen Moment entstanden ist.[320] Es ist folglich nicht überraschend, dass die »*kosmologische Metaphysik*« (*kW 17*) in einer neuen Episode der Weltformel und der großen vereinheitlichenden Theorie beheimatet ist; zu letzterer wollte Einstein[321] mit »*einer vollständigen, konsistenten, vereinheitlichenden Theorie in der alle physikalischen Interaktionen als eine Reihe von Gleichungen beschrieben sind*« beitragen.[322] Die vollständige Analyse dieser und anderer Themen hinsichtlich zeitgenössischer physikalischer Kosmologie wäre sehr komplex und würde die Zielsetzung dieses Kapitels bei weitem überschreiten. Viel bescheidener möchte ich hier lediglich Belege für eine kosmologische Umbesetzung der Metaphysik durch den Einsatz von Metaphern in der zeitgenössischen physikalischen Kosmologie herausarbeiten.

---

320 Es wurde von Étienne Klein wie folgt beschrieben: »*Au cours des années 1930, des physiciens rigoureux ont établi que l'univers lui-même, l'objet univers avait lui aussi une histoire.* […] *L'univers est bel et bien un objet physique, conceptuellement saisissable en tant que tel, et il a une histoire propre qui ne se réduit pas à celle de ses constituants*«. Étienne Klein, *Discours sur l'origine de l'univers*, Flammarion, Paris, 2010, S. 27. Auf S. 30: »*C'est seulement depuis le début du XXe siècle, depuis qu'elle dispose d'un cadre relativiste, que la physique a pu vraiment se saisir, de façon* cohérente, *de l'univers en tant que tel, et que la question de son origine a été posée au sein même du corpus théorique*«. Zur Transformation des »Universums« in ein wissenschaftliches Objekt nach der Relativitätstheorie, siehe *ibid*, S. 30 ff.

321 Siehe zum Beispiel Jordi Cepa, *Cosmología física*, Ediciones Akal, Barcelona, 2007, S. 274–80.

322 M. White und J. Gribbin, *Stephen Hawking, op. cit.*, S. 253. Es ist möglich die kosmologische Umbesetzung der Metaphysik in den Spekulationen zur Konstanten der Natur zu erkennen. Wir können also die Entschlossenheit physikalischer und astrophysikalischer Konstanten (also die Entschlossenheit kosmologischer Parameter) als eine Schlüsseldimension der kosmologischen Metaphysik. Zum Beispiel fragt Artur D. Chernin: »*Warum haben die physikalischen Konstanten diese numerischen Werte und keine anderen? Die Antwort auf diese Frage existiert noch nicht. Aber wenn ihre Werte auch nur geringfähig von den bekannten Werten abwichen, sähe die physikalische Welt katastrophal anders aus*«. Artur D. Chernín, *La naturaleza física de las estrellas* [1984], Editorial URSS, 2002, S. 223–4. Meine Übersetzung. Zu den Konstanten der Natur siehe auch Helge Kragh, *Higher Speculations, op. cit.*, S. 167–92.

Metaphorologie des zeitgenössischen Universums als metaphysisches Essay

Eine evolutionäre kosmologische Metaphorik

In seiner bahnbrechenden Arbeit zu Metaphorologie »Licht als Metapher der Wahrheit. Im Vorfeld der philosophischen Begriffsbildung« [1957] (*LaM 432–47*) argumentiert Blumenberg, dass metaphysische Kategorien sowohl Bezug zu Metaphern als auch zu Mythen haben. Meiner Meinung nach ist ein beispielhafter Fall in dieser Hinsicht in der physikalischen Kosmologie und der zeitgenössischen Kosmogonie zu finden, die vorherrschende Metaphorik stellt ein evolutionäres Universum dar. Im Speziellen das Standardmodell der Kosmologie[323] enthält was ich »evolutionäre kosmologische Metaphern« nenne, die eng mit den neuen metaphorisch-kosmologischen Mythen vom Anfang und Ende des Universums verbunden sind. Die wissenschaftliche und mythologische »zeitgenössische Kosmogonie«, oder »moderne Kosmogonie« beschreiben sogleich die Formation des Universums, einschließlich des Ursprungs und der folgenden Transformation der Himmelskörper und deren Ordnung in Planetensysteme, Sterne, Galaxien und Galaxienhaufen und Superhaufen.[324]

---

323 Eine kurze Beschreibung des Standardmodells findet sich unter Erhard Scholz, »The Standard Model of Contemporary Cosmology«, in: Jürgen Renn (Hg.), *Albert Einstein. Chief Engineer of the Universe. One Hundred Authors for Einstein*, WILEY-VCH, Berlin, 2005, S. 388–93. Siehe auch Jordi Cepa, *Cosmología física, op. cit.*, S. 176 ff.

324 Siehe zum Beispiel, E. A. Parshakov, *A Theory of the Origin and Development of the Solar System*, Editorial URSS, 2007, S. 5; Artur D. Chernín, *La naturaleza física, op. cit.* S. 26. So wurde es wie folgt von Jean-Pierre Luminet beschrieben: »*l'ambition de la cosmologie est* [...] *l'évolution et le destin de l'Univers dans son ensemble. Au-delà des mythes et élucubrations que l'homme s'est toujours forgés pour construire un Univers compréhensible et rassurant, le cosmologiste moderne dispose de faits observationnels qui, moyennant des interprétations cohérentes avec les acquis de la physique théorique, lui permettent de reconstituer l'histoire passée de l'Univers et de calculer son futur. La fuite des galaxies, l'abondance relative des éléments légers (hydrogène, deutérium, hélium, qui ne se sont pas formés dans les étoiles) et la détection d'un rayonnement cosmologique uniforme sont autant d'indices suggérant que l'Univers est en expansion depuis 14 milliards d'années à partir d'une phase très condensée et très chaude, le Big bang*«. J.-P. Luminet, *Le Destin de l'Univers. Trous noirs et énergie sombre* [2006], tome II, Gallimard, Paris, 2010, S. 780–1.

Wie jede andere Kosmogonie, strukturiert sich auch die zeitgenössische Kosmogonie durch die »*kosmogonische Entwicklungsidee*« (*VS 279*), also die Distanz zum Ursprung. Nach dem neuen wissenschaftlich-kosmogonischen Mythos des Ursprungs wird angenommen, dass »*kosmologische Modelle der Welt-entstehung retrokonvergierend geworden sind: nach rückwärts auf einen Nullpunkt in Raum und Zeit, auf ein Quasinull der Weltmaterie* verweisen. *Ein Anfang also schon, seit es die Flucht der Galaxien und die kosmische Hintergrundstrahlung von 3° Kelvin* [sic] *gibt – aber kein Anfang, an dem etwas* geschaffen *worden wäre*« (*PsM 83*).[325] Entsprechend besagt der neue Mythos das Endes des Universums, oder besser gesagt der neue wissenschaftliche Mythos des Endes, der »*Untergang ist von allem Anfang an der Preis für seinen Ursprung*« (*VS 93*).[326] Es ist also nicht überraschend, dass die zeitgenössische Kosmogonie absolute kosmogonische Mythen und Metaphern von Anfang und Ende hervorgebracht hat, um sich mit dem Problem der Unbegrifflichkeit auseinanderzusetzen. Vor allem unter den Mythen um den Ursprung und das Ende des Universums hat die zeitgenössische Kosmologie eine dichte organizistisch-biologische Metaphorik gebildet, um die Entstehung und Entwicklung des Universums zu konzipieren, in dem die Metaphorik zu Geburt und Alter des Universums besonders dominant ist.

Die Geburt des Universums: Die Leere, die Singularität und die Mauer

George Lemaître bot die Metapher der »Quantengeburt des Universums«[327] an, die sich später in der Urknalltheorie und im Standardmodell moderner Kosmologie wiederfand. Es ist bekannt, dass Lemaître eine kosmogonische Hypothese aufstellte, nach der das Universum

325 Zu den Anfangsmythen siehe Étienne Klein, *Discours sur l'origine, op. cit.*, S. 19–21.

326 Hier bezieht sich Blumenberg klar auf Anaximanders bekannten Satz.

327 Georges Lemaître, »The Beginning of the World from the Point of View of Quantum Theory«, *Nature*, vol. 127, S. 706 (9 mai 1931); G. Lemaître, »L'hypothèse de l'atome primitif«, *Actes de la Société helvétique des sciences naturelles*, 1945, S. 77–96, veröffentlicht unter: Jean-Pierre Luminet, *L'invention, op. cit.*, S. 203–226. Siehe auch G. Lemaître, *L'Hypothèse de l'atome primitif: essai de cosmogonie*, Neuchâtel et Bruxelles, 1946. Weitere Informationen unter J.-P. Luminet, *L'invention, op. cit.*, S. 127.

aus den Folgen der Fragmentierung eines ursprünglichen *Quantums* entstanden ist, das er das »Uratom« nannte: »*Si nous remontons le cours du temps, nous devons trouver toujours moins de quanta, jusqu'à ce que nous trouvions toute l'énergie de l'Univers concentrée en un petit nombre, ou même, en un seul* quantum«.[328] Lemaître betrachtete die fortschreitende Fragmentierung dieses Ur-Quantums als desintegrativen Prozess, vergleichbar mit dem von radioaktiven Substanzen. Er stellte die Idee eines sich konstant entwickelnden Universums vor, durch eine Kette aufeinanderfolgender Phasen der Transformation: »*La totalité de la matière dans l'Univers doit avoir été présente dès le commencement, mais l'histoire qu'elle nous raconte peut être écrite étape par étape*«. Er fügte allerdings hinzu: »*il n'est pas nécessaire que l'histoire entière de l'Univers ait été inscrite dans le premier* quantum, *comme une mélodie sur le disque d'un phonographe*«.[329] In dieser Doppel-Metapher des Uratoms und der Quantengeburt des Universums schlägt Lemaître symbolisch die Konvergenz von Atomphysik, Forschung zu Radioaktivität, der sich damals abzeichnenden Quantenmechanik und beobachtenden Astronomie vor, um ein Bild eines Kosmos zu zeichnen, dessen Anfänge sich stark von seinem aktuellen Zustand unterscheiden und von dem weitere Entwicklung zu erwarten wäre. Außerdem konnte sich diese Metaphorik sowohl mit der großangelegten Struktur des Universums als auch mit den kleineren Strukturen befassen. Entsprechend hätten Atome und Nebel einen gemeinsamen außergewöhnlichen und feststellbaren Ursprung.

Lemaître gilt noch immer als einer der Begründer der Urknalltheorie und seine Metapher der Geburt des Universums war untrennbar mit dem »*kosmologischen Argument aus der Instabilität des Nichts*« (*VS 289*) verbunden. Zudem beinhaltete Lemaîtres Kosmogonie auch die metaphorische Tradition der »Anfangssingularität«, oder »kosmologischen Singularität«, die sich auf das »Quantenvakuum«[330]

---

[328] Georges Lemaître, »L'expansion de l'espace«, *Revue des questions scientifiques,* November 1931: [50e année, 4e série, t. XX, 1931, S. 391–410, veröffentlicht unter: J.-P. Luminet, *L'invention, op. cit.,* S. 129 ff.

[329] *Ibid.*

[330] É. Klein, *Discours sur l'origine, op. cit.,* S. 93: »*un océan rempli de particules virtuelles capables, dans certaines circonstances, d'accéder à l'existence. Le vide apparaît ainsi comme l'état de base de la matière, celui qui contient sa potentialité d'existence et dont elle émerge sans jamais couper son cordon ombilical. La matière et le vide quantique sont de fait liés de façon insécable*«. Weitere Informationen auf S. 90–91. Es wurde von J.-P. Luminet in den folgenden Worten beschrieben: »*le vide quantique n'est pas le néant;*

bezieht welches das Universum selbst als eine Art »*Wunde des Nichts*« (*TdU 82*) hergestellt hätte; eine »*reine Kontingenz*« (*VS 291*),[331] die in der »*Episode einer Weltexpansion*« (*VS 290*)[332] endete. Das »Meer der Potentialitäten«[333] im Konzept des Quantenvakuums und der Positivität seiner Fluktuationen brachten die kosmologische Anfangssingularität hervor, dessen dynamischer Antigravitations-Effekt – eine abstoßende Kraft – die kosmische Ausdehnung verursachte.[334] Diese Überlappung absoluter Metaphern zeigt auch das schwierige Verhältnis zwischen Quantenphysik und Relativitätstheorie auf und das Problem der Findung einer validen, vereinheitlichenden Theorie, also einer relativistischen Quantentheorie.

---

il doit être pensé comme une mer fluctuante d'où peu venté merger et disparaître des particules virtuelles. La caractéristique principale de cet état est d'être celui d'énergie minimale«. J.-P. Luminet, *Le Destin*, tome II, *op. cit.*, S. 801; auf S. 803: »*En mécanique quantique, le vide est défini comme l'état d'énergie minimale d'un système physique*«; auf S. 804: »*représentons le vide comme une mer agitée de clapotis; des vaguelettes naissent à la surface, mais toujours de sorte que le niveau moyen de la mer reste le même*«. Siehe auch A. D. Chernín, *La naturaleza física, op. cit.*, S. 226.

331 Blumenberg fügte hinzu: »*Etwas aus Nichts (oder: fast Nichts) zu machen, hat nun einmal das immanente Risiko der Unvorhersehbarkeit dessen, was damit verbunden ist*« (*MvM 82*); »*das Nichtige muss bis zur extremen Konsequenz des reinen Nichts forciert werden, um es schliesslich* über die Linie *zu zwingen, auf der es in das Sein umschlägt*« (*MvM 27*). Die »Singularität« beschreibt Blumenberg wie folgt: »*Singularität: das Mögliche, wenn nicht alles möglich sein darf*« (*GlF 130*); »[...] *einer Anomalie des Nichts, die Kosmogonie auf seiner Pathologie*«; »*seiner nackten Existenz*« (*VS 291*). Es wurde von S. Hawking wie folgt beschrieben: »*Man kann nicht vorhersagen, was aus der Singularität entstehen würde.* [...] *Was bedeutet, dass man alle Ereignisse vor dem Urknall außen vor lassen kann, weil sie keine Auswirkungen auf das haben können, was wir sehen*«. S. W. Hawking, *The Theory of Everything. The Origin and Fate of the Universe* [1996], Phoenix Books, Beverly Hills, 2005, S. 85.

332 In eben jenem Abschnitt bezieht sich Blumenberg auf die Singularität (*VS 290; 272*). Zur Ausdehnung des Universums siehe (*VS 272*). Zu Singularität und die Anfänge der Expansion siehe Mijaíl V. Sazhin, *Cosmología moderna* [2002], Spanische Übersetzung von Aldo L. Malca, Editorial URSS, Moscú, 2005, S. 63–4.

333 »*Wir wissen nicht, wie das Universum begann. Die Wissenschaft kann uns nur sagen, dass es sich selbst geschaffen hat, aus einem Meer an Potentialitäten, das wir das ›Quantenvakuum‹ nennen, dessen Beschaffenheit wir nicht vollständig begreifen*«. Jordi Cepa, *Cosmología física, op. cit.*, S. 269. Meine Übersetzung.

334 »*Quantenfluktuationen im Vakuum, die üblicherweise nur in mikroskopischem Ausmaß vorkommen, nehmen im sich ausdehnenden Universum rapide an Länge und Breite zu und werden signifikante Fluktuationen aus einem kosmologischen Blickpunkt. Aus diesem Grund können wir sagen, dass die Galaxienhaufen und die Galaxien selbst makroskopische Manifestationen von Quantenfluktuationen sind*«. Mijaíl V. Sazhin, *Cosmología moderna, op. cit.*, S. 161. Meine Übersetzung.

Ich denke, dies ist ein bemerkenswerter Fall des Überkommens einer Unbegrifflichkeit durch Metaphorik: »*Wir wissen, dass unser Universum aus einer Singularität geboren wurde*«.[335] Die »Singularität«, ein physikalisch-mathematisches Konzept, wurde durch Lemaîtres Beiträge tatsächlich in eine kosmologische Metapher verwandelt.[336]

Allerdings hatte Einstein bereits mit dem Problem der Singularitäten in der Formulierung der klassischen relativistischen Kosmologie[337] zu tun, denn das Problem wurde von der newtonschen Gravitationstheorie weitergegeben, als Ergebnis der hypothetischen Überlappung sukzessiver Massen, die Punkte endloser Gravitationsdichte hervorbringen würde.[338] Lemaître bewies, dass die Produktion von Singularitäten ein unvermeidliches Ergebnis der allgemeinen Relativität[339] war und ernannte die Singularität zur ontologischen Metapher, um den Ursprung des Universums zu beschreiben. Das Standard-Urknall-Modell nahm sie schließlich auf unter der Bezeichnung einer kosmologischen Anfangssingularität[340] mit unendlicher Temperatur, unendlicher Energiedichte und unendlicher Raum-Zeit-Krümmung: »*une sorte de situation théorique monstrueuse*«,[341] »*la*

---

335 M. V. Sazhin, *Cosmología moderna, op. cit.*, S. 213. Meine Übersetzung.

336 J.-P. Luminet, *Le Destin*, tome II, *op. cit.*, S. 494–5.

337 Es war absolut angebracht den Gravitationskollapse des gesamten Universums zu verhindern da Einstein die bekannte kosmologische Konstante vorstellte. Siehe auch A. Einstein, »Autobiographical Notes«, in: Paul A. Schilpp (Hg.), *Albert Einstein: Philosopher—Scientist* [1949], The Library of Living Philosophers, volume VII, Carbondale, Illinois: Sothern Illinois University (3rd ed. 1995), S. 4 ff. Weitere Informationen unter J.-P. Luminet, *Le Destin*, tome II, *op. cit.*, S. 814–5.

338 »*En conclusion, les singularités se révèlent être une conséquence incontournable de la propriété attractive et ›auto-accélérée‹ de la gravitation*«, J-P. Luminet, *Le Destin*, tome II, *op. cit.*, S. 495. Siehe auch Berthold Suchan, *Die Stabilität der Welt. Eine Wissenschaftsphilosophie der kosmologischen Konstante*, Mentis, Paderborn, 1999, S. 19–98.

339 *Ibid*, S. 494–5. Arthur S. Eddington, »On the Instability of Einstein's Spherical World«, *Monthly Notices of the Royal Astronomical Society*, vol. 90, 1930, S. 668–78.

340 Erhard Scholz, »The Standard Model of Contemporary Cosmology«, in: Jürgen Renn (Hg.), *Albert Einstein. Chief Engineer of the Universe. One Hundred Authors for Einstein*, WILEY-VCH, Berlin, 2005, S. 389; siehe auch Luminet, *Le Destin*, tome II, *op. cit.*, S. 494: »*Des singularités apparaissent aussi dans le contexte plus général de la cosmologie, branche de l'astrophysique qui traite de l'évolution de l'Univers dans son ensemble. La théorie du Big Bang, selon laquelle l'Univers serait né d'une singularité il y a 14 milliards d'années, est fortement corroborée par l'observation de l'expansion de l'Univers et celle du rayonnement cosmologique, verstige refroidi de sa naissance*«.

341 É. Klein, *Discours sur l'origine, op. cit.*, S. 44.

catastrophe ultime au-delà de laquelle nous ne pouvons poursuivre la généalogie cosmique«.[342] Aus einem metaphorischen Blickpunkt könnte man sagen, dass die Urmetapher der Singularität selbst ein kosmologisches Paradigma der Unbegrifflichkeit ist.

In den 60er Jahren stellten Stephen Hawking und Roger Penrose ihr bekanntes Singularitäten-Theorem vor und zeigten, dass Relativität Raumzeit-Singularitäten beinhaltet, die Penrose der Existenz von »schwarzen Löchern« zuschrieb.[343] Auch hier neigt die metaphorische Dichte zur Unendlichkeit: Die Anfangssingularität, der das Universum entspringt, ist eine »*nackte Singularität*« (Hawking),[344] wohingegen die in Schwarze Löcher eingeschlossenen Singularitäten »*zensierte Singularitäten*« (Penrose) sind: »*Die Natur kennt keine nackte Singularität*«.[345] Folglich sind alle Singularitäten in Schwarzen Löchern versteckt, außer der Urknall-Singularität zu Beginn der Zeit. Während Penrose die »Cosmic-Censorship-Hypothese«[346] vertrat verwies Hawking darauf, dass eine solche Zensur nicht absolut sein könne, denn die Singularitäten der Schwarzen Löcher strahlen. Die problematische Verbindung zwischen der Relativitätstheorie und

---

342 Luminet, *Le Destin*, tome II, *op. cit.*, S. 814–5. Es wurde von Jordi Cepa wie folgt beschrieben: »*Das Vorkommen von Asingularität basiert auf dem Vorhandensein des Skalierungsfaktors, definiert von der Metrik eines homogenen und isotropischen Universums und dessen Evolution, bestimmt durch die Relativität allgemeiner Zustandsgleichungen.* [...] *Die Extrapolation des tatsächlichen Universums gegenüber dem ursprünglichen Moment deutet an, dass, sollte der Skalierungsfaktor am Ursprung kosmologischer Zeit verschwinden können, gäbe es eine materielle Singularität, denn sowohl Energiedichte als auch Raumzeitkrümmung weichen ab, sofern letzteres nicht Null ist*«. J. Cepa, *Cosmología física, op. cit.*, S. 269. Meine Übersetzung.

343 Luminet, *Le Destin*, tome II, *op. cit.*, S. 494–5.

344 Siehe zum Beispiel, S. Hawking und J. Stewart, »Naked and Thunderbolt Singularities in Black Hole Evaporation«, *Nucl. Phys.*, B400, 393, (1993).

345 M. White und J. Gribbin, *Stephen Hawking, op. cit.*, S. 115.

346 Roger Penrose schlug vor »*die Cosmic-Censorship Hypothese, die man auch paraphrasieren kann als ›Gott verabscheut die nackte Singularität‹. In anderen Worten treten die Singularitäten, die durch einen Gravitationskollaps entstehen, nur an Orten wie Schwarzen Löchern, wo sie von einem Eventhorizont ordentlich von der Außensicht versteckt sind*«. S. Hawking, *The Theory of Everything, op. cit.*, S. 46; siehe auch S. 33: »*Unsere Arbeit bekam viel Gegenwind,* [...] *Menschen die die ganze Idee von Singularitäten abscheulich fanden und die Schönheit in Einsteins Theorie zerstörten*«. J.-P. Luminet, *Le Destin*, tome II, *op. cit.*, S. 495–7: »*Roger Penrose a émis en 1969 l'hypothèse selon laquelle la natur interdirait aux singularités d'être nues. Selos lui, l'effondrement gravitationnel devrait toujours habiller la singularité d'un horizon des événements. Cette conjecture porte le nom de* censure cosmique«.

der Quantenphysik fand in der Physik um Schwarze Löcher eine neue Metaphorik.

Die »*Kosmologie von der Singularität*« (*MvM 35*) brachte weitere absolute Metaphern zum Ursprung des Universums hervor, basierend auf Quantenmechanik. Zu den wichtigsten gehören »Schaum«, »Blasen«, »Strings« [Fäden oder Schnüre], »Membrane«, »*p*-Brane« oder »Seeds« [Samen oder Saat].[347] Eine umfassende Einordnung des gesamten metaphorischen Spektrums würde hier zu weit führen. Ich möchte nur anmerken, dass sie in meinen Augen diverse Anläufe unternahmen den »Horizont der Singularität« zu überwinden, eine unerwartete und heimtückische »aristotelische Rückfälligkeit« in der zeitgenössischen Kosmologie: Die Physik des frühen Universums – als fundamentale Interaktionen noch nicht separiert waren – unterscheidet sich maßgeblich von der Physik des heutigen Universums. In Blumenbergs Worten: »*Wenn die jüngste Kosmologie von der* Singularität *spricht, die den punktuellen Massenzustand am Anfang einer Kosmogonie ausmacht, so behauptet sie gerade das, was die Naturgesetze der aus diesem Zustand hervorgehenden Welt negiert, aber auch die nach dem ersten Augenblick entstehende Welt zur Negation ihres*

---

[347] Der amerikanische Physiker John Wheeler stellte den »Schaum« als Metapher für das Raumzeit-Quanten-Vakuum vor, eine Art raumzeitliche Turbulenz, sein Ansatz auf der Suche nach »*une analogie entre la dynamique de la géométrie de l'espace-temps et celle des fluides turbulents. Il imagina ainsi que la géométrie de l'espace-temps microscopique pouvait être en perpétuel changement, agitée de fluctuations quantiques*«. Luminet, *Le Destin,* tome II, *op. cit.*, S. 565–6, und S. 568 ff. Es wurde von Mijaíl V. Sazhin wie folgt beschrieben: »*Die allgemeine Relativitätstheorie verbindet die Geometrie der Raumzeit mit den Merkmalen von Materie. Entsprechend ist die Entstehung von Quantenschwerkraft äquivalent zur Entstehung von Quantengeometrie der Raumzeit*«. Mijaíl V. Sazhin, *Cosmología moderna, op. cit.*, S. 71–2. Meine Übersetzung. Die »Blasen«, lassen die Frage nach der Pluralität der Welten, Universen oder Multiversen jedoch wieder aufkommen, die sich schließlich nach unterschiedlichen physikalischen Merkmalen richten könnten. Siehe zum Beispiel Étienne Klein, *Discours sur l'origine, op. cit.*, S. 95–100; Georg Singer, »Die Kontroverse zwischen Alexander Friedmann und Albert Einstein«, *op. cit.*, S. 144; Luminet, *Le Destin,* tome II, *op. cit.*, S. 813–4. Blumenberg bezog sich auf die Metapher des kosmischen Samens in Gnosis, der dann keimen (Panspermie) müsste (*TdU 80*). Jordi Cepa erwähnt »hadronische Blasen« und »Nuggets« in *Cosmología física, op. cit.*, S. 299. Zur Stringtheorie und ihrer Ableitungen siehe Leonard Susskind, *The Cosmic Landscape,* Little, Brown and Co., 2006. Zu Branen siehe J. Cepa, *Cosmología física, op. cit.*, S. 279; É. Klein, *Discours sur l'origine, op. cit.*, S. 72–8; Luminet, *Le Destin,* tome II, *op. cit.*, S. 576 ff, und S. 807 ff.

Anfangs macht« (*MvM* 35).[348] Es war also notwendig die entsprechenden Darstellungen zu entwickeln, um den »Anfang« zu verstehen, in dem eine unbekannte Physik sich in die gebräuchliche Physik verwandelte, die das Verhalten des derzeitigen Universums beschrieb. Die Frage war, wie weit die bekannte Physik extrapoliert werden und wie das Wissensgebiet um die unbekannte Physik dargestellt werden könnte. So trat eine weitere absolute Metapher auf den Plan, also ein neues kosmologisches Paradigma der Unbegrifflichkeit: die »Planck'sche Mauer«. Eine solche Metapher sollte folgendes ausdrücken »*un moment particulier de l'univers, une phase par laquelle il est passé et qui se caractérise par le fait que les théories physiques actuelles sont impuissantes à décrire ce que s'est passé en amont de cette phase. L'énergie, la longueur et la durée qui lui sont associées, dites de Planck elles aussi, valent respectivement 10^{19} GeV, 10^{-35} mètre et 10^{-43} seconde*«.[349]

Die Planck'sche Mauer beschreibt die weitere Evolution der Anfangssingularität sofort vor der Teilung in fundamentale Interaktionen, in denen Phänomene der Schwerkraft und Quanten noch immer enthalten waren:[350] »*Le mur de Planck est ce qui nous barre l'accès à la connaissance de l'origine de l'univers, si origine il a eu. Il encarne en effet la limite de validité ou d'opérativité des concepts de la physique que nous utilisons: ceux-ci conviennent pour décrire ce qui s'est passé après lui, pas ce qui a eu lieu avant lui (ainsi, nos représentations*

---

348 Blumenberg fügte hinzu: »*Niemand kann* dabei gewesen *sein, wie die Welt entstand*« (*MvM* 35). Es gibt viele ähnliche kosmologische Aussagen. Siehe zum Beispiel, Mijaíl V. Sazhin, *Cosmología moderna, op. cit.*, S. 80; J-P. Luminet, *Le Destin*, tome II, *op. cit.*: »*Dans la cosmologie standard, les galaxies de notre univers observable ont toutes pour origine un point infinitésimal, situé à un moment fini dans le passé: la singularité du Big bang. La notion de temps perd toute signification à cet instant*«. É. Klein, *Discours sur l'origine, op. cit.*, S. 48: »*L'instant zéro qu'on persiste à accoler au Big bang ne peut donc avoir été un instant physique, le premier instant par lequel l'univers serait passé: c'est un instant fictif inventé par l'extrapolation abusive d'une théorie incapable de décrire de façon adéquate un univers très chaud et très dense toutes prodigieu ses qu'elles sont, les descriptions des différentes phases de l'univers par les modèles de Big bang exclusivement construits sur la théorie de la relativité général en'incluent donc jamais le commencement de l'univers proprement dit, et encore moins quoi que ce soit qui l'aurait précédé ou qui pourrait en être la cause*«; vgl. auch J. Cepa, *Cosmología física, op. cit.*, S. 269: »Es ist weitestgehend unbekannt wie sich die Physik auf die hohen Energien des sehr frühen Universums überträgt«. Meine Übersetzung.

349 É. Klein, *Discours sur l'origine*, S. 172.

350 *Ibid.*, S. 57–8.

habituelles de l'espace et du temps perdent toute pertinence en amont du mur de Planck)«.[351]

Mehrdeutige Explosionen: Der Urknall, kosmische Hintergrundstrahlung und Rotverschiebung

Wenige Metaphern sind so lästig und ausgeweitet wie die des »Urknalls«, des »großen Knalls«.[352] Wieder einmal bezieht sich eine Metapher auf Lemaîtres kosmologische Hypothese die sich, obwohl sie zunächst ein sich langsam entwickelndes Universum in Betracht zog, bald veränderte – in Einklang mit den neuen Erkenntnissen aus astronomischen Beobachtungen – hin zu einer schnellen Kosmologie eines explosiven Ursprungs: »*l'atome-Univers a explosé et la pluralité a surgi*«.[353] Obwohl dies üblicherweise Fred Hoyle, einem der größten Verfechter der Steady-State-Theorie, zugeschrieben wird – ein Modell des statischen Universums – nannte ironischerweise Hoyle Lamaître den »*Big Bang man*«, also den »*Urknall-Mann*«, und machte den Begriff in einer Radiosendung des BBC im Jahr 1949 so bekannt.[354] Der Begriff verlor dank George Gamow, der ein Modell des nicht-stationären Universums entwickelte, die ihm bis dahin anhaftende negative und sogar abwertende Konnotation.

Nichtsdestoweniger wurde häufig angemerkt, dass diese kosmologische Metapher, obwohl sie sehr intuitiv ist, zu Missverständnissen führen kann. Nach Lamaîtres Kosmologie, ergaben die Begriffe Raum und Zeit in der Anfangssingularität keinen Sinn, weil sie darin während der exponentiellen Ausdehnung des Skalenfaktors der

---

[351] *Ibid.*, S. 54–5. Der Text geht weiter: »*Attention, cela ne revient pas à dire que l'univers a ›ressenti‹ quelque chose de particulier au moment de son passage par ce fameux rempart théorique: figuration symbolique de la zone à partir de laquelle nos concepts se mettent à flageoler, le mur de Planck est moins un mur proprement physique qu'un mur* pour *notre physique*«.

[352] Es ist bemerkenswert wie die Metapher des Urknalls in der Biologie zu Tragen kommt, vor allem in der Kategorie der Panspermie; vlg. Chandra Wickramasinghe (Hg.), *The Biological Big Bang. Panspermia and the Origins of Life*, Cosmology Science Publishers, Cardiff, 2010.

[353] J.-P. Luminet, *L'invention, op. cit.*, S. 126, 130 und 152.

[354] *Ibid.*, S. 154; J. Cepa, *Cosmología física, op. cit.*, S. 41, Fußnote 20; É. Klein, *Discours sur l'origine, op. cit.*, S. 49.

Metrik[355] entstanden sind und es genau genommen nichts geben kann, das dem vorangeht. In einer konventionellen Explosion findet eine heterogene Verteilung von Materie aus dem jeweiligen Zentrum der Explosion heraus statt, »so etwas gibt es im Universum nicht. Materie wird gleichmäßig verteilt. Es gibt keinen Punkt, der als Zentrum identifiziert werden könnte«.[356] Die lautmalerische »Urknall«-Metapher deutet auf einen speziellen Ursprung hin und die Möglichkeit eines Beobachters, der ihn von »Außen« bezeugt. Außerdem, und das ist aus einem astrophysikalischen Blick noch schlimmer, wer *»über einen ›Urknall‹ spricht verleitet dazu, die Rotverschiebung als kinematischen Effekt zu betrachten, wohingegen das ›sich ausdehnende Universum‹ zu einer Betrachtung als Evolution der Metrik im Rahmen der allgemeinen Relativität einlädt«*.[357] Daher war die große Explosion eigentlich eine Ausdehnung und fand nicht an einem Ort statt, sondern war der Ursprung aller »Orte« und »Zeiten«.

Diese kosmologische Metapher erhält trotz der Konfusion und der Ungenauigkeiten die mit ihr verbunden werden die mythische Reminiszenz von Zerstörung und Feuer einer urzeitlichen absoluten Metapher (*SZ 90; VS 32*), »*das Wüten der* Feuerwelt« (*MvM 17*),[358] das sich nun in einer kataklystischen Explosion wiederfindet: »*Les physiciens ont fini par comprendre que le Big Bang ne correspond nullement à la création proprement dite de l'univers, mais simplement à un épisode particulier qu'il a traversé: il leur est en effet apparu que le prétendu premier instant que produisaient les premiers modèles n'a pas eu de réalité physique, au sens où il ne correspond à aucun moment* effectif *du passé de l'univers*«.[359] Wenn Gott nicht mit Würfeln spielt, lässt er auch keine Welten explodieren (*VS 32*).

---

355 J. Cepa, *Cosmología física, op. cit.*, S. 155, Fußnote 3: »[...] *Der kosmische Skalierungsfaktor stellt die Grüße des Universums dar, wenn die Krümmung positiv ist. Wenn die Krümmung Null oder negativ ist, stellt der Skalierungsfaktor nur einen Maßstab für die charakteristische Entfernung zwischen Objekten dar, deren Trennung primär durch die Ausdehnung des Universums bestimmt ist und nicht nur eigenartige Bewegungen*«. Meine Übersetzung.

356 Mijaíl V. Sazhin, *Cosmología moderna, op. cit.*, S. 103–4. Meine Übersetzung.

357 J. Cepa, *Cosmología física, op. cit.*, S. 41. Meine Übersetzung.

358 Besonders die eigenartige Affinität zwischen der Urknall-Metapher und die des kosmologischen Paradigmas in Blumenbergs früher Metaphorologie verdienen Beachten, wie beispielsweise die »*Sprengmetaphorik*« (*PM 179–84; LdN 558–638*).

359 É. Klein, *Discours sur l'origine*, S. 53, siehe auch, S. 49–50; in S. 43–4: »*En général, le terme Big bang est employé telle une métonymie de l'origine, comme si les modèles de Big bang avaient directement accès à l'instant zéro, présenté comme l'instant marquant*

Dank der Entdeckung der kosmischen Hintergrundstrahlung wird die Metapher der Geburt des Universums weitaus mehr als eine epistemologische Anekdote die historisch mit Lemaîtres Kosmogonie verbunden ist.[360] Kosmische Hintergrundstrahlung wurde von Ralph Alpher, Hans Bethe – *in absentia* – und George Gamov vorausberechnet. Dabei kam die Theorie der primordialen Nukleosynthese von chemischen Elementen zum Einsatz, die ein heißes und dichtes frühes Universum voraussetzte, und zufällig von Arno Penzias und Robert Wilson entdeckt wurde. Diese Radiation – eine elektromagnetische Radiation im Mikrowellenfrequenzbereich – wurde als Reminiszenz an den Anfang des Universums gesehen, ein Rückstand des singulären Geburtsereignisses. Kosmische Hintergrundstrahlung wurde von anderen Arten der Strahlung mithilfe der Metapher der »fossilen Strahlung« unterschieden.[361] So eine biologisch-evolutionäre Metapher hat schließlich die vorherrschende astrophysikalische Bedeutung zeitgenössischer physikalischer Kosmologie geprägt. Wie Fossile in der Paläontologie bietet kosmische Hintergrundstrahlung eine empirische Unterstützung für die Konzeptualisierung der Vergangenheit des Universums und seiner darauffolgenden Transformation. In Gegensatz zu organischen Überresten im Sedimentgestein – welche sich per Definition in speziellen Orten hier und dort abgelagert haben – ist die Strahlung ein Relikt, das sich durch eben seine Ubiquität kennzeichnet: Sie geht nicht »*von einer speziellen Quelle aus, sondern existiert im Universum seit Beginn von dessen Ausdehnung. Sie ist über die Zeit erhalten geblieben, in der sich Planeten, Sterne und Galaxien in ihrem Ur-Zustand aus heißem, dichtem Plasma befunden haben, das in homogener Form allen Raum ausgefüllt hat. Diese Strahlenrückstände werden Hintergrundstrahlung genannt (von Relikten, oder Rückstän-*

---

le surgissement simultané de l'espace, du temps, de la matière et de l'énergie. Dans le langage courant, l'expression Big bang *en est même venue à désigner grosso modo la création du monde, pour ne pas dire le* fiat lux *originel*«.

360 Eine technische Beschreibung dieses Themas findet sich unter J. Cepa, *Cosmología física, op. cit.*, Kap. 7. Die Urknall-Metapher ist auch im Ekpyrotischen Universum erkennbar.

361 Die Metapher der »fossilen Strahlung« wurde von Gamow erfunden, siehe J.-P. Luminet, *L'invention, op. cit.*, S. 160–1. Luminet zitiert Gamow zur »dunklen vorgalaktischen Vergangenheit«: »*les ›donnés archéologiques‹ relatives à ce passé lointain ont du disparaître entierement dans l'ecrasement des masses cosmiques*«. *Ibid*, S. 161. Allerdings wäre »fossile Strahlung« ein »archäologischer Überrest« der das Verschwinden vermeidet »*dans l'ecrasement des masses cosmiques*«.

den)«.[362] Die fossile Strahlung – eine Art neuer Äther[363] – unterstützt einerseits die Hypothese einer räumlichen Homogenität und Isotropie die in relativistischen Modellen des Universums Anwendung findet und liefert andererseits eine materielle Basis zum Verständnis eines Universums, das sich im Laufe der Zeit mit variablem Skalenfaktor entwickelt.[364] Zudem liefert sie wertvolle Informationen zur Bestimmung kosmologischer Parameter für die unterschiedlichen Modelle des Universums.[365] Diese fossilen Spuren sind, kurz gesagt, das strahlende Leuchten des frühen Universums; ein mystisches Licht das uns jetzt durch sowohl die Zunahme des Skalenfaktors der Raumzeitmetrik als auch die Rotverschiebung der elektromagnetischen Strahlung in Form von Mikrowellenstrahlung erreicht.[366] So bietet fossile Strahlung empirische Belege für die Ausdehnung des Universums[367] und stimmt mit der in der Spektralanalyse des Lichts

---

362 A. D. Chernín, *La naturaleza física, op. cit.*, S. 205 ff und S. 215 ff. Meine Übersetzung. Siehe auch E. Scholz, »The Standard Model of Contemporary Cosmology«, *op. cit.*, S. 392: »Im Standardbild wird dieser kosmische Mikrowellenhintergrund als ein Relikt der Rotverschiebung der hoch-Temperatur Phase des Universums interpretiert, ein paar hunderttausend Jahre nach dem Urknall«. M. V. Sazhin, *Cosmología moderna, op. cit.*, S. 27 ff. und 148 ff. Meine Übersetzung. J. Cepa, *Cosmología física, op. cit.*, S. 420–1.

363 A. D. Chernín, *La naturaleza física, op. cit.*, S. 215.

364 J. Cepa, *Cosmología física, op. cit.*, S. 153–4.

365 *Ibid.*, S. 375; und Malcolm S. Longair, *Galaxy Formation*, Springer, 2008, S. 241–70.

366 Es wird wie folgt von S. Hawking in *The Theory of Everything* beschrieben, *op. cit.*, S. 22: »[*Laut Gamow*] *war das frühe Universum sehr heiß und dicht, weißglühend heiß. Dicke und Peebles merkten an, dass wir dieses Glühen noch immer sehen können müssten, da uns Licht aus den weit entfernten Teilen des Universum erst jetzt erreicht. Allerdings bedeutet die Ausdehnung des Universums, dass dieses Licht eine derart starke Rotverschiebung aufweist, dass es uns jetzt nur als Mikrowellenstrahlung erreicht. Dicke und Peebles waren auf der Suche nach dieser Strahlung als Penzias und Wilson von deren Arbeit erfuhren und verstanden, dass sie sie bereits gefunden hatten*«.

367 Diese Ausdehnung ist beschleunigt: »*Der wichtigste Fortschritt in der beobachtenden Kosmologie seit den frühen Studien zur kosmischen Ausdehnung in den 1920er Jahren war die dramatische und unerwartete Entdeckung, in den schwindenden Jahren des zwanzigsten Jahrhunderts, dass sich die Ausdehungsrate verschnellert. Dies wurde im Februar 1998 erstmals bekannt gegeben, basierend auf den Übereinstimmungen in den Daten zweier Datengruppen zu Supernovae Typ 1A*«. Amien A. Easson, Paul H. Frampton, George F. Smoot, »Entropic accelerating Universe«, *Physics Letters B*, 696, 2011, S. 273. Zu den Arten an Supernovae siehe beispielsweise Harald Lesch und Jörn Müller, *Sterne. Wie das Licht in die Welt kommt* [2008], Goldmann Verlag, München, 2011, S. 217 ff. Mijaíl V. Sazhin hat die Ausdehung und Beschleunigung des Universums in Begriffen kinematischer Größenordnungen ausgedrückt: »*A. Filippenko, A.*

aus entfernten Galaxien beobachteten Energieverteilung überein, die sich ebenfalls zu längeren Wellenlängen hin verschiebt als die nahegelegenen Galaxien.[368]

Die Zeitalter des Universums: Ären, Epochen und Strukturbildung

Die evolutionären und biologischen Metaphern verbreiten und verändern sich stark in der zeitgenössischen Kosmologie. In manchen Fällen wurden sie sogar durchaus wörtlich genommen, zum Beispiel finden sich im Englischen Begriffe wie »Mother Universes« [Mutter-Universen], »Baby Universes« [Baby-Universen], »Stellar Nurseries« [Stellare Kindergärten] und »Embryonic Galaxies« [Embryonische Galaxien].[369] All diese Begriffe stellen jedoch einen Bezug zur gleichen Metaphorik des Zeitalters des Universums her: »*Wir können sagen, dass, da viele Eigenschaften des menschlichen Charakters in der Kindheit geformt werden, die zentralen Eigenschaften unseres Universums eine Konsequenz dessen ›Kindheit‹ sind*«.[370] So wurde die Ausdehnung des Universums und die unterschiedlichen Entwicklungsstadien als »Wachstum« einer ursprünglich embryonalen Singularität verstanden.[371]

Riess, S. Perlmutter, P. Challis [behaupteten] *ihre Messungen waren Beweise für die beschleunigte Ausdehnung unseres Universums. Nach der Entdeckung der Ausdehnung unserer Welt im Jahr 1929, also nachdem die spezielle Geschwindigkeit der Ausdehnung des Universums (das Hubble Parameter) zum ersten mal im Jahr 1998 angewendet wurde, wurde der folgende kinematische Maßstab angelegt: die spezielle Beschleunigung unserer Welt*«. M. V. Sazhin, *Cosmología moderna, op. cit.*, S. 24. Meine Übersetzung. Siehe auch É. Klein, *Discours sur l'origine, op. cit.*, S. 114 ff.

368 J. Cepa, *Cosmología física, op. cit.*, S. 33 ff. Für Rotverschiebung als Evolution der Metrik und nicht als kosmischer Dopplereffekt, siehe S. 36 ff. Auch unter M. Longair, *Galaxy Formation, op. cit.*, S. 164: »*Rotverschiebung ist ein Maßstab des Skalierungsfaktors des Universums, wenn die Strahlung von der Quelle ausging*«.

369 S. Hawking, *Black Holes and Baby Universes and Other Essays*, Bantam, 1993; Siehe auch J. Cepa, *Cosmología física, op. cit.*, S. 426–7; J.-P. Luminet, *Le Destin*, tome II, *op. cit.*, S. 487: »*On peut aussi imaginer un ›bebé-univers‹ formé par un trou noir et connecté à son univers ›parent‹ par un trou de ver ombilical*«; Helge Kragh, *Conceptions of Cosmos. From Myths to the Accelerating Universe: A History of Cosmology*, Oxford University Press, 2007, Kap. 5; Mijaíl V. Sazhin, *Cosmología moderna, op. cit.*, S. 217.

370 Mijaíl V. Sazhin, *Cosmología moderna, op. cit.*, S. 38. Meine Übersetzung.

371 *Ibid.*, S. 39–40, auf S. 161. Siehe auch M. Longair, *Galaxy formation, op. cit.*, S. 311–34.

Zwar entschied sich alles in den ersten 226 Sekunden – wie Blumenberg mit Bezug auf Steven Weinbergs bekanntes Buch darlegt –[372] jedoch hielten Kosmologen es dennoch für sinnvoll eine Einteilung der Geschichte des Universums in Ären und Epochen vorzunehmen, die durch die »*physikalische Bedeutung der Ereignisse*«[373] und die »*entscheidenden Faktoren, die die Scheidewege in der Geschichte des Universums darstellen*«gekennzeichnet sind.[374] Auch hier hat der Einsatz von zeitlichen Metaphern einen destabilisierenden Effekt: »*Ein Intervall der oft viel kürzer als ein Lidschlag ist, kann wohl kaum als Ära bezeichnet werden*«.[375] In jedem Fall führte das Bedürfnis danach, die entscheidenden Ereignisse in der Entstehungsphase des Universums einzuordnen und zu beschreiben zu einer Klassifizierung dessen evolutionärer Entwicklung; auf diese möchte ich in der Folge gerne kurz eingehen.[376]

Die unterschiedlichen Energiedichten, die die Entwicklung des Universums im Laufe der Zeit maßgeblich beeinflussten, lassen eine Unterscheidung zu zwischen einer »Strahlungs-Ära« – dominiert von Strahlung oder relativistischer Materie –, eine »Materie-Ära« – dominiert von nicht-relativistischer Materie –, und einem »dunklen Energie-Zeitalter« – dominiert von einer Energie unbekannten Ursprungs die »dunkle Energie«[377] genannt wird und durch einen Antigravitationseffekt der die beschleunigten Expansion des Universums zur Folge hat. Jede Ära ist wiederum unterteilt in Epochen unterschiedlicher Länge. Sie sollen Erwähnung finden: Die »Strahlungs-Ära« umfasst die Planck-Epoche, die GUT-Epoche, die elektroschwache-Epoche, die Quark-, Hadronen-, Leptonen- und Photonen Epochen; die »Materie-Ära« besteht aus Plasma-, Atomarer-, Stellarer-, Galaktischer- und Haufen-Epochen; das »dunkle Energie-Zeitalter« dagegen besteht aus nur einer Periode, einer Superhaufen-Epoche.[378] Aus einem

---

372 Steven Weinberg, *Die ersten drei Minuten*, München, 1977. Zitiert in (*VS 110* und *112*).

373 Mijaíl V. Sazhin, *Cosmología moderna*, *op. cit.*, Kap. 3, S. 38–47. Meine Übersetzung.

374 J. Cepa, *Cosmología física*, *op. cit.*, S. 268. Meine Übersetzung.

375 *Ibid.*, S. 267. Meine Übersetzung.

376 Hier halte ich mich an Jordi Cepas *Cosmología física*, *op. cit.*

377 Weitere Informationen zur Geschichte schwarzer Energie unter Helge Kragh und James M. Overduin, *The Weight of the Vacuum: A Scientific History of Dark Energy*, Springer, New York, 2014.

378 J. Cepa, *Cosmología física*, *op. cit.*, S. 427 und 465–6.

phänomenologischen Blickpunkt definiert die »Strahlung-Ära« das ganz frühe Universum, die »Materie-Ära« das Universum der Partikelbildung; und das »dunkle Energie-Zeitalter« das Universum der großangelegten Strukturbildung.[379]

Interessant ist, dass zu den wichtigsten Ereignissen dieser Ären und der zugehörigen Epochen auch zahlreiche weitere Geburten gehören, wie die der Raumzeit, der hadronischen Materie, der Baryogenese (Ungleichgewicht von Materie und Antimaterie) und chemischer Elemente zusammen mit der entsprechenden Entwicklung und dem Wachstum von Himmelskörpern und kosmischen Strukturen. Sogar die astronomischen Bilder von Objekten mit starker Rotverschiebung werden üblicherweise den Kindheitstagen des Universums zugeschrieben, wie in einer Art Lebensalbum des Universums.

In Gamows Kosmologie zu Ylem[380] werden die Himmelskörper zu einem gewissen Grad nuklear gekocht im großen »kosmischen Ofen« der primordialen Nukleosynthese.[381] Die Grundzutaten waren die chemischen Elemente, synthetisiert im frühen Universum, dessen relative Fülle in Gamows »*göttlicher Schöpfungskurve*« beschrieben wurde.[382] Die Frage nach dem Ursprung der chemischen Elemente führte zu einem bekannten Disput zwischen Unterstützern und Gegnern der evolutionären Kosmologie: »*Le débat entre les deux écoles d'astrophysiciens nucléaires, celle conduite par Alpher et Gamow militant pour la création de tous les élements dans l'Univers primordial, et celle conduite par Fred Hoyle militant pour la créations de tous les éléments dans le coeur des étoiles dans le cadre d'un Univers stationnaire, est finalement tranché par Hoyle et Tayler*«.[383] Ohne näher auf diese Kontroverse einzugehen möchte ich darauf hinweisen, dass die Lösung – eine doppelte Nukleosynthese, eine primitive für leichte chemische Elemente und eine stellare für schwere Elemente – die kosmologische evolutionäre Metaphorik der Sterne erweiterte

---

379 *Ibid.*, S. 267.

380 Zu Gamow und seine Kosmogonie siehe J-P. Luminet, *L'invention, op. cit.*, S. 155–64.

381 *Ibid.*, S. 163–4: »*période lointaine de ›cuisson nucléaire‹*«. Gamows Terminologie. Artur D. Chernín, *La naturaleza física, op. cit.*, S. 24 und 212; Mijaíl V. Sazhin, *Cosmología moderna, op. cit.*, S. 26 und 31.

382 J.-P. Luminet, *L'invention, op. cit.*, S. 164.

383 *Ibid.*, S. 165.

und festigte, sodass sie nun geboren werden, leben und sterben konnten.[384]

Nach dem Anstieg von primordialen Verdichtungsfluktuationen[385] und der Nukleosynthese leichter chemischer Elemente wurde die erste Generation von Sternen – auch bekannt als »Population III« –[386] geboren, was wiederum die »*Embryos der Galaxien*« bildete. In dieser »*ersten Generation der Sterne, gebildet aus einem Material ohne Metalle und daher mit einer geringeren Opazität, gab es keine Beschränkung für die Bildung sehr massiver Planeten. Diese Sterne, welche die ersten Metalle des Universums hervorbrachten, hatten eine sehr kurze Lebensspanne von ein paar Millionen Jahren*«.[387] Mit dem »Tod« dieser Sterne bei den Supernova-Explosionen, werden schwere chemische Elemente – Metall – in die kosmische Umgebung geschleudert und reichern damit das Gas an, das weitere Sternengenerationen hervorbringen wird, deren Grad an Metallizität die Art dieser »Population« bestimmt. So sind also sowohl das Leben als auch das Sterben der Sterne[388] und die stellare Nukleosynthese chemischer Elemente entscheidende Prozesse in der Entstehung von Planeten

---

384 Siehe beispielsweise H. Lesch und J. Müller, *Sterne, op. cit.*, S. 86–124: »Die Geburt der Sterne – Phasen einer Geburt«. Eine Beschreibung der Geburt und des Sterbens eines Sterns ist verfügbar unter Artur D. Chernín, *La naturaleza física, op. cit.*, S. 28 ff.

385 Es ist wie folgt von Jordi Cepa beschrieben: »*Wir wissen, dass die beobachteten Strukturen durch Schwerkraftinstabilität ursprünglicher Dichtungsstörungen entstanden.* […] *Die Anisotropien der Hintergrundstrahlung zeigen eine Heterogenität, die durch Gravitationsinstabilität die Materiestrukturen erzeugt, die wir heute im Universum sehen*«. J. Cepa, *Cosmología física, op. cit.*, S. 302; auf S. 428: »*Die Strukturformung ist ein Prozess, der am Ende der Inflation entsteht, wenn vermutet wird, dass die Quantenfluktuationen des inflationären Skalarfeldes die primordialen Störungen hervorriefen. Die Strukturformation setzt sich noch heute fort.* [...] *Sobald diese Gravitationsfluktuationen einmal entstanden sind, die einzig rein attraktive Interaktion, kann großformatig stattfinden, es verursacht die Verstärkung in einem Prozess, der als Gravitationsinstabilität bekannt ist*«; auf S. 309–10: »*den Samen sähen aus dem Struktur weiter wachsen kann durch Gravitationsinstabilität*«; auf S. 314: »Samen der Zukunft, die das Universum formen werden«. Meine Übersetzungen.

386 *Ibid.* S. 426–7.

387 *Ibid.* Meine Übersetzung.

388 Eddington sprach von diesem Prozess als »*das majestätische Drama der stellaren Evolution*«, zitiert von J-P. Luminet, *Le Destin*, tome I, *op. cit.*, S. 169. Für die Theorie der Struktur und Evolution von Sternen verweise ich auf S. 148–59. Die Metapher vom Leben und Sterben der Sterne wird natürlich mit anderen Metaphern in Verbindung gebracht, wie »stellare Agonie«, »kataklystische Tode«, »stellare Leichen« oder »Wiedergeburten«. Neutronensterne und Schwarze Löcher werden üblicherweise als

und planetaren Systemen. In dieser Metaphorik gelten Nebel als »stellare Kindergärten« oder »stellare Brutkästen«[389] und, mit Bezug auf protostellare Nebel, sind sie alle »Mutter-Sterne« oder sogar »Familien«.[390] Einige dieser Sterne waren zuvor aus dem »Kindergarten« ausgeschlossen worden – isoliert oder assoziiert in binären Systemen – und würden später zur Bildung von »Himmelskörpern« beitragen, einschließlich vor allem terrestrischer und Gasplaneten,[391] oder sie wurden gefangen und als »Gefangene« gehalten.[392]

»Leichen« eines toten Sterns betrachtet. Aus dem Blickpunkt von Heideggers existenzielle Analyse könnte man von einem stellaren »Sein zum Tode« sprechen.

389 J-P. Luminet, *Le Destin*, tome I, *op. cit.*, S. 154–5: »*Une de ces belles pouponnières d'étoiles, lieu de prédilection pour la naissance de jeunes étoiles, est la nébuleuse Trifide, située à plus de 5000 années-lumière dans la constellation du Sagittaire. Imagée en infrarouge, elle dévoile quatre ›incubateurs stellaires‹, concentration de matière comprenant une treintaine d'étoiles à l'état embryonnaire. Cette nébuleuse possède en son centre une seule étoile massive âgée de 300000 ans, dont les vents et les émissions de radiations avec leurs ondes de choc ont donné à la nébuleuse son aspect caverneux et créé les embryons*«. Auf S. 156 bezieht er sich auf »*viviers de jeunes étoiles*«; auf S. 153 »*L'enfance des étoiles*«; und auf S. 159: »*La fusion de l'hydrogène marque ainsi le passage de l'étoile à l'âge adulte, appelé séquence principale*«.

390 Artur D. Chernín, *La naturaleza física*, *op. cit.*, S. 145–7 und 165.

391 Zur Klassifizierung unterschiedlicher Arten kosmogonischer Hypothese, »Himmelskörper« und deren Entwicklung, siehe E. A. Parshakov, *A Theory of the Origin and Development of the Solar System*, *op. cit.* Parshakov schlug eine Theorie vor für den Wachstumsmechanismus von Himmelskörpern durch »kosmischen Regen« und »galaktische Jahreszeiten« (zum Beispiel »galaktischer Winter«). Zum Thema terrestrischer und gasförmiger Planeten siehe beispielweise H. Lesch und J. Müller, *Sterne*, *op. cit.*, S. 43 ff. Zu planetarer Physik und die Entstehung von Planeten siehe den Klassiker Stephen G. Brush, *A History of Modern Planetary Physics*, 3 vols., CUP, 1996.

392 Parshakov bezog sich auf »*umherziehende ›obdachlose‹ Himmelskörper*«. E. A. Parshakov, *A Theory*, *op. cit.*, S. 11–2.

Kosmologische Apokalypse

»Einstein pflegte so oft von Gott zu reden, dass ich beinahe vermute, er sei ein verkappter Theologe gewesen«.
(Friedrich Dürrenmatt, *Albert Einstein*)

»I received your letter of June 10th. I have never talked to a Jesuit priest in my life and I am astonished by the audacity to tell such lies about me. From the viewpoint of a Jesuit priest I am, of course, and have always been an atheist«.
(Brief von Einstein an Guy H. Raner, 2. Juli 1945)

Zum Anlass des 70. Geburtstags von Albert Einstein [1879–1955] gab Paul A. Schlipp eine Hommage in Buchform in der Sammlung *The Library of Living Philosophers* heraus, sie trug den Titel *Albert Einstein: Philosopher—Scientist* [1949].[393] Einige der prominentesten Physiker und Denker dieser Zeit, unter ihnen der belgische Priester und Astrophysiker Georges Lemaître,[394] trugen zu diesem Buch bei. Einstein reichte für diesen Band ein Essay mit dem Titel »Autobiographische Notizen« ein.[395] Die dramatische Ouvertüre seines Essays lautet wie folgt: »*Hier sitze ich nun, im Alter von siebenundsechzig Jahren um so etwas wie meinen eigenen Nachruf zu schreiben*«.[396] Zu dieser Zeit war Einstein nicht mehr vom Modell eines statischen Universums

393 Paul A. Schilpp (Hg.), *Albert Einstein: Philosopher—Scientist* [1949], The Library of Living Philosophers, volume VII, Carbondale, Illinois: Sothern Illinois University (3te Ausg. 1995).

394 Georges Lemaître, »Rencontres avec A. Einstein«, *Revue des Questions Scientifiques*, 129, n.° 1, 1958, S. 129–32, zitiert von Kurt Roessler, »Georges Lemaître, das expandierende Universum und die kosmologische Konstante«, in: Hilmar W. Duerbeck und Wolfgang R. Dick (Hsg.), *Einsteins Kosmos. Untersuchungen zur Geschichte der Kosmologie, Relativitätstheorie und zu Einsteins Wirken und Nachwirken*, Verlag Harri Deutsch, Frankfurt am Main, 2005, S. 178–9.

395 Albert Einstein, »Autobiographical Notes«, in: Paul A. Schilpp (Hg.), *Albert Einstein, op. cit.*, S. 4 ff.

396 *Ibid.* In seinem Monograph zu Einstein, weist Jacques Merleau-Ponty darauf hin, dass eben jene Aussage kein Akt der Koketterie war. Weitere Informationen in seinem *Einstein*, Flammarion, Paris, 1993, S. 109.

überzeugt, das klar inkompatibel war mit jeder eschatologischen Auffassung des Kosmos, obwohl er sich ein »kosmisch religiöses Gefühl« erhielt, wie er an anderer Stelle erwähnte.[397] Er beschrieb dieses Gefühl als »*das stärkste und nobelste Motiv für wissenschaftliche Forschung. Nur wer diese immense Anstrengung und vor allem Hingabe versteht, ohne die eine solche Pionierarbeit in der theoretischen Wissenschaft nicht möglich ist, kann die Stärke der Emotion begreifen aus der allein diese Arbeit entsteht, so fern sie auch von den unmittelbaren Realitäten des Lebens sein mag*«.[398] Aus diesem Blickpunkt »*sind die ernsthaften Wissenschaftler die einzig tiefreligiösen Menschen*«.[399] Einstein verweist auch am Anfang seiner »Autobiografischen Notizen« in einem Abschnitt, der es sicherlich verdient hier zitiert zu werden, auf diese Thematik:

> »Als ich ein relativ altkluger junger Mann war, beeindruckte mich die Sinnlosigkeit von Hoffnungen und Bemühungen, die die meisten Menschen rastlos durch ihr Leben treibt, zutiefst. Mehr noch, ich entdeckte bald selbst die Grausamkeit dieser Jagd, die in diesen Jahren sehr viel sorgfältiger unter einer Decke aus Scheinheiligkeit und schillernden Worten versteckt war als sie es heute ist [...]. Der erste Weg heraus war die Religion, die einem jeden Kind durch die traditionelle Bildungs-Maschinerie eingeprägt wird. So kam ich – obwohl das Kind völlig irreligiöser (Juden) Eltern – zu einer tiefen Religiosität, die allerdings im Alter von zwölf ein jähes Ende fand. Durch das Lesen populärwissenschaftlicher Bücher kam ich bald zu der Überzeugung, dass viele der Geschichten in der Bibel nicht wahr sein konnten. Die Konsequenz war eine positiv-fanatische Orgie des Freidenkens, gepaart mit dem Eindruck, dass die Jugend absichtlich vom Staat mit Lügen getäuscht wird; dieser Eindruck war niederschmetternd. Aus dieser Erfahrung erwuchs ein Misstrauen gegenüber jeder Form von Autorität, eine skeptische Haltung gegenüber den Überzeugungen, die sich in jedem sozialen Umfeld finden – eine Haltung, die mich nie mehr verlassen hat, auch wenn sie durch einen besseren Einblick in die kausalen Zusammenhängen abgemildert wurde.
>
> Es ist mir durchaus klar, dass das religiöse Paradies der Jugend, das somit verloren war, einen ersten Versuch darstellte, mich von den Ketten des ›rein Persönlichen‹ zu befreien, von einer Existenz beherrscht

---

397 Albert Einstein, »Religion and Science«, *New York Times Magazine*, 9. November 1930, S. 1–4.
398 *Ibid.*
399 *Ibid.*

> von Wünschen, Hoffnungen und primitiven Gefühlen. In der Ferne war diese riesige Welt, die unabhängig von uns Menschen existiert und vor uns liegt wie ein großes, unendliches Rätsel, zumindest in Teilen zugänglich für unsere Betrachtung und Gedanken. Die Kontemplation dieser Welt winkte mit Freiheit und ich stellte bald fest, dass der Mann, den ich zu achten und zu bewundern gelernt hatte, in diesem Bestreben eine innere Freiheit und Sicherheit gefunden hatte. Das mentale Begreifen dieser extra-persönlichen Welt präsentierte sich mir innerhalb des Rahmens unserer Möglichkeiten, halb bewusst, halb unbewusst, als übergeordnetes Ziel. Motiviert sowohl durch die Gegenwart als auch durch die Vergangenheit, aber auch durch die Einblicke, die der Mensch erlangt hatte, wurden sie alle Freunde, die nicht verloren werden durften. Der Weg in dieses Paradies war nicht so angenehm und verlockend wie der Weg ins religiöse Paradies; aber er stellte sich als zuverlässig heraus und ich habe nie bereut, ihn gewählt zu haben«.[400]

Als ein New Yorker Rabbi namens Herbert S. Goldstein Einstein ein Telegramm schickte mit der Frage, ob er an Gott glaube, antwortete dieser: *»Ich glaube an Spinozas Gott, der sich in der gesetzlichen Harmonie des Seienden offenbart, nicht an einen Gott, der sich mit den Schicksalen und Handlungen der Menschen abgibt«.*[401] So kann der Anklang des Mysteriums der Welt in den »Autobiografischen Notizen« als eine spezielle Form der Religiosität verstanden werden, eine kosmische Religiosität,[402] geformt durch die objektive Transzendenz des Universums: Eine wahre Flucht vor sowohl der Metaphysik als auch der Lebenswelt. Die Art von Religiosität, die sich auf Spinozas *Deus sive natura* bezieht,[403] lehnt den *topos* der

---

400 Albert Einstein, »Autobiographical Notes«, *op. cit.* Siehe auch Lorraine Daston, »A Short History of Einstein's Paradise beyond the Personal«, in: Peter Galison, Gerald Holton, Silvan S. Schweber (Hsg.), *Einstein for the 21st Century*, Princeton University Press, New Jersey, 2008, S. 15–26.

401 Zitiert von Max Jammer, *Einstein und die Religion*, Universitätsverlag Konstanz, Konstanz, 1995, S. 31. Siehe auch Michael R. Gilmore, »Einstein's God. Just What Did Einstein Believe About God?« in: *Skeptic Magazine*, »The God Question«, vol. 5, n.° 2, 1997, S. 62 ff; und Friedrich Dürrenmatt, *Albert Einstein*, Diogenes Verlag, Zürich, 1979.

402 Max Jammer, *Einstein und die Religion, op. cit.*, S. 44–5.

403 *Ibid.*, S. 31; und Jürgen Audretsch, »Vorwort«, in: Max Jammer, *ibid.*, S. 8. Weitere Informationen zum theologischen und religiösen Hintergrund moderner Kosmologie unter Helge Kragh, *Matter and Spirit in the Universe: Preludes to Modern Cosmology*, Imperial College Press, London, 2004; und *Entropic Creation. Religious Contexts of Thermodynamics and Cosmology*, Ashgate, Aldershot, 2008.

persönlichen Erlösung ab und bezieht die Unendlichkeit und die Unveränderlichkeit des Kosmos ein: die *»riesige Welt«* unabhängig von den Menschen. Wenig überraschend wurde stipuliert, dass Spinozas natürliche Theologie Einsteins frühe Annahme statischer Lösungen der relativistischen Kosmologie beeinflusst haben.[404] Mehr noch, diese theologischen Voraussetzungen können relevant sein, um Einsteins vehemente Ablehnung nicht-statischer Lösungen[405] zu erklären, die vom russischen Mathematiker und Meteorologen Alexander Friedmann [1888–1925], oder auch vom bereits erwähnten belgischen Priester und Astrophysiker Georges Lemaître [1894–1966] zwischen 1922 und 1923 beziehungsweise 1927 unabhängig voneinander vorgeschlagen wurden.[406] Mit dem stillen kosmischen Pantheismus, den Einstein verteidigte, schlossen die Modelle eines nicht-statischen Universums ein Übermaß an Mysterium ein.

Auch wenn die *»schönste und tiefgründigste Erfahrung des Menschen das Erleben des Mysteriösen«* ist,[407] waren die eschatologischen Implikationen von Friedmanns und Lemaîtres Modellen für Einstein notwendigerweise untragbar. Trotz Einsteins Zurückhaltung und eigenwilligem kosmologischen Mystizismus[408] – und das damit verbundene klassische griechische Verständnis des Kosmos –[409] konnte er das Schicksal, das Friedmann und Lemaître für die relativistische Kosmologie auserkoren hatten, nicht umgehen: Sie

---

404 Jammer, *Einstein und die Religion, op. cit.*, S. 38.

405 Ana Rioja und Javier Ordóñez, *Teorías del universo,* Editorial Síntesis, Madrid, vol. 3, 2006, S. 335: »Einstein stellte eine Reihe Gleichungen vor, die den Krümmungstensor der Raumzeit beschreiben, abhängig von der Intensität von Gravitationsfeldern. Abhängig von der gefundenen Lösung, wirken sich diese Gleichungen auf die eine oder andere Art aus; das daraus entstehende Universum hätte also unterschiedliche Merkmale«. Meine Übersetzung.

406 Diese Liste umfasst Willem de Sitter. Weitere Informationen unter Ana Rioja und Javier Ordóñez, *op. cit.*, S. 338–9.

407 Albert Einstein, »My Credo«, in: Michael White und John Gribbin, *Einstein, a Life in Science,* Simon & Schuster LTD., London, 1993, S. 262: »*Wer nie diese Erfahrung gemacht hat, scheint mir, wenn schon nicht tot, dann wenigstens blind. Zu sehen, dass hinter allem, was erlebt werden kann etwas steht, das sich unserem Verstand entzieht, dessen Schönheit und Erhabenheit uns nur indirekt erreicht: das ist Religiosität. In dieser Hinsicht bin ich religiös. Für mich ist es ausreichend diese Geheimnisse zu bestaunen und bescheiden zu versuchen mit meinem Verstand die bloße Vorstellung der hohen Struktur von allem, das ist, zu begreifen*«.

408 Max Jammer, *Einstein und die Religion, op. cit.*, S. 53.

409 Weitere Informationen bei Alberto Fragio, »La ontología cosmológica en la obra temprana de Hans Blumenberg: las *Beiträge* y *Die ontologische Distanz*«, *Res publica,*

wurde in eine eschatologische Kosmologie umgewandelt. Aus diesem Grund beinhaltet die gegenwärtige physikalische Kosmologie auch ein eschatologisches Verständnis des Universums. Das historische Paradox besteht aus der Tatsache, dass die wissenschaftliche Kosmologie, die ihren Ursprung im frühen zwanzigsten Jahrhundert hat,[410] eine kosmologische Umbesetzung der Eschatologie beinhaltet.

Das Universum als Sternengas: Einsteins erstes kosmologisches Modell

Es ist wohl bekannt, dass die Einführung der relativistischen Kosmologie auf das Jahr 1917 zurückzuführen ist, als Einstein seine »Kosmologische[n] Betrachtungen zur allgemeinen Relativitätstheorie«[411] an der Königlich-Preußischen Akademie der Wissenschaften in Berlin veröffentlichte.[412] In dieser bekannten Arbeit präsentierte Einstein ein Modell eines statischen Universums, räumlich geschlossen und gekennzeichnet durch eine einheitliche Verteilung von Materie,[413] das so genannte *»statische Modell der klassischen relativistischen Kosmologie«*.[414] In diesem ersten Modell wandte Einstein die allgemeine Relativitätstheorie auf das Universum als Ganzes an, beschrieb

---

n.° 23, Murcia, 2010, S. 93–122; und »La destrucción de las comprensiones teológicas de la Modernidad«, ÉNDOXA: Series filosóficas, n.° 26, 2010, S. 243–78.

410 Für einen noch immer wertvollen Überblick über diese Zeit siehe Jacques Merleau-Ponty, *Cosmologie du XXe siècle. Étude épistémologique et historique des théories de la cosmologie contemporaine*, Éditions Gallimard, Paris, 1965, S. 35–108. Siehe auch Malcolm Longair, *The Cosmic Century. A History of Astrophysics and Cosmology* [2006], Cambridge University Press, 2013.

411 Albert Einstein, »Kosmologische[n] Betrachtungen zur allgemeinen Relativitätstheorie«, *Sitzungsberichte der Königlich Preußischen Akademie der Wissenschaften zu Berlin*, 1917, S. 142–52; Englische Übersetzung von W. Perrett und G. B. Jeffery: »Cosmological Considerations in the General Theory of Relativity«, in: A. Einstein *et al.*, *The Principle of Relativity*, Dover Publications, New York, 1923, S. 175–188.

412 Ein Überblick über Einsteins Beiträge zur Kosmologie findet sich bei Tobias Jung, »Einsteins Beitrag zur Kosmologie – ein Überblick«, in: Hilmar W. Duerbeck und Wolfgang R. Dick (Hsg.), *Einsteins Kosmos. Untersuchungen zur Geschichte der Kosmologie, Relativitätstheorie und zu Einsteins Wirken und Nachwirken*, Verlag Harri Deutsch, Frankfurt am Main, 2005, S. 66–107.

413 *Ibid.*, S. 68.

414 Erhard Scholz, »Einstein-Weyl Models of Cosmology«, in: Jürgen Renn (Hg.), *Albert Einstein. Chief Engineer of the Universe. One Hundred Authors for Einstein*, WILEY-VCH, Berlin, 2005, S. 395.

mit Hilfe von Riemannscher Geometrie die Metrik der Raumzeit und zeigte die untrennbare Verbindung zwischen Schwerkraft und strukturellen Eigenschaften des Universums in großem Maßstab.[415] Entsprechend beschrieb Einstein es folgendermaßen: »*Gemäß der allgemeinen Relativitätstheorie ist der metrische Charakter (Krümmung) des vier-dimensionalen Raumzeit-Kontinuums an jedem Punkt durch die Materie zum Punkt und Zustand dieser Materie definiert*«.[416] Folglich ist »*die Krümmung des Raums zeitlich und örtlich variabel, gemäß der Verteilung von Materie*«.[417]

Die zentrale kosmologische Metapher in diesem Modell des Universums – von großem heuristischem Wert – war das »Sternengas«.[418] Einstein betrachtete das Universum als Gas im Gleichgewicht nach der Boltzmann-Verteilung.[419] Aufgrund eines Mangels an einheitlicher Verteilung der Sterne – also der Materie des Universums, gemäß diesem Modell – »*die metrische Struktur dieses Kontinuums muss notwendigerweise extrem kompliziert sein. Aber wenn wir uns nur in großem Maßstab interessiert, können wir selbst Materie als einheitlich über enorme Flächen verteilt darstellen, sodass ihre Verteilungsdichte eine variable Funktion ist, die extrem langsam variiert*«.[420] Entsprechend kann das gesamte Universum »*ungefähr approximieren* [...] *durch sphärischen Raum*«.[421] Dieser sphärische Raum hätte einen fixen Radius und wäre einheitlich mit Sternengas gefüllt, als ideale Flüssigkeit einer konstanten Masse und Dichte.[422] Um sicher zu gehen, dass diese Art von kosmischer Flüssigkeit in gravitativem Gleichgewicht bleibt, stellte Einstein eine Abstoßungskraft in den relativistischen Gleichungen vor, die die Massenanziehung unter den Massenpunkten des Sternengases kompensierte, die so genannte »kosmologische Konstante«. Nachdem Masse in diesem Modell mit eigenartig ungeordneten Bewegungen diskret verteilt wurde, würde

415 Jean-Pierre Luminet, *L'invention du Big Bang* [1997], Éditions du Seuil, Paris, 2004, S. 31 ff.

416 A. Einstein, »Cosmological Considerations«, *op. cit.*, S. 183.

417 *Ibid.*, S. 188.

418 Jean-Pierre Luminet, *L'invention du Big Bang, op. cit.*, S. 32–3.

419 Albert Einstein, »Cosmological Considerations«, *op. cit.*, S. 178: »*wenn wir Bolzmanns Verteilungsgesetz für Gasmoleküle auf die Sterne anwenden*«.

420 *Ibid*, S. 183–4.

421 *Ibid*, S. 188.

422 Erhard Scholz, »The Standard Model of Contemporary Cosmology«, in: Jürgen Renn (Hg.), *Albert Einstein. Chief Engineer of the Universe, op. cit.*, S. 388.

die Abwesenheit einer Kraft, die die Energiedichte von ruhenden Sternenmassen exakt kompensierte, eine zunehmende Ausdehnung oder Zusammenziehung[423] hervorrufen und daher eine Variation der Metrik des Universums im Laufe der Zeit.[424] Ohne die kosmologische Konstante hätte jede kleine Abweichung der Materiedichte eine unwiderrufliche Evolution des Kosmos zur Folge: Indem entweder die Ausdehnung oder die Zusammenziehung beginnt.[425] So hätte das Universum nämlich ein Anfang und ein Ende und folglich auch eine Vergangenheit.

Viele Jahre später rechtfertigte Einstein die zentrale Annahme seines ersten kosmologischen Modells mit einem Verweis darauf, dass es keinen Grund gab, die statische Natur des Weltalls in Frage zu stellen.[426] Obwohl die Einführung der kosmologischen Konstante heute unbegründet wirken mag, als Einstein dieses Modell des Universums zum ersten vorstellte, wusste man nichts von spektakulären kosmologischen Objekten wie supermassiven Sternen, Schwarzen Löchern, Galaxienkernen und Quasaren.[427] Tatsächlich war noch nicht einmal nachgewiesen, ob es überhaupt andere Galaxien oder extragalaktische Körper gab[428] oder nicht: »*Unter diesen Umständen*

---

423 Jordi Cepa, *Cosmología física*, Barcelona, Ediciones Akal, 2007, S. 155: »*Newton wies darauf hin, dass das Universum, beginnend mit den dichtesten Stellen, kollabieren würde, wäre es nicht einheitlich mit Sternen gefüllt, aufgrund der Massenanziehung*«. *Ibid.*, S. 15. Meine Übersetzung. Siehe auch Ana Rioja und Javier Ordóñez, *Teorías del universo, op. cit.*, S. 316–7 und S. 336: »*Jeder Versuch [die Gravitationstheorie nach Newton] zu extrapolieren stieß auf die folgenden Schwierigkeiten: konzentrierte sich alle existierende Materie auf eine finite Region in infinitem Raum, ist das System instabil; wenn die Materie einheitlich im unendlichen Raum verteilt ist, muss das Gravitationsfeld an jeder Stelle infinit sein*«. Meine Übersetzung. Weitere Informationen zur Geschichte des kosmologischen Schwerkraftparadoxes in den Mechaniken nach Newton unter Berthold Suchan, *Die Stabilität der Welt. Eine Wissenschaftsphilosophie der kosmologischen Konstante*, Mentis, Paderborn, 1999, S. 28–44.

424 Jean-Pierre Luminet, *L'invention du Big Bang*, [1997], Éditions du Seuil, Paris, 2004, S. 33–4; Jean-Pierre Luminet, *Le Destin de l'Univers. Trous noirs et énergie sombre* [2006], tome II, Gallimard, Paris, 2010, S. 798–9.

425 Mijaíl V. Sazhin, *Cosmología moderna* [2002], spanische Übersetzung von Aldo L. Malca, Editorial URSS, Moscú, 2005, S. 69.

426 Kurt Roessler, »Georges Lemaître, das expandierende Universum und die kosmologische Konstante«, in: Hilmar W. Duerbeck und Wolfgang R. Dick (Hsg.), *Einsteins Kosmos, op. cit.*, S. 177–8.

427 Matthias Schemmel, »Gekrümmte Universen von Einstein: Karl Schwarzschilds kosmologische Spekulationen und die Anfänge der relativischen Kosmologie«, in: Hilmar W. Duerbeck und Wolfgang R. Dick (Hsg.), *Einsteins Kosmos, op. cit.*, S. 58.

428 Jordi Cepa, *Cosmología física, op. cit.*, S. 154.

und angesichts der Datenknappheit war es natürlich a priori *von einem statischen Universum auszugehen«.*[429] Einstein selbst schloss seine »Kosmologische[n] Betrachtungen« vorsichtig mit dem Hinweis, dass sein Modell zwar »*logisch konsistent*« sei und »*naheliegend*« in der allgemeinen Relativitätstheorie, er allerdings bezweifele, dass es auch »*vom Standpunkt des gegenwärtigen astronomischen Wissens* [...] *haltbar*« sei.[430]

Die kosmologische Umbesetzung von Eschatologie: Modelle eines nicht-statischen Universums

Der eschatologische Wechsel der klassisch relativistischen Kosmologie war unvermeidbar und Einsteins Bemühungen die Unveränderlichkeit des Universums zu halten waren erfolglos. Nachdem die allgemeine Relativitätstheorie es zuließ, die Zeitkrümmung im Laufe der Zeit örtlich zu variieren, schien es vernünftig davon auszugehen, dass sich die Metrik des Universums als Gesamtes verändert, was zum Phänomen des Zusammenziehens oder Ausdehnens des Kosmos führt.[431] Wie bereits erwähnt führten Alexander Friedmann und Georges Lemaître bald eine nicht-statische Lösung zu Einsteins Gleichungen an, die ein Modell eines dynamischen Universums bot. So wurde die relativistische Kosmologie zur evolutionären Kosmologie,[432] in der das ganze Universum seine Ereignisse in einer linearen oder zyklischen historischen Temporalität darstellt. Das Universum hätte eine Vergangenheit und damit eine Eschatologie.

Ich denke kosmologische Umbesetzung der Eschatologie wurde in einer Debatte um die kosmologische Konstante,[433] dem *Mysterium* par excellence, besonders deutlich. Während es die statistische Welt bewahrte, hatte die kosmologische Konstante zuvor jedes eschatolo-

---

429 *Ibid.* Meine Übersetzung.

430 Albert Einstein, »Cosmological Considerations«, *op. cit.*, S. 188.

431 Jean-Pierre Luminet, *Le Destin de l'Univers*, tome II, *op. cit.*, S. 781–2.

432 *Ibid.*, S. 775. Siehe auch Kurt Roessler, »Georges Lemaître, das expandierende Universum und die kosmologische Konstante«, in: Hilmar W. Duerbeck und Wolfgang R. Dick (Hsg.), *Einsteins Kosmos, op. cit.*, S. 162

433 Weitere Informationen zur kosmologischen Konstante finden sich unter Berthold Suchan, *Die Stabilität der Welt. Eine Wissenschaftsphilosophie der kosmologischen Konstante, op. cit.*, S. 103–34. Ein kurzer historischer Überblick ist verfügbar unter Mijaíl V. Sazhin, *Cosmología moderna, op. cit.*, S. 69 ff.

gische Verständnis des Universums verhindert und das klassische griechische Verständnis des Kosmos und der Vorrechte der Ewigkeit, Rationalität und Sicherheit aufrechterhalten (*VS 30–3*). So wurde die objektive Transzendenz des Universums gewährleistet und jegliche messianische oder apokalyptische Vision der kosmischen Zeit abgelehnt.

Als Alexander Friedmann jedoch die dynamische Lösung zu Einsteins Gleichungen fand, bahnte sich die Eschatologie ihren Weg in die Kosmologie als Form der mathematischen Unterstützung. 1922 veröffentlichte Friedmann seine bekannte Arbeit »Über die Krümmung des Raumes« in der deutschen *Zeitschrift für Physik*, in der er behauptete, dass die Metrik des Universums im Laufe der Zeit variieren könne.[434] Friedmanns Gleichung beinhaltete die kosmologische Konstante nicht und etablierte, dass das Universum generell nicht-statisch sei.[435] Obwohl es keinen Anlass oder Grund dafür gibt, dass das Universum sich ausdehnt oder zusammenzieht, als sich seine Metrik einmal zu verschieben begann, hörte sie nicht mehr damit auf.

Friedmann präsentierte zwei Arten von Universen: Das statische Universum und das variable Universum. In ersterem verändert sich die Raumkrümmung im Laufe der Zeit nicht, im zweiten hingegen schon. Einstein akzeptierte Friedmanns Lösungen nicht,[436] er betrachtete sie als fehlerhaft und sie gerieten bald in Vergessenheit. Allerdings führte Georges Lemaître[437] die kosmologische Konstante in einem neuen Modell des dynamischen Universums wieder ein und schlug ein einheitliches kosmologisches Verständnis von Vesto Siphers [1875–1969] und Edwin Powell Hubbles Beobachtungen

434 Zwei Jahre später, im Jahr 1924, veröffentlichte er im gleichen Journal: »Über die Möglichkeit einer Welt mit konstander negativer Krümmung«, *Zeitschrift für Physik*, 21, 1924, S. 326.

435 Jordi Cepa, *Cosmología física*, *op. cit.*, S. 134; Jean-Pierre Luminet, *Le Destin de l'Univers*, tome II, *op. cit.*, S. 799.

436 Weitere Informationen zu Einsteins Reaktion auf Friedmanns Arbeiten finden sich unter Jean-Pierre Luminet, *Le Destin de l'Univers*, *op. cit.* Kap. 5, S. 47–57. Siehe auch Georg Singer, »Die Kontroverse zwischen Alexander Friedmann und Albert Einstein um die Möglichkeit einer nichtstatischen Welt«, in: Hilmar W. Duerbeck und Wolfgang R. Dick (Hsg.), *Einsteins Kosmos*, *op. cit.*, S. 142–61.

437 Ein kurzer Überblick über das Leben und die wissenschaftlichen Beiträge von Georges Lemaîtres unter Jean-Pierre Luminet, *L'invention du Big Bang*, *op. cit.*, Kap. 8.

von Rotverschiebungen[438] und Spiralnebel vor.[439] Nach Lemaître ist die Fluchtgeschwindigkeit des extragalaktischen Nebels Beweis für eine Ausdehnung des Universums.[440] Dieser große Scheideweg des Moments wurde von Stephen Hawking beschrieben:

> »Zu jener Zeit gingen die meisten Menschen von Galaxien aus, die sich relativ willkürlich bewegten und erwarteten folglich gleich viele Blauverschiebungen wie Rotverschiebungen in Spektren. Es war entsprechend überraschend, dass alle Galaxien Rotverschiebungen vorzuweisen schienen. Jede einzelne bewegte sich von uns weg. Noch überraschender war das Ergebnis, das Hubble 1929 veröffentlichte: Sogar die Größe der Rotverschiebung der Galaxie war nicht willkürlich,

---

438 Es ist von Jordi Cepa wie folgt beschrieben: »*Zwischen 1912 und 1925 maß Vesto Slipher zum ersten Mal die Emissionslinien von 40 ›Nebelobjekten‹ im Spektrum. Er entdeckte Spektrallinien* [...] *mit Rotverschiebung. Dieses Phänomen wirkte sich auf alle Objekte aus, die in diesen Jahren vermessen wurden, außer dem Andromeda Nebel. In dieser Zeit war die Natur von Nebelobjekten wie Galaxien, die unserer ähnlich sind, nicht festgelegt. Diese ›Nebelobjekte‹ oder ›Nebel‹ bildeten eine Kategorie, die eine große Vielfalt beider galaktischer Objekte umfasste – die aus Emissions- oder Reflektionsnebel, Planetennebel, bipolarem Nebel, HII Regionen, etc. bestanden – und extragalaktischer Objekte – zu denen sämtliche Arten an Galaxien und morphologische Arten zählten –. Die Nebelobjekte, die Slipher untersuchte, gehörten zur Art der ›Spiralnebel‹; was man nun als Spiralgalaxien kennt. Folglich ergänzten Edwin Hubble und Milton Humason* [...] *Sliphers Liste um einige Galaxien die unterschiedlichen Haufen angehörten und entdeckten, dass darunter einige waren, deren Spektrum sich ins Blaue verschob*«. Jordi Cepa, *Cosmología física, op. cit.*, S. 33–4. Meine Übersetzung. Hubbles astronomische Observationen aus den Jahren 1922 und 1924 ermöglichte es ihnen aufzuzeigen, dass Spiralnebel tatsächlich ganze Galaxien, unabhängig von der Milchstraße und zusammengesetzt aus Millionen von Sternen, waren: »*Hubbles Arbeit öffnete resolut die Tür zu einem riesigen Universum, bestehend aus Nebel wie ›andere Milchstraßen‹, tausende Millionen Lichtjahre entfernt. Die Bestandteile dieses Universums waren keine Sterne, sondern ›Galaxien‹, die Shapley extragalaktische Nebel nannte*«. Ana Rioja und Javier Ordóñez, *Teorías del universo*, Editorial Síntesis, Madrid, vol. 3, 2006, S. 328. Auf S. 326: »*Es gibt eine Grenze, die das Universum der Sterne und das Universum der Galaxien unterscheidet und trennt*«. Meine Übersetzungen.

439 Ende 1924 bekam Lemaître die Gelegenheit am bekannten ›Washington meeting‹ teilzunehmen, bei der Edwin Hubble aufzeigte, dass die Milchstraße nicht die einzige Galaxie im Universum ist. Weitere Informationen unter Jean-Pierre Luminet, *L'invention*, S. 89: »*À la fin de 1924,* [Lemaître] *assiste à une réunion à Washington restée célèbre, puisque y est annoncée la découverte de Céphéides par Edwin Hubble dans les nébuleuses spirales, grâce à l'utilisation du gran télescope du mont Wilson. Cela permet de prouver l'existence de galaxies extérieures à la nôtre. Lemaître comprend aussitôt que cette nouvelle conception des ›Univers-îles‹ aura des conséquences pour les théories de la cosmologie relativiste*«.

440 Jean-Pierre Luminet, *L'invention du Big Bang, op. cit.*, S. 90–1 und S. 101–2.

> sondern direkt proportional zu unserer Entfernung von der Galaxie. Oder, in anderen Worten, je weiter die Galaxie entfernt war, desto schneller entfernte sie sich. Und damit konnte das Universum nicht statisch sein, wie alle zuvor angenommen hatten, sondern es dehnte sich tatsächlich aus. Die Entfernung zwischen den unterschiedlichen Galaxien nahm ständig zu«.[441]

Die darauffolgenden Forschungsstadien von Lemaître in England im Jahr 1923, wo er eng mit Arthur Eddington in Cambridge zusammenarbeitete und in den USA im Jahr 1924 – wo sich ihm die Gelegenheit bot mit Harlow Shapley zu arbeiten und die ersten Ergebnisse von Vesto Slipher und Edwin Hubble am *Massachusetts Institute of Technology* (*MIT*)[442] kennenzulernen – ermöglichten ihm das Vorstellen einer theoretischen Rahmenbedingung in der die neuen Beobachtungen eine ungewöhnliche kosmologische Bedeutung bekamen, die aus Einsteins Sicht gewiss entsetzlich anmutete.

Entsetzliche Mysterien: Die Ausdehnung des Universums und die kosmologische Umbesetzung der *creatio ex nihilo*

Die Überraschung, die der junge Physikers George Lemaître in seinem katholischen Gewand in Einstein ausgelöst haben dürfte als die beiden sich das erste Mal begegneten,[443] ist schwer vorstellbar. Sie trafen sich 1927 in Brüssel, wohin Einstein für die fünfte Solvay-Konferenz zu Quantenmechanik gereist war. Lemaître erzählte

---

[441] Stephen W. Hawking, *The Theory of Everything. The Origin and Fate of the Universe* [1996], Phoenix Books, Beverly Hills, 2005, S. 17–8.

[442] Jean-Pierre Luminet, *L'invention du Big Bang, op. cit.*, S. 87–9.

[443] Kurt Roessler, »Georges Lemaître, das expandierende Universum und die kosmologische Konstante«, in: Hilmar W. Duerbeck und Wolfgang R. Dick (Hsg.), *Einsteins Kosmos, op. cit.*, S. 169: »*Die hier gezeigte Momentaufnahme ist bezeichnend für Einsteins gelegentlich selbstherrliche Attitüde und sein misstrauisches Staunen über einen jungen Physiker im Habit eines katholischen Priesters, selbst wenn er ihm die mathematische Beherrschung der allgemeinen Relativitätstheorie bescheinigen musste. Auch Eddington, der Lemaître von seinem Gastaufenthalt in Cambridge im Jahr 1923 viel besser kannte, äusserte zunächst das Verdikt des ›Theologischen‹ über dessen Ansatz*«. Weitere Informationen unter Jean-Pierre Luminet, *L'invention du Big Bang, op. cit.*, S. 102 ff. Siehe auch Odon Godart und Michael Heller, »Einstein-Lemaître: Recontre d'idées«, *Revue des Questions Scientifiques*, 150, 1979, S. 23–43; Dominique Lambert, *Un atome d'univers. La vie et l'œuvre de Georges Lemaître* [2000], Éditions Lessius, Bruxelles, 2011.

in einem späteren Radiointerview zu Einsteins zweiten Todestag von dieser Begegnung:[444] »*En se promenant dans les allées du parc Léopold,* [Einstein] *me parla d'un article, peu remarqué, que j'avais écrit l'année précédente sur l'expansion de l'Univers*[445] *et qu'un ami lui avait fait lire.*[446] *Après quelques remarques techniques favorables, il conclut en disant que du point de vue physique cela lui paraissait tout à fait abominable*«.[447] Trotz der unerwarteten Geringschätzung bedankte sich Lemaître bei Einstein für die Informationen über Friedmanns Arbeit,[448] die er tatsächlich nicht berücksichtigt hatte.[449] Weil Lemaître großes Interesse daran zeigte, das Gespräch fortzusetzen lud Einsteins Begleitung, Auguste Piccard, in zu einem Besuch im Labor der Universität Brüssel ein. Lemaître erzählte, dass er sich im Taxi mit Einstein über »*des vitesses des nébuleuses et j'eus l'impression qu'Einstein n'était guère au courant des faits astronomiques*« unterhielt.[450]

Einsteins darauffolgende »Konversion« zu einem dynamischen Modell des Universums, also die Hinnahme der physikalischen und sogar theologischen Auswirkungen auf einen sich ausdehnenden Kosmos, fand einige Jahre später statt, als Einstein nach Kalifornien reiste.[451] Dort besuchte er das *California Institute of Technology*, das

---

444 Kurt Roessler, *ibid.*, S. 168.

445 Probably, Lemaître's paper »Un Univers homogène de masse constante et de rayon croissant, rendant compte de la vitesse radiale des nébuleuses extra-galactiques«, *Annales de la Societé scientifique de Bruxelles*, série A, t. XLVII, avril 1927, S. 29–39.

446 Es wird angenommen, dass dieser Freund Théophile De Donder sein könnte, mit dem Einstein in Brüssel arbeitete, als er die fünfte Solvay Konferenz vorbereitete. Siehe Kurt Roessler, *ibid.*, S. 168–9.

447 Zitiert von Jean-Pierre Luminet, *L'invention du Big Bang, op. cit.*, S. 103; auch von Kurt Roessler, »Georges Lemaître, das expandierende Universum und die kosmologische Konstante«, *op. cit.*, S. 168.

448 Einstein selbst las sie zwei Mal: Albert Einstein, »Bemerkung zu der Arbeit von A. Friedmann: *Über die Krümmung des Raumes*«, *Zeitschrift für Physik*, 11, 1922, S. 326; »Notiz zu der Arbeit von A. Friedmann: *Über die Krümmung des Raumes*«, *Zeitschrift für Physik*, 16, 1923, S. 228.

449 Jean-Pierre Luminet, *L'invention du Big Bang, op. cit.*, S. 101.

450 Zitiert von Jean-Pierre Luminet, *L'invention du Big Bang, op. cit.*, S. 103. Laut Luminet »[…] *André Deprit (ancien élève de Lemaître) donne une version plus pittoresque et légèrement différente de cette rencontre. Il affirme notamment que Lemaître ne connaissait pas l'allemand, ce qui peut expliquer le fait que le savant belgen'ait pas cité le travail antérieur de Friedmann das son article de 1927*«.

451 Auf seiner Reise besuchte Einstein auch La Habana. Weitere Informationen unter Angel Marqués Dols, »Albert Einstein: treinta horas en La Habana«, *Desde Cuba*, 7. Juli 2011.

Mount Wilson Observatorium, und traf Edwin Hubble und Richard Chase Tolman [1881–1948] und weitere US-amerikanische Astronomen.[452] Dort observierte Einstein die Rotverschiebung des extragalaktischen Spiralnebels und sagte sich von der Kosmologischen Konstante los.[453] In den darauffolgenden Jahren präsentiere Einstein zwei Modelle des expandierenden Universums, das so genannte »Friedmann-Einstein-Universum«[454] im Jahr 1931 und das »Einstein-de Sitter-Universum[455] im Jahr 1932, in einem Artikel, den er zusammen mit dem niederländischen Mathematiker und Astronomen Willem de Sitter verfasst hatte. In beiden Fällen wurde von einem räumlich geschlossenen Universum ohne kosmologische Konstante ausgegangen.[456]

Darum war das zweite Treffen zwischen Einstein und Lemaître[457] 1933 in Pasadena für beide von großer Bedeutung. Jedoch nicht nur, weil Lemaître zu Einsteins Enttäuschung, trotz dessen vehementer

---

452 Einstein beschreibt es seinem Freund Michele Besso wie folgt: »*Die Leute vom Mount Wilson-Observatorium sind ausgezeichnet. Sie haben in letzter Zeit gefunden, dass die Spiralnebel räumlich annähernd gleichmäßig verteilt sind und einen ihrer Distanz proportionalen mächtigen Dopplereffekt zeigen, der sich übrigens aus der Relativitätstheorie zwanglos folgern lässt (ohne kosmologisches Glied). Der Haken ist aber, dass die Expansion der Materie auf einen zeitlichen Anfang schliessen lässt, der* 10^{10}*, bzw.* 10^{11} *Jahre zurückliegt*«, in: Pierre Speziali, *Albert Einstein-Michele Besso: Correspondence 1903–1955,* A. Hermann, Paris, S. 268, zitiert von Tobias Jung, »Einsteins Beitrag zur Kosmologie – ein Überblick«, in: Hilmar W. Duerbeck und Wolfgang R. Dick (Hsg.), *Einsteins Kosmos, op. cit.*, S. 88.

453 Tobias Jung, *ibid.*, S. 84–95. Zu jener Zeit demonstrierte Arthur Eddington, dass Einsteins Universum in Ungleichgewicht war: A. S. Eddington, »On the Instability of Einstein's Spherical World«, *Monthly Notices of the Royal Astronomical Society,* vol. 90, 1930, S. 668–78.

454 Albert Einstein, »Zum kosmologischen Problem der allgemeinen Relativitätstheorie«, *Sitzungber. Preuß. Akad. Wiss.*, 96, 1931, S. 235–237.

455 Albert Einstein und Willem de Sitter, »Zur Beziehung zwischen der Ausdehnung und der mittleren Dichte des Universums«, *Proceedings of the National Academy of Sciences of the United States of America,* 18, 1932, S. 213–4. Einsteins Beiträge umfassen auch die sogenannten Einstein-Weyl-Modelle. In diesen Modellen wird ein statisches Universum aufrechterhalten und versucht das Phänomen der Rotverschiebung zu erklären. Siehe beispielsweise Erhard Scholz, »Einstein-Weyl Models of Cosmology«, in: Jürgen Renn (Hg.), *Albert Einstein. Chief Engineer of the Universe. Einstein's Life and Work in Context,* WILEY-VCH, Berlin, 2005, S. 394–7.

456 Tobias Jung, *op. cit.*, S. 68.

457 Einstein und Lemaître trafen sich einige Male. Weitere Informationen unter Kurt Roessler, »Georges Lemaître, das expandierende Universum und die kosmologische Konstante«, *op. cit.*, S. 172 ff.

Einwände,[458] Recht behalten hatte, oder, weil Lemaître bereits Ansehen genoss,[459] sondern auch, weil die entsetzliche kosmologische Umbesetzung der Eschatologie bereits vollzogen war und Legitimation erhielt und zur allerneusten Wissenschaft zählte. Außerdem entwickelte Lemaître sie weiter mit der bereits erwähnten Hypothese des Uratoms:[460] »*Anstatt Einsteins statisches Universum als Grundzustand zu betrachten und davon das dynamische Modell abzuleiten, dachte Lemaître lieber, das Universum begann sich aus einem singulären Zustand auszudehnen*«.[461] Nach Lemaître expandierte das Universum nicht nur, es hatte außerdem einen exzeptionellen Ursprung.

In Pasadena traf Einstein »*auch keinen unbekannten, jungen Wissenschaftler, sondern einen Mann, dessen Ideen viel diskutiert wurden, [...] der für ein kosmologisches Modell warb, welches die Hubble-Konstante prognostizieren konnte*«.[462] Am 11. Januar 1933 besuchte Einstein ein Seminar, das von Lemaître gegeben wurde und auf eine Art die offizielle Anerkennung seiner Theorie in der wissenschaftlichen Gemeinschaft beinhaltete.[463] In diesem Seminar erklärte Lemaître seine Idee der Geburt des Universums aus einem »Uratom« heraus, wie er zuvor in drei Artikeln darlegte die 1931 veröffentlicht wurden mit den Titeln »The expanding Universe« [»Das expandierende Universum«], »The beginning of the World from the point of view of quantum theory« [»Der Ursprung der Welt aus Sicht der Quantentheorie«], und »L'expansion de l'espace« [»Die Expansion des Raums«].[464] Seiner Meinung nach unterschied sich das frühe Uni-

---

458 Kurt Roessler, *ibid.*, S. 162.

459 Jean-Pierre Luminet, *L'invention du Big Bang, op. cit.*, S. 138.

460 Lemaître beschrieb es 1945 wie folgt: »*L'hypothèse de l'atome primitif est un hypothèse cosmogonique suivant laquelle le monde actuel a résulté de la désintégration radiactive d'un atome*«. Georges Lemaître, »L'hypothèse de l'atome primitif«, *Actes de la Société helvétique des sciences naturelles*, 1945, S. 77–96, edited in: Jean-Pierre Luminet, *L'invention du Big Bang, op. cit.*, S. 203–226.

461 Jean-Pierre Luminet, *L'invention du Big Bang, op. cit.*, S. 109. Meine Übersetzung.

462 *Ibid*, S. 138–9. Meine Übersetzung.

463 Kurt Roessler, *op. cit.*, S. 170.

464 Die erste wurde, mit zahlreichen technischen Details, im März 1931 veröffentlicht in *Monthly Notices of the Royal Astronomical Society* (vol. 91, 1931, S. 490–501); die zweite und dritte waren Versionen für ein breiteres Publikum, veröffentlicht in *Nature* (vol. 127, S. 706), und *Revue des questions scientifiques*, (50e année, 4e série, t. XX, 1931, S. 391–410), beide jeweils im Mai bzw. November des gleichen Jahres veröffentlicht. Weitere Informationen unter Jean-Pierre Luminet, *L'invention du Big Bang, op. cit.*, S. 111 ff.

versum sehr stark von seiner heutigen Form. Sofern sich das Universum nun ausdehnte, konnte das nur sein, weil es einmal viel dichter und komprimierter war,[465] eine Art singuläres *Quantum*,[466] oder gigantischer Atomkern,[467] dessen schrittweiser Zerfall und weitere Fragmentierung zur Ausdehnung des Universums führte.[468] Folglich, »*si le monde a commencé par un quantum unique, les notions d'espace et de temps n'auront absolument plus de signification au commencement même; mais elles acquerront progressivement quelque sens, quand e quantum originel se sera divisé* [...] *un nombre suffisant de quanta partiels*«.[469] So kann man sagen, »*le début du monde a* [*eu*] *lieu un peu avant celui de l'espace et du temps*«.[470]

Einsteins Protest folgte unmittelbar. Er hielt die Hypothese des Uratoms für nicht haltbar aus Sicht der Physik. Eine Spekulation, inspiriert durch die christliche Schöpfungslehre: »*Nein, nicht so etwas. Das erinnert zu sehr an die Schöpfungslehre!*«.[471] Einstein verweigerte jede weitere Diskussion der Hypothese des Uratoms mit der Behauptung der belgische Priester sei bei diesem Thema – wie bei vielen anderen – nicht wissenschaftlich objektiv,[472] da er von den Grundsätzen der christlichen Theologie geführt wird. Allerdings zeigten die Errungenschaften, der darauffolgenden Jahrzehnte in der Astrophysik und der Kosmologie wieder einmal, dass Einstein falsch lag und Lemaître richtig. Die abscheuliche kosmologische Umbesetzung der *creation ex nihilo* führte zur Urknall-Theorie und dem so genannten »Standard-Modell moderner Kosmologie«.[473]

---

465 Jean-Pierre Luminet, *L'invention du Big Bang, op. cit.*, S. 90–1; Ana Rioja und Javier Ordóñez, *Teorías del universo, op. cit.*, S. 341–7.

466 Georges Lemaître, »L'origine du monde du point de vue de la théorie quantique« [1931] – Originaltitel: »The beginning of the World from the point of view of quantum theory«–, veröffentlicht von Jean-Pierre Luminet, *L'invention du Big Bang, op. cit.*, S. 129.

467 Étienne Klein, *Discours sur l'origine de l'univers*, Flammarion, Paris, 2010, S. 36, Fußnote 2.

468 Lemaître, »L'origine du monde du point de vue de la théorie quantique«, *op. cit.*, S. 129.

469 *Ibid.*

470 *Ibid.*

471 Georges Lemaître: »Rencontres avec A. Einstein«, *Revue des Questions Scientifiques*, 129, n.º 1, 1958, S. 130, zitiert von Kurt Roessler, *op. cit.*, S. 171. Siehe auch Jean-Pierre Luminet, *L'invention du Big Bang, op. cit.*, S. 139

472 Jean-Pierre Luminet, *L'invention du Big Bang, op. cit.*, S. 139.

473 Jordi Cepa, *Cosmología física, op. cit.* S. 176–7; Erhard Scholz, »The Standard Model of Contemporary Cosmology«, in: Jürgen Renn (Hg.), *Albert Einstein. Chief*

Eschatologie und Apokalypse aus kosmologischer Perspektive

Ich habe versucht aufzuzeigen, dass die eschatologische Dimension gegenwärtiger Astronomie sich nicht auf eine zufällige Eigenschaft einiger ihrer Spekulationen beschränkt, sondern viel mehr eine historisch begründete interne Konfiguration ihrer disziplinären und epistemologischen Ordnung darstellt. Darum möchte ich aus Gründen der Klarheit gerne zwischen *eschatologischer Kosmologie* und *kosmologischer Apokalypse* unterscheiden.

Bezüglich des ersten Begriffs komme ich zum Verständnis, dass *die kosmologische Umbesetzung der Eschatologie in der Entstehung einer mythisch-wissenschaftlichen Kosmogonie spezifiziert ist, die sich daran orientiert, den Beginn der kosmischen Zeit zu beschreiben und zu erklären*, ebenso wie in der Formulierung eines *eschatologischen Versprechens* das, in Form spezieller Prognosen, ein zwangläufiges Ende des Universums vorhersieht. Der Begriff der kosmologischen Apokalypse bezieht sich auf die mythisch-wissenschaftliche Darstellung des Endes des Universums, einschließlich exzeptioneller kosmischer Ereignisse – eine kataklystische Natur – die einige Regionen des bekannten Universums betreffen können und zuvor durch ihre Bedeutung für den Menschen gekennzeichnet waren. Entsprechend könnte man zwischen einer *kleinformatigen kosmologischen Apokalypse* und einer *großformatigen kosmologischen Apokalypse* unterscheiden, obwohl zweitere Bedeutung sich gegen die erstere durchsetzen würde, wann immer es um die kosmologische Apokalypse im Allgemeinen geht.

Meiner Meinung nach haben sowohl die eschatologische Kosmologie als auch die kosmologische Apokalypse eine (astronomische) Umbesetzung von Mythos und Metapher herbeigeführt. Erkenntnisse aus der beobachtenden Astronomie und extragalaktischen Astrophysik, die im zwanzigsten und einundzwanzigsten Jahrhundert erlangt wurden und die daraus resultierende Verbreitung von Fachgebieten und Unter-Fachgebieten der zeitgenössischen Astronomie – einschließlich Radioastronomie, Astrogeologie, Astrometrie oder Röntgenastronomie, und viele weitere – ermöglichten es dem Mythos zu überleben und sich zu erneuern. Durch ihre sensationellen Ent-

---

Engineer of the Universe, op. cit., S. 388–93; Ana Rioja und Javier Ordóñez, *Teorías del universo, op. cit.*, S. 340–1.

deckungen hat die gegenwärtige Astronomie den Kosmos re-mythologisiert und neue Mythen zu Beginn und Ende des Universums hervorgebracht, in eindeutiger Konsistenz mit der kosmologischen Tradition der sie tatsächlich zuzuordnen ist.

Wie wir im vorherigen Kapitel gesehen haben, gehören zu diesen Mythen und Metaphern um den Beginn und das Ende der kosmischen Zeit in der gegenwärtigen Astronomie dichte organizistische und biologistische Metaphern um die Entstehung und die Entwicklung des Universums zu skizzieren. Die vorherrschende Metapher zum Alter des Universums gestattet den »*eschatologischen Pathos*« (*VS* 32) der zeitgenössischen physikalischen Kosmologie auszudrücken, wodurch dessen »*apokalyptische Visionen*« (*VS* 253) zum Material einer eschatologischen Phänomenologie des Kosmos[474] werden. Dies verdeutlicht wieder einmal das menschliche Bedürfnis, ein Bild für den Zusammenbruch von Allem zu entwickeln.[475]

---

474 Ich verwende den Ausdruck »*phänomenologische Eschatologie*« von Philipp Stoellger, »Über die Grenzen der Metaphorologie. Zur Kritik der Metaphorologie Hans Blumenbergs und den Perspektiven ihrer Fortschreibung«, in: Anselm Haverkamp und Dirk Mende (Hsg.), *Metaphorologie. Zur Praxis von Theorie,* Suhrkamp Verlag, Frankfurt am Main, 2009, S. 226.

475 »*Das Bedürfnis nach Untergangsvisionen, nach dem Erschrecken vor ihnen und mit ihnen, erwies sich als unausrottbar*« (*VS* 251).

Hans Blumenberg trifft Stephen Hawking

»Il est toujours difficile de savoir quand un Anglais parle sériusementou non«.
(Hubert Reeves)

»We can say that in Hawking's case the metaphor is materialized«.
(Hélène Mialet)

»Look up at the stars and not down at your feet«.
(Stephen Hawking)

Und was macht die andere Hälfte der Menschheit?

Die Verbreitung und Wirkung seiner Arbeit war für Blumenberg keine nebensächliche Angelegenheit. Sie war bereits zu Zeiten der ersten Übersetzungen seines Buchs in den Vereinigten Staaten ein klares Problem, später folgten die mehr oder weniger günstigen Fälle in Frankreich und Italien. Die Unbeständigkeiten im in den Übersetzungen einiger seiner zentralen Bücher waren für Blumenberg eine eindeutige Besorgnis. Er widmete diesem Thema ein paar der Dokumente in seinem Nachlass sowie einige Aphorismen und Kurzgeschichten. Ich würde an dieser Stelle gerne drei Beispiele nennen. Das erste ist ein kurzer Text zu Edward Bulwer-Lytton, der Autor von *The Last Days of Pompeii* [*Die letzten Tage von Pompeji*], den Blumenberg mit der folgenden Bemerkung zum Autor beendet: »*Seine Berufsoptik bedingt, in der weiteren Peripherie um sein Zentrum wahrzunehmen, worauf es ihm ankommen muss: die größere Zahl. Je weiter der Radius, um so grösser das Publikum. Erst dann lohnt es sich, etwas zu drucken, statt es nur zu sagen*« (*BiG 110*). Im zweiten Beispiel antwortet Blumenberg auf eine Frage aus dem Fragebogen des *Frankfurter Allgemeine Magazin*: »*Was möchten Sie sein?*«: »*Mein Verleger, um für einen seiner Autoren mehr zu tun*« (*Fb 25*). Das letzte Beispiel, das ich hier nennen möchte, vielleicht das ausdrucksstärkste, findet sich in einem sehr späten Zeitungsartikel aus der *Neue Zürcher Zeitung* vom

6. Oktober 1987 -ein Jahr vor *Lebenszeit und Weltzeit*- mit dem Titel »Sättigungsgrade«. Blumenberg stellte die rhetorische Frage: »*Wann darf, wann muss ein Urheber von Werken zufrieden sein mit dem Radius seiner Wirkung, mit dem Sättigungsgrad seiner Verbreitung, mit dem Volumen seiner Rezeption?*«. Er fügte hinzu: »*Sind 50 Leser eines Buches eine ›kleine Gemeinde‹? Sind 500 Käufer eine ›bemerkenswerte Klientel‹? Sind 5000 abgesetzte Exemplare Indiz für einen ›schönen Erfolg‹? Oder sind erst 50 000 der Einstieg in ein ›Publikum‹? 500 000 in 25 Sprachen dann ein ›Welterfolg‹?*«. Dann stellte Blumenberg sich »*einen hübschen Tag der Megalomanie*« vor, an welchem er ein Telegramm erhielte mit der Nachricht, »*die Hälfte der Menschheit (im Augenblick, da ich dies überlege, 2,5 Milliarden) habe eins meiner Bücher erworben und, demoskopisch gesichert, auch gelesen – beziehungsweise sich vorlesen lassen!*«. Am Ende dieses Textes lässt sich erneut der besondere, ironische Stil Blumenbergs erkennen: »*Unfehlbar wäre meine Reaktion augenblicklich: Und bitte: Was macht die andere Hälfte?*«.[476]

In dieser Hinsicht ist es überraschend, dass Stephen Hawking[477] mit der Veröffentlichung seines Buches *Eine kurze Geschichte der Zeit*[478] im Jahr 1988 – ein Jahr nach »Sättigungsgrade« – im Prinzip erreichte, was für Blumenberg lediglich eine witzige und aufschlussreiche Spekulation war. Das Bemerkenswerteste ist jedoch, dass Blumenberg durch einen ausführlichen Bericht – erhalten in seinem Nachlass in Marbach und üppig unterstrichen – den das französische Magazin *L'Express* dem bekannten britischen theoretischen Physiker und Kosmologen im Jahr 1989 gewidmet hatte, vom weltweiten Erfolg von Hawkings Buch erfuhr. Hawking konnte Blumenbergs Spekulation davon, was die andere Hälfte der Menschheit macht, die sein Buch nicht liest, fast wörtlich auf seine Situation anwenden. Zudem bot Hawking rückblickend einige Berechnungen dazu an: »*Ich denke niemand, nicht meine Verleger, nicht mein Agent und auch*

---

476 H. Blumenberg, »Sättigungsgrade«, *Neue Zürcher Zeitung*, 6.10.1987, Nr. 231, S. 27.

477 Für die »offizielle« Biografie von Hawking siehe Kitty Ferguson, *Stephen Hawking: An Unfettered Mind*, Palgrave Macmillan, New York, 2012. Dennoch ist das vielleicht aufschlussreichste Buch zu Hawking ist Hélène Mialet, *Hawking Incorporated: Stephen Hawking and the Anthropology of the Knowing Subject*, University of Chicago Press, 2012.

478 Stephen Hawking, *A Brief History of Time. From the Big Bang to Black Holes*, Einführung von Carl Sagan, Bantam Dell Publishing Group, 1988.

nicht ich selbst, hat damit gerechnet, dass das Buch so erfolgreich wird, wie es ist nun ist. Es war 237 Wochen lang auf der Best-Seller-Liste der London Sunday Times, länger als jedes andere Buch (die Bibel und Shakespeare werden wohl nicht berücksichtigt). Es wurde in etwa vierzig Sprachen übersetzt und jeder 750ste Mann, oder Frau oder Kind der Welt besitzt das Buch«.[479] Wie Malcolm Longair aufzeigt, ist *Eine kurze Geschichte der Zeit* bereits Teil der Verlagsgeschichte,[480] man kann sagen, es gehört zu der Geschichte der Bücher. Blumenberg erfuhr von der Existenz von *Eine kurze Geschichte der Zeit* durch den Artikel »L'homme qui réinvente l'Univers« des französischen Wissenschaftsjournalisten Françoise Harrois-Monin's, der sich mit Hawking befasst und in bereits erwähnter Berichterstattung in *L'Express* erschien:[481] »*Son livre* Une brève histoire du temps, *paru récemment chez Flammarion connaît un succès planétaire*« – Blumenbergs Hervorhebung.[482] Die französische und die deutsche Übersetzung[483] wurden 1988 veröffentlicht. Françoise Harrois-Monins Artikel leitete mit dem kommerziellen Erfolg von Hawkings Buch ein und fragte nach Gründen für diesen Erfolg. Er erwähnte auch die Anzahl an Büchern, die bis dato verkauft waren: Mehr als 600.000 in den USA, 200.000 in Großbritannien und Spanien und 100.000 in Italien. »*En France, les 120.000 exemplaires distribués se sont volatilisés en six semaines. Flammarion poussera le tirage jusqu'à*

[479] *Ibid.*, S. 5.

[480] Malcolm Longair (Hg.), *The Large, the Small and the Human Mind*, Cambridge University Press, 1997, S. XI.

[481] Françoise Harrois-Monin, »L'homme qui réinvente l'Univers«, *L'Express*, 21 April 1989, S. 32–38 (DLA Marbach). *L'Express* hatte Hawking bereits einen anderen Bericht gewidmet n.° 1963.

[482] F. Harrois-Monin, »L'homme qui réinvente l'Univers«, *op. cit.*, S. 32. [»Sein Buch, *Eine kurze Geschichte der Zeit*, vor Kurzem von Flammarion veröffentlicht, war weltweit sehr erfolgreich«]. Meine Übersetzung.

[483] Hubert Mania, *Stephen Hawking* [2003], Rohwohlt Verlag, Reinbek bei Hamburg, 2011, S. 128: »*Deutschland katapultierte das grosse Interesse der Öffentlichkeit das im Rowohlt Verlag erschienene Buch in kürzester Zeit auf Platz eins der ›Spiegel‹-Bestsellerliste, wo es mehr als ein Jahr an der Spitze blieb*«. Und weiter unten: »*Es wurde mit über zehn Millionen weltweit verkauften Exemplaren das mit Abstand erfolgreichste Sachbuch des 20. Jahrhundert*«. Auf S. 154: »*1988. Im April Veröffentlichung des Buches* Eine kurze Geschichte der Zeit *in den USA. Im Sommer erscheinen die englische und die deutsche Ausgabe*«.

150.000« – Blumenbergs Hervorhebung –.[484] Aber mit einer skeptischen Bemerkung: »*Sur les centaines de milliers de personnes qui l'ont acheté de par le monde, combien peuvent se vanter de l'avoir lu jusqu'à la dernière page?*«.[485] In jedem Fall konnte Hawking »das neue Buch über den Himmel« schreiben – um einen Ausdruck aus Blumenbergs *Die Lesbarkeit der Welt* [1981] zu verwenden – man könnte sagen, den neuen siderischen Anzeiger [»*sidereus nuncius*«] und genoss einen großartigen Erfolg.

Heute mag Hawkings siderischer Anzeiger möglicherweise ein wenig banal erscheinen, aber zu jener Zeit wies er alle Merkmale einer unverfälschten Nachricht aus der Ferne des Himmels auf. Darüber hinaus und in Folge der besten modernen Lehren schien der Autor – ein ungewöhnlicher Bote der Sterne – dem astronomischen Epos eine neue Bedeutung zu verleihen, ein reformiertes Heldentum nach der Bedeutung der Botschaft. Hawkings Kampf gegen seine degenerative Krankheit steht im Wiederspruch zu diesem modernen astronomischen Epos, ein Epos der dramatischen Spannung zwischen dem mondänen Leben und dem astronomischen Horizont. Er führt diesen Kampf »*doté d'une volonté d'acier, à son destin – à la fois tragique et unique – qui immobilise son corps et permet à son esprit de jongler avec les théories les plus abstraites, de consacrer tout son temps, toute son énergie à réfléchir sur la naissance et l'avenir de l'Univers. L'image de Hawking, de son fauteuil roulant, muni d'un ordinateur et d'un synthétiseur vocal, de sonvisage tordu par la maladie frappe l'imagination*«. Und weiter unten: »*Que cet homme-là ne songe qu'à refaire le monde, qu'à mettre de l'ordre dans la machinerie intergalactique force, sans doute, l'admiration et le respect* […], *les intuitions de Hawking – et celles de beaucoup d'autres – ont modifié nos conceptions de l'Univers*».[486]

---

[484] F. Harrois-Monin, »L'homme qui réinvente l'Univers«, *op. cit.*, S. 32. [»*In Frankreich wurden 120.000 Kopien innerhalb von sechs Wochen vertrieben. Flammarion wird bis zu 150.000 veröffentlichen*«]. Meine Übersetzung.

[485] *Ibid.* [»*Zu den hunderttausenden Menschen auf der Welt die es kauften, wie viele werden es bis zur letzten Seite gelesen haben?*«] Meine Übersetzung. Zum Thema siehe Kristine Larsen, *Stephen Hawking: A Biography* [2005], Greenwood Publishing Group, Westport, 2007, S. 81–90.

[486] F. Harrois-Monin, »L'homme qui réinvente l'Univers«, *op. cit.*, S. 32. [»*Mit eisernem Willen war sein Schicksal – tragisch und einzigartig zugleich – ein immobiler Körper und ein Kopf, der die abstraktesten Theorien jonglierte und es ihm erlaubte, all seine Zeit und Energie in die Überlegungen zu Geburt und Zukunft des Universums zu geben. Das Bild von Hawking in seinem Rollstuhl, mit dem Computer und dem Stimmen-Synthesizer, sein Gesicht von der Krankheitverzerrt, ist überraschend*«; »*Dieser Mann träumt*

Es scheint, als hätte Blumenberg nichts davon beeindruckt, sogar zu einer Zeit als viele siderische Anzeiger einen bemerkenswerten Aufschwung erlebten, manche von ihnen auch vor dem Erscheinen von Hawkings *Eine kurze Geschichte der Zeit,* wie beispielsweise Steven Weinbergs Buch *The First Three Minutes: A Modern View of the Origin of the Universe* [1977] [*Die ersten drei Minuten*] oder Jean Heidmanns *L'Odyssée cosmique. Quel destin pour l'univers?* [1986] [*Odyssee im Kosmos*].[487] Es gibt Hinweise darauf, dass Blumenberg Weinbergs Buch gelesen hat; in jedem Fall zitiert er daraus in *Die Vollzähligkeit der Sterne* (*VS 110* und *112*). Es gibt allerdings keinen Grund anzunehmen, dass Blumenberg auch Hawkings bekanntes Buch gelesen hat. So weit ich weiß bezog er sich nie darauf, abgesehen von dem folgenden Abschnitt in Françoise Harrois-Monins Artikel, den er unterstrichen hat: »*N'empêche que son livre* [*Eine kurze Geschichte der Zeit*] *vient de donner un puissant coup de projecteur sur la cosmologie entière. Une science en pleine évolution, qui flirte en permanence avec la métaphysique*«.[488]

Hawking in Blumenbergs Nachlass

In Blumenbergs Nachlass sind ein paar Zeitungsartikel erhalten geblieben, die sich mit Stephen Hawkings Beiträgen zur Kosmologie und zur Untersuchung von Schwarzen Löchern befassen.[489] Meines

davon, die Welt neu zu gestalten, Ordnung in die intergalaktische Maschinerie zu bringen, er provoziert Bewunderung und Respekt […]. *Hawkings Einblicke – und die vieler anderer – haben unsere Vorstellung des Universums verändert*«]. Meine Übersetzung.

487 Zitiert von F. Harrois-Monin, »L'homme qui réinvente l'Univers«, *op. cit.*, S. 34. Die bibliografische Referenz dieses letzten Buchs wurde von Blumenberg markiert. Ich könnte mich außerdem auf Hubert Reeves informative Bücher *Patience dans l'azur* und *Poussières d'étoiles* beziehen. Zu Jean Heidmann gibt es einen redigierten Dialog in: Jacques Merleau-Ponty, *Sur la science cosmologique. Conditions de possibilité et problèmes philosophiques.* Textes organisés et présentés par Michel Palty et Jean-Jacques Szczeciniard, EDP Sciences, Les Ulis, 2003, S. 95–136.

488 F. Harrois-Monin, »L'homme qui réinvente l'Univers«, *op. cit.*, S. 32. Blumenbergs Hervorhebung. [»*Sein Buch* (Eine kurze Geschichte der Zeit) *bestärkte die gesamte Kosmologie. Eine sich entwickelnde Wissenschaft, die konstant mit der Metaphysik flirtet*«]. Meine Übersetzung.

489 »Schwarze Löcher« gehören zu den wichtigsten »kosmologischen MacGuffins« dieser Jahre. Laut Paul Murdin: »Wurde die Existenz Schwarzer Löcher bereits im 18ten Jahrhundert vorhergesehen, aber erst in den 1970ern konnten Astronomen sie

Wissens, sind zusätzlich zum bereits erwähnten Bericht in *L'Express* vier Zeitungsartikel in dieser Hinsicht besonders wichtig. Zu Schwarzen Löchern gibt es einen sehr frühen und ungekennzeichneten Text mit dem Titel »Welt-Entstehung. Schwarzes Loch« aus dem Jahr 1968, erschienen im *Spiegel*.[490] Auch einen anderen Artikel aus dem Jahr 1986 möchte ich hier anführen – wahrscheinlich erschien er in der *ZEIT* – geschrieben von Rainer Kayser mit dem Titel »Zwerg statt Monster. Das ›Schwarze Loch‹ im Zentrum der Milchstraβe ist kleiner als angenommen«.[491] Es gibt mehrere Textbeiträge, die sich speziell mit Hawkings kosmologischen Beiträgen befassen: »Die Wunder der ›Schwarzen Löcher‹« [1973], und »Sein oder Nichtsein der Schwarzen Löcher« [1981], beide mit dem Kürzel K. R. versehen, was für Kurt Rudzinski stehen dürfte, höchstwahrscheinlich erschienen sie in der *FAZ*.[492] Und schließlich der bereits erwähnte besondere Bericht, herausgegeben von Françoise Harrois-Monin für *L'Express* am 21. April 1989, der einige Stellen zu Hawking und dessen Kosmologie enthält, geschrieben von Hubert Reeves, Brandon Carter, Jacqueline Remy und Françoise Harrois-Monin selbst.[493] Hawking wurde auch im Interview von Dominique Simonnet zu Hubert Reeves erwähnt, welches am 11. August 1989 in einer anderen Ausgabe von *L'Express* erschien.[494]

In vielen dieser Texte wurde Hawking als eine besonders wichtige Figur in der wissenschaftlichen Szene dieser Zeit gesehen. So wird beispielsweise in »Sein oder Nichtsein der Schwarzen Löcher«

---

erstmal beobachten«. Paul Murdin, *Secrets of the Universe: How We Discovered the Cosmos*, The University of Chicago Press, 2009, Kap. 36, »Black Holes«, S. 178–81, S. 178. Blumenberg bezog sich in unterschiedlichen Teilen seiner Arbeit auf Schwarze Löcher, siehe vor allem (*VS*, *BdM* und *TLW*).

490 [Unbekannter Autor], »Welt-Entstehung. Schwarzes Loch«, *Der Spiegel*, Nr. 44, 1968, S. 177 (DLA Marbach).

491 Rainer Kayser, »Zwerg statt Monster. Das ›Schwarze Loch‹ im Zentrum der Milchstraβe ist kleiner als angenommen«. *ZEIT* [?] 24/1986 (DLA Marbach).

492 K. R. [¿Kurt Rudzinski?], »Die Wunder der ›Schwarzen Löcher‹. Ein Doppelsternsystem und seine Deutung / Mini-Blackholes von der Tungustka-Katastrophe bis zum Proton«. [*FAZ*], 31 Oktober 1973 / Nr. 254 / S. 33 (DLA Marbach); K. R., »Sein oder Nichtsein der Schwarzen Löcher«. Gegensätzliche Hypothesen über ein kosmisches Rätsel. *FAZ*,14.1.81 (DLA Marbach).

493 *L'Express*, 21 April 1989, S. 32–38 (DLA Marbach).

494 Dominique Simonnets Interview mit Hubert Reeves, »Enquête sur nos origines. L'univers, avec Hubert Reeves«, *L'Express*, 11 Août 1989, S. 42–47 (DLA Marbach).

über Hawking als »*eine Art ›neuer Einstein‹*«[495] gesprochen, oder in »L'homme qui réinvente l'Univers« in dem Françoise Harrois-Monin schrieb: »*Le professeur de Cambridge est fréquemment considéré comme le ›génie de la fin de ce siècle‹. Un qualificatif un peu rapide*«– Blumenbergs Hervorhebung –. »*Selon la communauté scientifique, Hawking est un brillant astrophysicien théorique, quelqu'un dont les réflexions sont prises très au sérieux par l'ensemble de ses confrères*«.[496] Allerdings erwähnte Hubert Reeves in seinem »On cherche toujours les clefs du cosmos«: »*Le programme de Hawking n'est pas plus ›ésotérique‹ queles autres, et ses chances de succès ne sont pas plus faibles*« -Blumenbergs Hervorhebung.[497] In all diesen Zeitungartikeln wird eine kurze Zusammenfassung der aktuellen astronomischen und kosmologischen Errungenschaften angeboten, ebenso wie die theoretische und beobachtende Basis dessen, was wir heute als das Standard-Urknall-Modell kennen. Sein Inhalt sollte kurz in Betracht gezogen werden.

Wenn es um Zeitungsartikel vor der Veröffentlichung von *Eine kurze Geschichte der Zeit* [1988] geht, betrachte ich den Text »Welt-Entstehung. Schwarzes Loch« [1968] als ersten Vorläufer, der Blumenbergs frühes Wissen über Schwarze Löcher und den historischen Kontext zeigt, in dem Stephen Hawkings Kosmologie stattfand. In diesem Artikel werden die Fortschritte und aktuellen Kontroversen zur Steady-State-Theorie (SST), dem Urknall, Radioastronomie und Radioteleskope beschrieben zusammen mit anderen Themen wie der Entstehung von Materie, Quasaren, Pulsaren und, im Besonderen, Schwarzen Löchern.[498] Weite Teile des Artikels waren Fred Hoyles

---

495 K. R., »Sein oder Nichtsein der Schwarzen Löcher«, *op. cit.*

496 F. Harrois-Monin, »L'homme qui réinvente l'Univers«, *op. cit.*, S. 34. [»*Der Cambridge Professor wird oft als ›Genie am Ende des Jahrhunderts‹ gesehen. Eine etwas schnelle Qualifizierung. Laut der wissenschaftlichen Gemeinschaft ist Hawking ein brillanter theoretischer Astrophysiker. Jemand, dessen Gedanken von all seinen Kollegen sehr ernst genommen werden*«]. Meine Übersetzung.

497 Hubert Reeves, »On cherche toujours les clefs du cosmos«, *L'Express*, 21 April 1989, S. 35 (DLA Marbach). [»*Hawkings Programm ist nicht ›esoterischer‹ als andere und seine Erfolgschancen sind nicht niedriger*«]. Meine Übersetzung.

498 Auszüge davon: »*der kosmische Flucht-Prozess zeitlos, ohne Anfang und Ende ablaufe (›Steady State‹-Theorie); das sich stetig leerende Universum werde durch neu entstehende Materie gleichmässig wieder aufgefüllt. Die Materie-Dichte im Weltraum bleibe so für alle Zeit im Gleichgewicht*«; »*… eine neue Art von Sternen am Himmel flackern sehen, für die sie exotische Namen (»Quasars«, »Pulsars«), aber keine Erklärung haben*«; »*Der Stern würde erlöschen und als ›blackhole‹, als schwarzes Loch im Kosmos*

astronomischen und kosmologischen Beiträgen gewidmet:[499] »*Kernpunkt der Hoyleschen Thesen: Die Erschaffung des Universums aus dem Nichts geht unablässig weiter. Aus geheimnisvollen Ritzen im Kosmos strömt immer neue Materie ins Weltall, formt sich zu Wolken und Spiralnebeln, aus denen schliesslich Gestirne entstehen*«.[500] Auch Hoyles bekannten Science-fiction-Roman *The Black Cloud* [1957] erwähnte er: »*schrieb er den vielgerühmten Science-fiction-Roman* Die schwarze Wolke«.[501]

Die beiden Artikel, die sich angemessen mit Hawkings Beiträgen auseinandersetzen, waren »Die Wunder der ›Schwarzen Löcher‹« [1973] und »Sein oder Nichtsein der Schwarzen Löcher« [1981] von K. R. die sich beide mit den Themen Schwarze Löcher und Mikro-Schwarze Löcher befassen. Im Ersten werden Schwarze Löcher als die neue und bevorzugte kosmische Spekulation vorgestellt – als »*die Lieblingskinder der neuesten astronomischen Spekulation*«[502] – und es gab eine Referenz auf Hoyles Steady-State-Theorie. Hawkings Beiträge, einschließlich einer kurzen Beschreibung von Schwarzen Löchern – »*einen Endzustand katastrophaler Materieaggregation*« –, und das Doppelsternsystem wurden als mögliche Kandidaten für Schwarze Löcher beschrieben, vor allem das Doppelsystem Beta Lyrae. Man ging damals davon aus, dass diese dualen Systeme eine Verbindung zu einem Schwarzen Loch haben könnten – »*›Schwarzes Loch‹ soll der Partner des Doppelsternsystems*« –, was erklären würde, warum einer der zwei Sterne des binären Systems heller war als der

weiterexistieren, zeitlos und unsichtbar«. Auch die Schwierigkeiten mit der Steady-State-Theorie wurde hier thematisiert, um den Ursprung von Wasserstoff aufzuzeigen. [Unbekannter Autor], »Welt-Entstehung. Schwarzes Loch«, *op. cit.*, S. 177.

499 Hawking bewarb sich um eine Promotionsstelle unter Fred Hoyle, wurde allerdings abgelehnt. Stattdessen wurde Dennis Sciama [1926–1999] sein Doktorvater. *A posteriori* betrachtete Hawking diese Absage als eine glückliche Fügung. Er erinnerte sich im Rahmen der Konferenz »A Brief History of Mine«, zum Anlass seines 70sten Geburtstags in *The State of the Universe. Stephen Hawking 70th Birthday Symposium*, 5–8 Januar 2012, Cambridge.

500 [Unbekannter Autor], »Welt-Entstehung. Schwarzes Loch«, *op. cit.*, S. 177. Zu Hoyle und seinen Beiträgen siehe Jane Gregory, *Fred Hoyle's Universe*, Oxford University Press, 2005.

501 [Unbekannter Autor], »Welt-Entstehung«, *ibid.*

502 K. R., »Die Wunder der ›Schwarzen Löcher‹«, *op. cit.*

andere.[503] Dieser Zeitungsartikel besprach eine wissenschaftliche Arbeit von Dr. S. Kriz, Mitglied der Tschechoslowakischen Akademie für Wissenschaften und wurde im *New Scientist* am 11. Oktober 1973 veröffentlicht. Darin wurde die Verbindung von Schwarzen Löchern und dem Beta Lyrae System kritisiert und als Betrug bezeichnet. Auch die »Mikro-Schwarzen Löcher«, die Hawking 1971 vorstellte, wurden umfangreich thematisiert. Blumenberg hob beide Passagen hervor in denen, laut Hawking, die Mikro-Schwarzen Löcher 99,9 % der Gesamtmasse des Kosmos ausmachen – »*sie machen nach Hawking 99,9 Prozent der Gesamtmasse des Kosmos aus*«[504] – und die Urknallenergie könnte von der Fusion der Mikro-Schwarzen Löcher durch die Schwerkraft entstehen – »*soll auch die Verschmelzung von Mikro-Schwarzlöchern unter Schwerkrafteinwirkung die Energie für den ›Urknall‹ geliefert haben*« –.[505] Die kontroverse Jackson-Ryan-Hypothese wurde ebenfalls beschrieben. Laut ihr wurde das bekannte Tunguska-Ereignis – eine Explosion in der Gegend um einen Wald in Tunguska in der Nähe des Flusses Steinige Tunguska – durch die Kollision zwischen der Erde und einem Schwarzen Loch ausgelöst: »*Eine andere besonders mutige Hypothese über die ›Schwarzen Löcher‹ ist gerade jetzt in Amerika aufgestellt worden, und zwar von zwei Physikern der Universität von Texas, Jackson IV. und Ryan jr. Sie behaupten, daß es sich bei dem ›Tunguska-Meteor‹, dem am 30.6.1908 in Sibirien explodierten Feuerball, um eine Kollision der Erde mit einem ›Schwarzen Loch‹ gehandelt habe*« -Blumenbergs Hervorhebung.[506] Dieser Artikel geht auch auf andere Hypothesen zum Tunguska-Ereignis ein, wie auch eine, nach der Antimaterie die Ursache war.

Der zweite Artikel »Sein oder Nichtsein der Schwarzen Löcher« beschrieb ebenfalls die Natur Schwarzer Löcher und Mikro-Schwarzer Löcher[507] und Hawking wurde als eine Art Einsteins Erbe darge-

---

503 Weitere Informationen zum Thema siehe Malcolm Longair, *The Cosmic Century. A History of Astrophysics and Cosmology* [2006], Cambridge University Press, 2013, S. 197: »Röntgenstrahlen Binärprogramme und die Suche nach Schwarzen Löchern«.

504 K. R., »Die Wunder der ›Schwarzen Löcher‹«, *op. cit.*

505 *Ibid.*

506 *Ibid.*

507 K. R., »Sein oder Nichtsein der Schwarzen Löcher«, *op. cit.*: »*Ein schönes Beispiel liefern wieder einmal die »Schwarzen Löcher«, die sich aus theoretischen Überlegungen zu Einsteins Allgemeiner Relativitätstheorie ergeben. Es sollen Endzustände von Gestirnen sein, die sich im Laufe der Milliarden Jahre ihrer Existenz schließlich so extrem verdichtet haben, daß das Licht deren außerordentlich hohe Schwerkraft-Anziehung nicht mehr überwinden kann. Sie verraten sich also durch keinerlei Lichtemission oder andere*

stellt,[508] der erfolgreich Quantenmechanik, Relativitätstheorie und Thermodynamik kombiniert: »*Der Mathematiker Stephen Hawking von der Universität von Cambridge hat dargelegt, daß man durch Kombination von Quantenmechanik, Relativitätstheorie und Thermodynamik doch zeigen könne, daß – vereinfacht – gerade außerhalb des Horizonts von Schwarzen Löchern, paarweise Energiepartikeln entstehen können*«.[509] Sowohl Hawkings neuer theoretischer Beitrag zum Strahlungsausstoß Schwarzer Löcher[510] als auch seine Kontroverse mit Franz Tipler, der die Existenz Schwarzer Löcher in Frage stellte, wurden erwähnt: »*Ein Theoretiker der Universität von Texas in Austin, Frank Tipler, ist aber inzwischen zu einem weit katastrophaleren Ergebnis gekommen, und zwar, daß es vielleicht überhaupt keine Schwarzen Löcher gibt*«.[511]

In Rainer Kayers Artikel »Zwerg statt Monster. Das ›Schwarze Loch‹ im Zentrum der Milchstraβe ist kleiner als angenommen« [1986] wurde Hawking nicht erwähnt,[512] aber einige seiner Kollegen von der Universität in Cambridge, besonders Donald Lynden-Bell und Martin Rees, welcher die Hypothese aufstellte, dass ein supermassives Schwarzes Loch im Zentrum der Milchstraße existiert.[513] Neue Forschung zu galaktischen Zentren mittels Radioastronomie und Infrarotastronomie ließ vermuten, dass das Schwarze Loch im Zentrum der Milchstraße viel kleiner war als erwartet.[514] Dieser

---

elektromagnetische Strahlung und bleiben für immer unsichtbar – gleichviel, ob es sich nun um Schwarze Löcher riesiger Masse oder »Mini-Schwarzlöcher« handelt«.

508 Wie Martin Rees aufzeigt: »*Die Entdeckung Schwarzer Löcher* [...] *ebnete den Weg die bemerkenswertesten Konsequenzen von Einsteins Theorie zu testen*«; und »*Der verzerrte Raum und die Zeit um Schwarze Löcher herum wird von einer Lösung aus Einsteins allgemeiner Relativitätstheorie exakt beschrieben*«. Rees, *Our Cosmic Habitat*, Princeton University Press, 2003, S. 89–90.

509 K. R., »Sein oder Nichtsein der Schwarzen Löcher«, *op. cit.*

510 »*In diesem Augenblick würde es plötzlich zum sichtbaren Stern ›aufbersten‹. Das allerdings gelte nur für die Minischwarzlöcher. Der Materieverlust verlaufe so langsam, daß ein Schwarzes Loch von der Masse unserer Sonnen unendlich viel länger bestehen würde – nämlich 10^{66} Jahre – als das bisherige Alter unseres Universums, das man heute auf etwa 20 Milliarden Jahre schätz*«. *Ibid.*

511 *Ibid*. Die folgende Arbeit von Franz Tipler: *Physical Review Letters*, Bd 45, S. 949.

512 Rainer Kayser, »Zwerg statt Monster. Das ›Schwarze Loch‹ im Zentrum der Milchstraβe ist kleiner als angenommen«, *ZEIT* [?] 24/1986 (DLA Marbach).

513 Weitere Informationen zu diesem Thema siehe: M. Longair, *The Cosmic Century*, *op. cit.*, S. 275 ff. und 283 ff.

514 »*Neue Teleskope für den Empfang von Infrarot- und Radio-Strahlung wurden zum Schlüssel zu den Geheimnissen des galaktischen Zentrums.* [...] *Schon die ersten*

Artikel bot ebenfalls eine gute historische Rekonstruktion aktueller Astronomie, wie auch den Übergang konventioneller optischer Astronomie zu neuer Astronomie, basierend auf anderen Spannweiten es elektromagnetischen Spektrums, zusammen mit Studien zu Infrarotquellen von Gary Eric Becklin und Neugebauer, Charles Towns und John Lacy, die die Gaswolken in der Nähe des Zentrums der Milchstraße untersuchten.[515]

Unter den Zeitungsartikeln, die nach der Veröffentlichung von *Eine kurze Geschichte der Zeit* gesammelt wurden, möchte ich den Bericht über Hawking und seine Kosmologie in *L'Express* analysieren. Sie begann mit einem umfangreichen Artikel von Françoise Harrois-Monin mit dem Titel »L'homme qui réinvente l'Univers«. In diesem letzten Artikel beschreibt Françoise Harrois-Monin Hawking als einen Mann *»plus célèbre que ses theories«; »un savant supérieurement intelligent, terriblement malade«*; der versucht ein neues Licht auf *»la compréhension des origines du monde«* zu werfen.[516] Blumenberg schien von diesen und anderen farbenfrohen und sensationssüchtigen Beschreibungen nicht beeindruckt –*»cet homme-cerveau, cloué dans sa chaise roulante«; »toute son énergie à réfléchirsur la naissance et l'avenir de l'Univers«*; er unterstrich einige von Hawkings Bedenken *»les préoccupations de Hawking«: »le devenir du cosmos, l'existence d'autres mondes«*.[517] Der Artikel fasst einige der zentralen Phasen und Namen der zeitgenössischen Kosmologie zusammen: Friedmann,

---

Untersuchungen in den neuzugänglichen Strahlungsbereichen zeigten, dass im Zentrum der Milchstrasse Aussergewöhnliches vorgeht«. Rainer Kayser, »Zwergstatt Monster«, *op. cit.*

515 Paul Murdin benutzt die folgenden Worte: »Ihr infrarot Photometer, bevor es auf dem Teleskop angebracht wurde«, »*das erste unausgereifte Exoplanetensystem wurde 1966 von den Cal Tech Astronomen Eric Becklin und Gerry Neugebauer entdeckt. Sie nutzten einen neu-entwickelten Infrarotdetektor für den mühsame Punkt-zu-Punkt-Scan einer Region im Orionnebel, wo sie eine starke Quelle für Infrarotstrahlung fanden.* […] *die Infrarotquelle wurde ›BN Objekt‹ genannt, nach den Initialen der Entdecker, und ist so groß wie ein Planetensystem. Die Infrarotstrahlung stammt aus dem Staub um einen neugeborenen Stern herum*«, Paul Murdin, *Secrets of the Universe, op. cit.*, S. 243. Meine Übersetzung.

516 Françoise Harrois-Monin, »L'homme qui réinvente l'Univers«, *op. cit.*, S. 32. [»*Bekannter als seine Theorien*«; »*ein hoch-intelligenter Wissenschaftler mit einer fürchterlichen Krankheit*«; »*das Verständnis des Ursprungs der Welt*«]. Meine Übersetzung.

517 *Ibid.* [»*Männer-Hirn, an einen Rollstuhl gefesselt*«; »*all seine Energie fließt in Überlegungen zu Geburt und Zukunft des Universums*«; »*sein Rollstuhl mit einem Computer und Stimmsynthesizer*«; »*die Zukunft des Kosmos, die Existenz anderer Welten*«]. Meine Übersetzung.

Einstein, Hubble, Arno Penzias, Robert Wilson, Schwarzchild, Penrose, Wheeler und Hawking selbst, Blumenberg unterstrich sie alle. Françoise Harrois-Monin präsentierte in seinem Artikel auch eine statistische Schätzung die Blumenberg unterstrich, nämlich der Prozentsatz der Kosmologen, die der Urknalltheorie folgen – zwischen 85 % und 90 % –: »*un long film, l'épopée de l'Univers. Avec sa température qui décroît rapidement, ses particules qui se matérialisent en quelques centièmes de seconde, ses noyaux qui se constituent lors des minutes qui suivent et cette matière qui prend corps au cours des millénaires. Belle théorie, vraiment*«[518] – Blumenbergs Hervorhebung. Auch die Theorie zu primordialen Schwarzen Löchern wurde als eine von Hawkings Erfindungen erwähnt, gemeinsam mit einer Andeutung zu Roger Penroses und Hawkings Versuchen Quantenmechanik auf die Erforschung Schwarzer Löcher anzuwenden. Das zentrale Ergebnis war die Entdeckung, »*que des particules pouvaient fort bien naître spontanément près des trours noirs*« – Blumenbergs Hervorhebung.[519] Eine »*théorie quantique de la gravitation*« [TQM] machte den Anschein, als könnte sie die allgemeine Relativitätstheorie und Quantenmechanik wieder versöhnen: »*A l'instar de ses pairs, pour bâtir un lien entre Einstein et la TMQ, Hawking jongle avec les abstractions et les équations. Pour les résoudre, il recourt à des artefacts mathématiques, qui rendent le temps imaginaire et lui permettent d'inventer des formes possibles de l'Univers*« – Blumenbergs Hervorhebung.[520] Der Artikel wurde beendet mit einigen Referenzen zu Andrei Lindes chaotischer Inflation und Alan Guths Inflationärem Modell und zu kosmischen Strings und Mauern.[521]

Zu Hubert Reeves kurzem Artikel »On cherche toujours les clefs du cosmos«, erschienen im gleichen Bericht in *L'Express*, gehörten auch Variationen von Hawkings wiederkehrenden Themen und er

---

518 *Ibid.*, S. 34. [»*Ein langer Film, der Epos des Universums. Mit der rapide sinkenden Temperatur materialisieren sich die Partikel in ein paar Hundertstel einer Sekunde, welche sich in den nächsten Minuten materialisiert; diese Materie ist über Jahrtausende verkörpert. Schöne Theorie, in der Tat*«]. Meine Übersetzung.

519 *Ibid.*, S. 36. [»*dass Partikel spontan in der Nähe Schwarzer Löcher entstehen können*«]. Meine Übersetzung.

520 *Ibid.*, S. 37. [»*Von seinen Kollegen wurde Hawking gefragt, ob er eine Verbindung zwischen Einstein und TMQ herstellen kann, dann jonglierte er Abstraktionen und Gleichungen. Um das zu lösen bediente er sich mathematischer Artefakte, die Zeit imaginär macht und es ihm ermöglichte sich sämtliche denkbare Formen des Universums vorzustellen*«]. Meine Übersetzung.

521 *Ibid*, S. 37–8.

verwies auf Hawkings kontroverse Hypothese – die Blumenberg unterstrichen hatte – nach der die durchschnittliche Dichte der Materie im Universum groß genug ist, um es zu schließen. Vielleicht verdeutlicht es Blumenbergs Stil, dass er den Abschnitt zu den beobachteten Unterschieden in der Verteilung kosmischer Materie unterstrich: »*Cette différence pourrait bien mettre en péril toute leur entreprise intellectuelle*«.[522]

Der *L'Express* Bericht endet mit einem kurzen und persönlichen Text von Brandon Carter, Hawkings Freund und ehemaliger Kollege, mit dem Titel »Stephen et Brandon: les ›jumeaux‹ savants« und mit Jacqueline Remys Kurztext über Stephen Hawkings Frau, Jane Hawking, den Blumenberg nicht unterstrich: »Je suis ses mains, je suis ses jambes. Jane Hawking, ou la vie ›ordinaire‹ d'une femme extraordinaire«.[523]

Meine schnelle Durchsicht der journalistischen Quellen zu Hawking aus Blumenbergs Nachlass endet mit einem Interview von Dominique Simonnet mit Hubert Reeves mit dem Titel »Enquête sur nos origines. L'univers, avec Hubert Reeves« das in einer anderen Ausgabe von *L'Express* am 11. August 1989 erschien.[524] Dieser Artikel spielte zwar nur auf Hawking an, konzentrierte er sich dabei allerdings nicht nur auf das darin enthaltene astronomische Wissen. Jedoch findet die Einführung diverser Themen, die wir üblicherweise mit Blumenbergs Konzepten in Verbindung bringen, vor allem wenn es um

522 Hubert Reeves, »On cherche toujours les clefs du cosmos«, *op. cit.*, S. 35. [»*Dieser Unterschied könnte das gesamte intellektuelle Unterfangen gefährden*«]. Meine Übersetzung.

523 Jacqueline Remy, »Je suis ses mains, je suis ses jambes«, *L'Express*, 21 April 1989, S. 37 (DLA Marbach). Ein Auszug: »*De son mari, elle s'entête à parler comme une femme banale, avec émotion, admiration, et une sorte de rage contenue: celle qu'oné prouve face à un homme qui vous résiste*«. Und Jane Hawking zitierend: »*Il a écrit ce livre [A Brief History of Time] pour moi, pour que je comprenne*«. Laut Michael White und John Gribbins Biographie war die Hauptmotivation zum Schreiben dieses Buchs, Geld für Hawkings medizinische Behandlungen zu generieren, die aufgrund seiner verschlechterten Gesundheit auftraten. Siehe M. White und J. Gribbin, *Stephen Hawking: A Life in Science* [1992], Joseph Henry Press, Washington, 2002, S. 220–51. Nach der Scheidung schrieb Jane eine Autobiografie über ihr Leben mit Hawking: *Travelling to Infinity: My Life with Stephen* [2008], Alma Books, Richmond, 2012. In dieser Hinsicht verbindet Hawking seine zweifach unglückliche Ehe mit Einstein. Zu zweiterem siehe Roger Highfield und Paul Carter, *The Private Lives of Albert Einstein*, St. Martin's Griffin, 1994.

524 Dominique Simonnet Interview mit Hubert Reeves, »Enquête sur nos origines. L'univers, avec Hubert Reeves«, *L'Express*, 11 Août 1989, S. 42–47 (DLA Marbach).

Mythos und Metapher geht, hier aus einem kosmologischen Blickpunkt statt. Im Folgenden beispielhaft zwei Fragen, die der Journalist Reeves stellte: »*Mais n'est-cepas, après tout, le propre de la science que de tuer des mythes pour en proposer de nouveaux?*« und »*l'astrophysique voudrait-elle s'imposer comme une nouvelle métaphysique?*« – Blumenbergs Hervorhebung.[525] Blumenberg unterstrich auch den Abschnitt, in dem Reeves erklärte, dass der Urknall nicht die Grenzen der Welt aufzeigt, sondern die Grenzen unseres Wissens und schlussfolgert: »*le big-bang n'est pour nous qu'une métaphore. Car, pour ce moment-là, nos notions traditionnelles d'espace et de temps n'ont plus de sens*«.[526]

Lebenszeit und Weltzeit und *Eine kurze Geschichte der Zeit*

Die Behauptung, die ich in diesem Abschnitt gerne aufstellen möchte ist, dass in den zwei Jahren zwischen *Lebenszeit und Weltzeit* [1986] und *Eine kurze Geschichte der Zeit* [1988] ein Wechsel von genetischer Phänomenologie der Lebensweltzeit (Blumenberg) zu einer Geschichte der Weltzeit (Hawking) stattgefunden hat. Auch wenn ich nicht ausführlich Blumenbergs Reaktion auf Hawkings bekanntes Buch darlegen kann, betrachte ich es als bedeutenden Beitrag zur »genetischen Phänomenologie der Weltzeit«, also einer Art kosmologischer Phänomenologie der Weltzeit. Hawkings Bestseller war eine Geschichte der Weltzeit, also genau der Teil, auf den Blumenberg in *Lebenszeit und Weltzeit* nicht eingegangen ist, wo er sich schließlich aus einem astronomischen Blickpunkt auf die Lebensweltzeit konzentrierte. Blumenberg kommentierte die Lebensweltzeit aus einer historisch-astronomische Perspektive, aber Hawking tat das Gleiche mit der Weltzeit, was sie leicht zugänglich machte. Hawking war der Erste, der die Geschichte des Universums zu einer Geschichte der Weltzeit machte, deren Hintergrund die terrestrische menschliche Lebenszeit beinhaltet, verfügbar für alle. Dies bietet entsprechend eine neue

---

525 *Ibid*, S. 42. [»*Aber ist es am Ende nicht wesentlicher Teil der Wissenschaft Mythen zu töten und neue vorzustellen?*«; »*Astrophysik möchte als neue Metaphysik auftauchen?*«]. Meine Übersetzung.

526 *Ibid*, S. 45. [»*Der Urknall ist eine Metapher für uns. Da in diesem Moment unsere traditionellen Vorstellungen von Raum und Zeit keinerlei Bedeutung haben*«]. Meine Übersetzung.

Folge der Geschichte der Astronomie als Geschichte des menschlichen Bewusstseins. Zeitgenössische Astronomie und Kosmologie konnte die Geschichte der Welt als eine einzigartige Geschichte erzählen; um es mit Hubert Reeves Worten zu sagen: »*C'est sans doute l'une des plus grandes idées de ce temps: il y a une seule histoire du monde*« – Blumenbergs Hervorhebung.[527]

Wie in der Geschichte der astronomischen Beobachtung von Blumenberg in *Lebenszeit und Weltzeit* skizziert, war nicht alles jederzeit verfügbar und das gleiche widerfuhr auch dem Verständnis der Weltzeit. In den späten 1980ern war endlich eine Geschichte der Weltzeit nach sowohl der menschlichen Zeitlichkeit als auch dessen Möglichkeiten zum Verständnis tragfähig und es war Hawking der sich der Aufgabe annahm, eine »kurze« Geschichte zu verfassen. In diesem Sinne öffnete er die Geschichte der Weltzeit und machte sie nachvollziehbar für alle als eine mögliche Versöhnung zwischen astronomischer Erfahrung und Lebenswelt.

Es ist ironisch, dass Blumenbergs »unvollständige« Auffassung von *Eine kurze Geschichte der Zeit* ein weiteres Beispiel des Topos enthält – berücksichtigt in *Lebenszeit und Weltzeit* – vom zu frühen oder zu späten Erreichen der Geschichte.[528] *Eine kurze Geschichte der Zeit* wurde zwei Jahre nach *Lebenszeit und Weltzeit* veröffentlicht, als Blumenberg die zentralen Ideen seines Verständnisses von Lebensweltzeit aus einer astronomischen Perspektive angeboten hatte. Als Blumenberg *Lebenszeit und Weltzeit* schrieb, ignorierte er die Tatsache, dass gegenwärtige Astronomie und Kosmologie bereit waren die gesamte Weltzeit zu erzählen und ging von einer »Knappheit« der Lebensweltzeit aus; so kann man sagen, dass sie damit geeignet war für das Verständnis des positionierten und temporalen Menschen. Allerdings hatte Blumenberg *Eine kurze Geschichte der Zeit* nicht gelesen und konnte daher von einem möglichen Beitrag der zeitgenössischen Astronomie und Kosmologie zur »genetischen

---

527 H. Reeves, »Enquête sur nos origines«, *op. cit.*, S. 42. [»*Es ist vermutlich eine der besten Ideen dieser Zeit: es gibt nur eine Geschichte der Welt*«]. Meine Übersetzung.

528 Tatsächlich wäre es mehr eine Sache der Simultanität, denn es scheint, als wurden *Lebenszeit und Weltzeit* und *A Brief History of Time* zur gleichen Zeit geschrieben und dann in unterschiedlichen Jahren veröffentlicht. Siehe zum Beispiel: Hubert Mania, *Stephen Hawking, op. cit.*, S. 124: »*Zu Weihnachten 1984 war Hawking mit dem Manuskript fertig*«. Auf S. 126: »*Die Veröffentlichung von* Eine kurze Geschichte der Zeit *war jetzt für den April 1988 vorgesehen. Guzzardi hatte diesen Titel gegen Hawkings anfängliche Skepsis durchgesetzt*«.

Phänomenologie der Weltzeit« nichts wissen. In dieser Hinsicht ist es bemerkenswert, dass Blumenberg in Brandon Carters biografischem Artikel den folgenden Abschnitt zu Computerwissenschaften und Stimmsynthesizer unterstrichen hatte, in dem es darum ging, dass Hawking keine Möglichkeit gehabt hätte seine Erkenntnisse zu kommunizieren, wäre er zwanzig Jahre früher geboren worden: »*S'il était né vingt ans plus tôt, il aurait été emmuré dans le silence, incapable de communiquer ses réflexions*«.[529]

Astronoetische Glossen zu Hawkings Kosmologie und Lebenswelt

Ich würde gerne dieses Kapitel mit einer Analyse des »Hawking Falls« aus der Perspektive von Blumenbergs Arbeit beenden. Klarerweise steht Hawking in Zusammenhang mit einer neuen Episode im langen ereignisreichen Reiseverlauf des *contemplator caeli* und seiner *Sorge* um die Sterne. Ich erwähnte bereits den von Blumenberg unterstrichenen Abschnitt, in dem Hawking mit einer Besorgnis über die Zukunft des Kosmos und die Existenz anderer Welten beschrieben wurde.[530] Ich kann nun noch ein weiteres Thema hinzufügen, das durch Brandon Carters Artikel aufgeworfen wurde und einen Zusammenhang zu Lebenswelt und der Arbeit zu astronomischer Theorie erzeugt: »*C'est vrai, aussi, qu'il ne pouvait pas participer comme nous aux tâches familiales, jouer avec ses enfants, les changer lors qu'il étaient bébes, ainsi que nous le faisions tous. Il passait pratiquement tout son temps, dans son fauteuil, à réfléchir*« – Blumenbergs Hervorhebung.[531] Vor diesem Hintergrund gehört Hawkings Fall zur milesischen Tradition, da er die gleiche »existenzielle Größe« hat wie die Fälle von Einstein oder Tales. Dies betrifft nicht nur die Geschichte des Sturzes von Tales hin zu Einstein, wie Blumenberg in *Die Vollzähligkeit der Sterne*[532] vor-

529 Brandon Carter, »Stephen et Brandon: les ›jumeaux‹ savants«, *L'Express*, 21 April 1989, S. 36 (DLA Marbach). [»*Wäre er zwanzig Jahre früher geboren, wäre er in Stille gefangen, unfähig seine Gedanken zu kommunizieren*«]. Meine Übersetzung.

530 F. Harrois-Monin, »L'homme qui réinvente l'Univers«, *op. cit.* S. 34.

531 B. Carter, »Stephen et Brandon«, *op. cit.* [»*Es stimmt auch, dass er nicht wie wir an Familienevents teilhaben, mit seinen Kindern spielen, sie wickeln konnte, wie wir alle. Die meiste Zeit verbrachte er in seinem Stuhl und dachte nach*«]. Meine Übersetzung.

532 »*Die Geschichte unserer Theorie vom Weltall beginnt mit einem Sturz und endet mit einem Sturz*«. Im ersten Fall von Thales und dem Brunnen, im zweiten Fall von

schlägt, sondern es ist auch möglich Hawkings Fall in die Geschichte des sich ewig erneuernden Konfliktes zwischen der astronomischen Theorie und der Lebenswelt aufzunehmen. So können wir Hawkings »Zustand« als eine Art »Anfechtung« der Lebenswelt verstehen: »*Ich hatte erneut Glück, dass ich mich für theoretische Physik entscheiden konnte, denn die findet ausschließlich im Kopf statt. Also war meine Körperbehinderung keine wirkliche Einschränkung*«.[533] Hawkings Fall grausamer Ironie machte ihn zum neuen astronomischen Helden, der die Weltzeit verfügbar machte und den Konflikt zwischen Astronomie und Lebenswelt schlichtete, obwohl er selbst bewegungsunfähig blieb, als wäre seine Körperlähmung ein gemeines geozentrisches Rezidiv.

Neben den neuen Problemen der Astronomie mit der Lebenswelt beende ich dieses Kapitel mit der bemerkenswerten Transformation der Brunnen-Metapher in Hawkings Kosmologie. In Françoise Harrois-Monins Artikel »L'homme qui réinvente l'Univers« wurde Hawkings Strahlung beschrieben, wie die eines toten Sterns, der auf dem Boden eines Brunnens strahlt. Diese Beschreibung Schwarzer Löcher als tote Sterne in Brunnen gibt uns die Möglichkeit die gelegentliche Umwandlung einer existenziellen Metapher in eine ontologische Metapher zu erkennen: »*Tout se déroulait comme si l'étoile morte rayonnait du fond de son puits*«.[534]

Einstein und dem Dachdecker: »*Tales und Einstein: zwei komplementäre Anekdoten von theoretischen Elementarereignissen*«. H. Blumenberg, »Einstenium« (*VS 220*).

533 S. Hawking, *A Brief History of Time*, Danksagung, S. vi. Für weitere Analysen zum Thema siehe Hélène Mialet, *Hawking Incorporated, op. cit.*

534 F. Harrois-Monin, »L'homme qui réinvente l'Univers«, *op. cit.* S. 36. [»*Es war als würde der tote Stern auf dem Grund eines Brunnens leuchten*«]. Meine Übersetzung. Blumenberg hat diesen Abschnitt nicht markiert, sondern den folgenden zu Singularitäten in Schwarzen Löchern: »*ainsi qu'Einstein l'avait prévu, l'espace environnant se déforme, se creuse comme un puits au fond du quel cette boule de matière concentrée happe tout ce qui la frôle*«. *Ibid.*, S. 34.

Abkürzungen

Für die Wahl der Abkürzungen für Blumenbergs Arbeitstitel habe ich teilweise César González Cantóns *La metaforología de Blumenberg como destino de la analítica existencial* (Universidad Complutense de Madrid, 2004, S. 381–92) zu Rate gezogen. Hinsichtlich abgekürzter Referenzen: Hans Blumenbergs veröffentlichte Werke sind mit Titel und Abkürzung der originalen, deutschen Seiten in Klammern und Kursiv zitierit. Blumenbergs unveröffentliche Dokumente, erhalten in seinem Nachlass im *Deutschen Literaturarchiv Marbach,* wurden nicht durch Abkürzungen genannt, sondern in Fußnoten mit dem vollständigen Titel, oder der Beschreibung aus dem Nachlass-Katalog, gefolgt von der Bezeichnung »(DLA Marbach)«. Zum Beispiel: »Stichwortwechsel« (DLA Marbach), oder »Brief von Blumenberg an Koselleck, 2.9.77« (DLA Marbach).

(*A*) Atommoral. Ein Gegenstück zur Atomstrategie, 2008.
(*AA*) Augustins Anteil an der Geschichte des Begriffs der theoretischen Neugierde, 1961.
(*AAR*) Anthropologische Annäherung an die Aktualität der Rhetorik, 1981.
(*AM*) *Arbeit am Mythos,* 1979.
(*ÄmS*) *Ästhetische und metaphorologische Schriften,* 2001.
(*Ap*) Die Apfelgeschichte. Zur Ursprungslegende von Isaac Newtons Hauptwerk, erschienen 1687, 1987.
(*AT*) Autonomie und Theonomie, 1957.
(*Aus*) Ausblick auf eine Theorie der Unbegrifflichkeit, 1979.
(*aV*) Der absolute Vater, 1952/53.
(*BaM*) Beobachtungen an Metaphern, 1971.
(*BdM*) *Beschreibung des Menschen,* 2006.
(*Bed*) Die Bedeutung der Philosophie für unsere Zukunft, 1961.
(*BeS*) Besuch aus der Schweiz. Schopenhauer verteidigt seine Welt, 1988.
(*BiG*) *Begriffe in Geschichten,* 1998.
(*BJ*) *Hans Blumenberg, Hans Jonas. Briefwechsel 1954–1978,* 2022.
(*BK*) *Hans Blumenberg, Reinhart Koselleck. Briefwechsel 1965–1994,* 2023.
(*BPU*) *Beiträge zum Problem der Ursprünglichkeit der mittelalterlich-scholastischen Ontologie,* 1947.
(*BSB*) *Hans Blumenberg – Carl Schmitt. Briefwechsel 1971–1978,* 2006.
(*BT*) *Hans Blumenberg – Jacob Taubes. Briefwechsel 1961–1981,* 2013.

(*CC*) Contemplator Caeli, 1966.
(*CuV*) *Curiositas* und *veritas*. Zur Ideengeschichte von Augustin, *Confessiones X 35*, 1959.
(*dem*) Pierre Lecomte du Noüy: Die Entwicklung zum Menschen als geistig-sittlichem Wesen, 1954.
(*DdH*) Das dritte Höhlengleichnis, 1960.
(*dS*) *Die Sorge geht über den Fluß*, 1987.
(*dVA*) Die Vorbereitung der Aufklärung als Rechtfertigung der theoretischen Neugierde, 1967.
(*E*) Einleitung, 1981.
(*EC*) Ernst Cassirers gedenkend bei der Entgegennahme des Kuno-Fischer Preises der Universität Heidelberg, 1974.
(*eF*) Die erste Frage an den Menschen. All der biologische Reichtum des Lebens verlangt eine Ökonomie seiner Erklärung, 2001.
(*EI*) Eschatologische Ironie. Über die Romane Evelyn Waughs, 1953/54.
(*EmS*) *Ein mögliches Selbstverständnis. Aus dem Nachlass*, 1997.
(*Eng*) Die Weltzeit erfassen. Trilogie von Engeln, 1996.
(*Epi*) Epigonenwallfahrt, 1990.
(*EuR*) Epochenschwelle und Rezeption, 1958.
(*eV*) Die essentielle Vieldeutigkeit des ästhetischen Gegenstandes, 1966.
(*Fb*) Fragebogen, 1982.
(*fF*) Im falschen Fell. Glossen zu Fabel, Phrase und Legende, 1989.
(*FuO*) Das Fernrohr und die Ohnmacht der Wahrheit. Einleitung. *Galileo Galilei: Sidereus Nuncius (Nachricht von neuen Sternen)*, 1965.
(*GA*) Glossen zu Anekdoten, 1983.
(*GdT*) *Geistesgeschichte der Technik*, 2009.
(*GG*) Götterleere und Gottesbedarf: Ein Konstrukt, 1993.
(*GkW*) *Die Genesis der kopernikanischen Welt*, 1981.
(*GL*) Geld oder Leben. Eine metaphorologische Studie zur Konsistenz der Philosophie Georg Simmels, 1976.
(*GlF*) *Gerade noch Klassiker. Glossen zu Fontane*, 1998.
(*GVZ*) Gegenwart, vergiftet zwischen Vergangenheit und Zukunft, 1993.
(*GzB*) *Goethe zum Beispiel*, 1999.
(*H*) *Höhlenausgänge*, 1989.
(*HD*) Helmo Dolch: Kausalität im Verständnis des Theologen und der Begründer neuzeitlicher Physik. Besinnung auf die historischen Grundlegungen zum Zwecke einer sachgemäßen Besprechung moderner Kausalitätsprobleme, 1955.
(*Hy*) Hylemorphismus, 1959.
(*Ind*) Individuation und Individualität, 1959.
(*Jh*) Jahrhundertgestalt, 1995.
(*K*) Kontingenz, 1959.
(*KdV*) Einführung zu *Nicolaus von Cues: Die Kunst der Vermutung. Auswahl aus den Schriften*, 1957.
(*KF*) Kant und die Frage nach dem »gnädigen Gott«, 1954.
(*kK*) Die kopernikanische Konsequenz für den Zeitbegriff, 1972.

(*KPV*) Kopernikus und das Pathos der Vernunft. Das Denken der Neuzeit im Zeichen der kopernikanischen Wende, 1973.
(*KSN*) Kopernikus im Selbstverständnis der Neuzeit, 1965.
(*KuR*) Kritik und Rezeption antiker Philosophie in der Patristik. Strukturanalysen zu einer Morphologie der Tradition, 1959.
(*KuS*) Kosmos und System. Aus der Genesis der kopernikanischen Welt, 1957.
(*kUW*) Der kopernikanische Umsturz und die Weltstellung des Menschen. Eine Studie zum Zusammenhang von Naturwissenschaft und Geistesgeschichte, 1955.
(*kW*) *Die kopernikanische Wende*, 1965.
(*LaM*) Licht als Metapher der Wahrheit. Im Vorfeld der philosophischen Begriffsbildung, 1957.
(*lb*) Letzte Bücher, 1997.
(*LdN*) *Die Legitimität der Neuzeit*, 1988.
(*LdT*) *Das Lachen der Thrakerin. Eine Urgeschichte der Theorie*, 1987.
(*Leg*) *Die Lesbarkeit der Welt*, 1981.
(*Lich*) Lichtenbergs Paradox, 1992.
(*Lin*) On a Lineage of the Idea of Progress, 1974.
(*Löw*) *Löwen*, 2001.
(*Lt*) *Lebensthemen*, 1998.
(*LT*) Lebenswelt und Technisierung unter Aspekten der Phänomenologie, 1981.
(*LW*) *Lebenszeit und Weltzeit*, 1986.
(*Marg*) Marginalien zur theologischen Logik Rudolf Bultmanns, 1954/55.
(*ME*) Mythos und Ethos Amerikas im Werk William Faulkners, 1957/58.
(*MgK*) Melanchthons Einspruch gegen Kopernikus. Zur Geschichte der Disoziation von Theologie und Naturwissenschaft, 1960.
(*Mp*) *Matthäuspassion*, 1988.
(*MvM*) *Der Mann vom Mond*, 2007.
(*Mw*) Menschwerdungen, 1983.
(*Na*) Nachdenklichkeit, 1980.
(*NdN*) ›Nachahmung der Natur‹. Zur Vorgeschichte der Idee des schöpferischen Menschen, 1981.
(*Nruf*) Nachruf auf Erich Rothacker. 1966.
(*nU*) Das nachgeholte Urerlebnis. Bemerkungen über Jacob Burckhardt zwischen Antike und Renaissance, 1997.
(*nWahr*) *Die nackte Wahrheit*, 2019.
(*NuS*) Naturalismus. I. Naturalismus und Supranaturalismus, 1960.
(*NuT*) Das Verhältnis von Natur und Technik als philosophisches Problem, 1951.
(*NuW*) Neugierde und Wissenstrieb. Supplemente zu »Curiositas«, 1970.
(*nZ*) Was tut der Geist über den Wassern? Zum Thema einer neuen Zürcher Bibel, 1987.
(*oD*) *Die ontologische Distanz. Eine Untersuchung über die Krisis der Phänomenologie Husserls*. 1950.
(*OP*) Optimismus und Pessimismus. II. Philosophisch, 1960.
(*OuS*) Ordnungsschwund und Selbstbehauptung. Über Weltverstehen und Weltverhalten im Werden der technischen Epoche, 1960.

(*P*) *Präfiguration. Arbeit am politischen Mythos*, 2014.
(*Pa*) Parallelaktion einer Begriffsbildung. Husserl, Hoffmannstahl und die Lebenswelt, 1987.
(*PdM*) Die Peripetie des Mannes. Über das Werk Ernest Hemingways, 1955–56.
(*Pg*) Paradigma, grammatisch, 1981.
(*PhäSchr*) *Phänomenologische Schriften 1981–1988*, 2018.
(*phE*) Ist eine philosophische Ethik gegenwärtig möglich?, 1953.
(*phR*) Im philosophischen Roman wird nicht philosophiert. Über Melchior Vischers Miniaturroman »Der Hase«, 1988.
(*phU*) Philosophischer Ursprung und philosophische Kritik des Begriffs der wissenschaftlichen Methode, 1952.
(*PM*) *Paradigmen zu einer Metaphorologie*, 1960.
(*PVA*) Sokrates und das ›objet ambigu‹. Paul Valérys Auseinandersetzung mit der Tradition der Ontologie des ästhetischen Gegenstandes, 1964.
(*Q*) *Quellen*, 2009.
(*QSE*) *Quellen, Ströme, Eisberge – Beobachtungen an Metaphern*, 2012.
(*Ra*) Raucherlaubnis, 1988.
(*Räp*) Repräsentant mit Sinn fürs Mythische. Texte aus dem Nachlass: Thomas Mann in seinen Tagebüchern, 1998.
(*RdW*) *Rigorismus der Wahrheit. »Moses der Ägypter« und weitere Texte zu Freud und Arendt*, 2015.
(*Rel*) Religionsgespräche, 1986.
(*RF*) Rose und Feuer. Lyrik, Kritik und Drama T.S. Eliots, 1956/57.
(*RS*) Das Recht des Scheins in den menschlichen Ordnungen bei Pascal, 1947.
(*Ru*) Rudolf Bultmann, »Geschichte und Eschatologie«, 1959.
(*RuR*) *Realität und Realismus*, 2020.
(*Säk*) »Säkularisation«. Kritik einer Kategorie historischer Illegitimität, 1962.
(*SB*) Selbsterhaltung und Beharrung. Zur Konstitution der neuzeitlichen Rationalität, 1970.
(*SdP*) Der Sturz des Protophilosophen. Zur Komik der reinen Theorie – anhand einer Rezeptionsgeschichte der Thales-Anekdote, 1976.
(*SP*) Sprachsituation und inmanente Poetik, 1981, 137–56.
(*sT*) Sollte der Teufel erlöst werden? Kapitel einer Dämonologie, 1989.
(*SuT*) Sekularisatiönsthese und Toposforschung: zur Substantialisierung der Geschichte.
(*Sv*) Der Sinnlosigkeitsverdacht, 1981.
(*sW*) Die sprachliche Wirklichkeit der Philosophie, 1946/47.
(*SZ*) *Schiffbruch mit Zuschauer. Paradigma einer Daseinsmetapher*, 1979.
(*Sz*) Substanz, 1962.
(*SzL*) *Schriften zur Literatur 1945–1958*, 2017.
(*SzT*) *Schriften zur Technik*, 2015
(*TdU*) *Theorie der Unbegrifflichkeit*, 2007.
(*TheL*) The Life-World and the Concept of Reality, 1972.
(*TI*) Transzendenz und Immanenz, 1962.
(*Tlg*) Teleologie, 1962.
(*TuW*) Technik und Wahrheit, 1953.

(*TLW*) *Theorie der Lebenswelt*, 2010.
(*U*) Das Unsagbare. Kompetenz, 1990.
(*UeK*) Das Universum eines Ketzers. Einleitung. *Giordano Bruno: Das Aschermittwochsmahl*, 1969.
(*UgQ*) Unernst als geschichtliche Qualität, 1976.
(*Unb*) Unbekanntes von Aesop. Aus neuen Fabelfunden, 1985.
(*Urs*) Die »Urstiftung«. Über den Unwillen, Autor von Vergänglichem zu sein, 1984.
(*URW*) Über den Rand der Wirklichkeit hinaus. Drei Kurzessays, 1983.
(*VdN*) Die Vorbereitung der Neuzeit, 1962.
(*Vors*) Vorstoß ins ewige Schweigen. Ein Jahrhundert nach der Ausfahrt der »Fram«, 1993.
(*VPh*) *Die Verführbarkeit des Philosophen*, 2000.
(*VS*) *Die Vollzähligkeit der Sterne*, 1997.
(*VWb*) Vorbemerkungen zum Wirklichkeitsbegriff, 1974.
(*WbM*) Wirklichkeitsbegriff und Möglichkeit des Romans, 1964.
(*WbS*) Wirklichkeitsbegriff und Staatstheorie, 1968.
(*WbW*) Wirklichkeitsbegriff und Wirkungspotential des Mythos, 1971.
(*Wdl*) *Wirklichkeiten in denen wir leben. Aufsätze und eine Rede*, 1981.
(*Wg*) »Wie geht's, sagte ein Blinder zu einem Lahmen. Wie Sie sehen, antwortete der Lahme«, 1992.
(*Ws*) Wer sollte vom Lachen der Magd betroffen sein? Eine Duplik, 1976.
(*WuL*) Wolf und Lamm und mehr als ein Ende, 1983.
(*WW*) Weltbilder und Weltmodelle, 1961.
(*ZdS*) *Zu den Sachen und zurück*, 2003.

Hans Blumenbergs Arbeit

1946/47
(*sW*) »Die sprachliche Wirklichkeit der Philosophie«, *Hamburger Akademische Rundschau*, 1, 10, 1946/47, S. 428–31.
1947
(*BPU*) *Beiträge zum Problem der Ursprünglichkeit der mittelalterlich-scholastischen Ontologie*. Kiel, 1947, und Suhrkamp, Berlin, 2020.
(*RS*) »Das Recht des Scheins in den menschlichen Ordnungen bei Pascal«, *Philosophisches Jahrbuch*, 57, 1947, S. 413–30.
1950
(*oD*) *Die ontologische Distanz. Eine Untersuchung über die Krisis der Phänomenologie Husserls*. Kiel, 1950, und Suhrkamp, Berlin, 2022.
1951
(*NuT*) »Das Verhältnis von Natur und Technik als philosophisches Problem«, *Studium Generale*, 4, 8, 1951, S. 461–67.
1952
(*phU*) »Philosophischer Ursprung und philosophische Kritik des Begriffs der wissenschaftlichen Methode«, *Studium Generale*, 5, 3, 1952, S. 133–142.

1952/53

(*aV*) »Der absolute Vater«, *Hochland*, 45, 1952/53, S. 282–284.

1953

(*phE*) »Ist eine philosophische Ethik gegenwärtig möglich?«, *Studium Generale*, 6, 3, 1953, S. 174–84.

1953/54

(*TuW*) Technik und Wahrheit, *Actes du XI'me Congrés International de Philosophie* (Bruxelles, 20–26 août 1953), vol. 1.f: Épistémologie, Amsterdam/ Louvain, 1953, S. 113–20.

(*EI*) »Eschatologische Ironie. Über die Romane Evelyn Waughs«, *Hochland*, 46, 1953/54, S. 241–51. Wiederveröffentlicht bei Karlhelnz Schmidthüs (Hg.): *Lob der Schöpfung und Ärgernis der Zeit. Moderne christliche Dichtung in Kritik und Deutung*. Herder, Freiburg, 1959, S. 159–70.

1954

(*KF*) »Kant und die Frage nach dem »gnädigen Gott««, *Studium Generale*, 7, 9, 1954, S. 554–570.

(*dem*) »Pierre Lecomte du Noüy: Die Entwicklung zum Menschen als geistig-sittlichem Wesen«, *Deutsche Universitätszeitung*, 9, 21, 1954, S. 19.

1954/55

(*Marg*) »Marginalien zur theologischen Logik Rudolf Bultmanns«, *Philosophische Rundschau*, 2, 3/4, 1954/55, S. 121–140.

(*kUW*) »Der kopernikanische Umsturz und die Weltstellung des Menschen. Eine Studie zum Zusammenhang von Naturwissenschaft und Geistesgeschichte«, *Studium Generale*, 8, 10, 1955, S. 637–648.

(*HD*) »Helmo Dolch: Kausalität im Verständnis des Theologen und der Begründer neuzeitlicher Physik. Besinnung auf die historischen Grundlegungen zum Zwecke einer sachgemäßen Besprechung moderner Kausalitätsprobleme«, *Philosophische Rundschau*, 3, 3/4, 1955, S. 198–208.

1955/56

(*PdM*) »Die Peripetie des Mannes. Über das Werk Ernest Hemingways«, *Hochland* 48, 1955–56, S. 220–33.

1956/57

(*RF*) »Rose und Feuer. Lyrik, Kritik und Drama T.S. Eliots«, *Hochland*, 49, 1956/57, S. 109–26.

1957

(*KuS*) »Kosmos und System. Aus der Genesis der kopernikanischen Welt«, *Studium Generale*, 10, 2, 1957, S. 61–80.

(*NdN*) "›Nachahmung der Natur‹. Zur Vorgeschichte der Idee des schöpferischen Menschen«, *Studium Generale*, 10, 5, 1957, S. 266–83. Wiederveröffentlicht (*NdN*), S. 55–103.

(*LaM*) »Licht als Metapher der Wahrheit. Im Vorfeld der philosophischen Begriffsbildung«, *Studium Generale*, 10, 7, 1957, S. 432–47.

(*KdV*) Einleitung. *Nicolaus von Cues: Die Kunst der Vermutung. Auswahl aus den Schriften*. (Hg.) Hans Blumenberg, Schünemann, Bremen, 1957, S. 7–69.

(*AT*) »Autonomie und Theonomie«, *Die Religion in Geschichte und Gegenwart 1*, Mohr Siebeck, Tübingen, 1957, S. 788–792.
1957/58
(*ME*) »Mythos und Ethos Amerikas im Werk William Faulkners«, *Hochland*, 50, 1957/58, S. 234–50.
(*EuR*) »Epochenschwelle und Rezeption«, *Philosophische Rundschau*, 6, 1958, S. 94–120.
1959
(*KuR*) »Kritik und Rezeption antiker Philosophie in der Patristik. Strukturanalysen zu einer Morphologie der Tradition«, *Studium Generale*, 12, 8, 1959, S. 485–97.
(*Hy*) »Hylemorphismus«, *Die Religion in Geschichte und Gegenwart III*, Mohr Siebeck, Tübingen, 1959, S. 499.
(*Ind*) »Individuation und Individualität«, *Die Religion in Geschichte und Gegenwart III*, Mohr Siebeck, Tübingen, S. 720–722.
(*K*) »Kontingenz«, *Die Religion in Geschichte und Gegenwart III*, Mohr Siebeck, Tübingen, S. 1793.
(*Ru*) »Rudolf Bultmann, «Geschichte und Eschatologie»«, *Gnomon*, 31, 1959, S. 163–66.
1960
(*PM*) *Paradigmen zu einer Metaphorologie, Archiv für Begriffsgeschichte*, 6, 1960, S. 7–142. Wiederveröffentlicht bei Bouvier, Bonn, 1960 und Suhrkamp Verlag, Frankfurt am Main, 1998. Siehe auch Anselm Haverkamps Ausgabe, veröffentlicht im Jahr 2013.
(*MgK*) »Melanchthons Einspruch gegen Kopernikus. Zur Geschichte der Disoziation von Theologie und Naturwissenschaft«, *Studium Generale*, 13, 3, 1960, S. 174–182. Erweiterte Fassung (*kW*), S. 100–121.
(*DdH*) »Das dritte Höhlengleichnis«, *Filosofia*, 11, 1960, S. 705–22.
(*NuS*) »Naturalismus. I. Naturalismus und Supranaturalismus«, *Die Religion in Geschichte und Gegenwart* IV, Mohr Siebeck, Tübingen, 1960, S. 1332–1336.
(*OP*) »Optimismus und Pessimismus. II. Philosophisch«, *Die Religion in Geschichte und Gegenwart* IV, Mohr Siebeck, Tübingen, S. 1661–1664.
1961
(*AA*) »Augustins Anteil an der Geschichte des Begriffs der theoretischen Neugierde«, *Revue des Études Augustiniennes*, 7, 1961, S. 35–70.
(*WW*) »Weltbilder und Weltmodelle«, *Nachrichten der Gießener Hochschulgesellschaft*, 30, 1961, S. 67–75.
(*Bed*) »Die Bedeutung der Philosophie für unsere Zukunft«, *Die voraussehbare Zukunft. Europa-Gespräch 1961*, Verlag für Jugend und Volk, Wiener Schriften, 1961, S. 127–40.
1962
(*OuS*) »Ordnungsschwund und Selbstbehauptung. Über Weltverstehen und Weltverhalten ím Werden der technischen Epoche«, in Helmut Kuhn und Franz Wiedmann (eds.), *Das Problem der Ordnung* (VI. Deutscher Kongress für Philosophie, München, 1960), Hain, Meisenhelm am Glan,1962, S. 37–

57. Wiederveröffentlicht als (*GdT*) *Geistesgeschichte der Technik*, Suhrkamp, Frankfurt am Main, 2009, S. 99–136.

(*CuV*) »*Curiositas* und *veritas*. Zur Ideengeschichte von Augustin, Confessiones X 35«, (Vortrag auf der Third International Conference on Patristic Studies, Oxford 1959), bei Frank Leslie Cross (Hg.), *Studia Patristica 6* (Texte und Untersuchungen zur altchristlichen Literatur; 81), Akademie-Verlag, Berlin, 1962, S. 294–302.

(*VdN*) »Die Vorbereitung der Neuzeit«, *Philosophische Rundschau*, 9, 2/3, 1962, S. 81–133.

(*Sz*) »Substanz«, *Die Religion in Geschichte und Gegenwart* VI, Mohr Siebeck, Tübingen, S. 456–458.

(*Tlg*) »Teleologie«, *Die Religion in Geschichte und Gegenwart* VI, Mohr Siebeck, Tübingen, S. 674–677.

(*TI*) »Transzendenz und Immanenz«, *Die Religion in Geschichte und Gegenwart* VI, Mohr Siebeck, Tübingen, S. 989–997.

1963

(*LT*) »Lebenswelt und Technisierung unter Aspekten der Phänomenologie«, *Filosofia*, 14, 1963, S. 855–884. Wiederveröffentlicht als *Wirklichkeiten in denen wir leben. Aufsätze und eine Rede*, Reclam, Stuttgart, 1981, S. 7–54.

1964

(*Säk*) »›Säkularisation‹. Kritik einer Kategorie historischer Illegitimität«, bei Helmut Kuhn und Franz Wiedmann (eds.), *Die Philosophie und die Frage nach dem Fortschritt* (VII. Deutscher Kongress für Philosophie, Münster, 1962), Pustet, München, 1964, S. 240–265.

(*PVA*) »Sokrates und das ›objet ambigu‹. Paul Valérys Auseinandersetzung mit der Tradition der Ontologie des ästhetischen Gegenstandes«, in: Franz Wiedmann (Hg.), *EPIMELEIA. Die Sorge der Philosophie um den Menschen. Helmut Kuhn zum 65. Geburtstag*, Pustet, München, 1964, S. 285–323. Wiederveröffentlicht bei *Internationale Zeitschrift für Philosophie*, 1, 1995, S. 104–34.

(*WbM*) »Wirklichkeitsbegriff und Möglichkeit des Romans«, bei Hans Robert Jauss (Hg.), *Nachahmung und Illusion* (Poetik und Hermeneutik, I), Fink, München, 1964, S. 9–27. Wiederveröffentlicht bei Bruno Hillebrand (Hg.), *Zur Struktur des Romans*, Wissenschaftliche Buchgesellschaft, Darmstadt, 1978, S. 238–267; und bei Klaus-Detlev Müller (Hg.), *Bürgerlicher Realismus. Grundlagen und Interpretationen*, Athenäum, Königsstein/Taunus, 1981, S. 39–56.

(*KSN*) »Kopernikus im Selbstverständnis der Neuzeit«, *Akademie der Wissenschaften und der Literatur in Mainz. Abhandlungen der geistes und sozialwissenschaftlichen Klasse*, Jahrgang 1964, Nr. 5, Mainz, 1965, S. 339–368.

1965

(*FuO*) »Das Fernrohr und die Ohnmacht der Wahrheit«. Einleitung. *Galileo Galilei: Sidereus Nuncius (Nachricht von neuen Sternen). Dialog über die Weltsysteme (Auswahl). Vermessung der Höhle Dantes. Marginalien zu Tasso*, (Hg.) Hans Blumenberg, Insel, Frankfurt am Main, 1965, S. 7–75. Wiederveröffentlicht bei Suhrkamp Taschenbuch Wissenschaft, Suhrkamp, Frankfurt am

Main, 1980.
(*kW*) *Die kopernikanische Wende*, Suhrkamp, Frankfurt am Main, 1965.
(-) »Bericht für die Kommission für Philosophie«, *Jahrbuch der Akademie der Wissenschaften und der Literatur in Mainz*, 1965, S. 163.

1966

(*LdN*) *Die Legitimität der Neuzeit*, Suhrkamp, Frankfurt am Main, 1976.
(*SP*) »Sprachsituation und immanente Poetik«, bei Wolfgang Iser (Hg.): *Immanente Ästhetik – Ästhetische Reflexion. Lyrik als Paradigma der Moderne* (Poetik und Hermeneutik; 2), Fink, München, 1966, S. 145–155. Wiederveröffentlicht als *Wirklichkeiten in denen wir leben. Aufsätze und eine Rede*, Reclam, Stuttgart, 1981, 137–156.
(*eV*) »Die essentielle Vieldeutigkeit des ästhetischen Gegenstandes«, in: Friedrich Kaulbach und Joachim Ritter (eds.), *Kritik und Metaphysik. Heinz Heimsoeth zum achtzigsten Geburtstag*, Gruyter, Berlin, 1966, S. 174–179. Wiederveröffentlicht bei *Actes du Cinquième Congrès International d'Esthétique*, Paris.
(*CC*) »Contemplator Caeli«, in: Dietrich Gerhardt, Wiktor Weintraub und Hans-Jürgen zum Winkel (Hg.), *Orbis Scriptus. Festschrift für Dmitrij Tschizewskij zum 70. Geburtstag*, Fink, München, 1966, S. 113–24.
(*Nruf*) »Nachruf auf Erich Rothacker. Gehalten am 29. April 1966 in der Offentlichen Sitzung der Akademie der Wissenschaften und der Literatur«, *Jahrbuch der Akademie der Wissenschaften und der Literatur in Mainz*, 1966, S. 70–6.
(-) »Bericht für die Kommission für Philosophie«, *Jahrbuch der Akademie der Wissenschaften und der Literatur in Mainz*, 1966, S. 149–50.

1967

(*dVA*) »Die Vorbereitung der Aufklärung als Rechtfertigung der theoretischen Neugierde«, in: Hugo Friedrich, Fritz Schalk (Hg.), *Europäische Aufklärung. Herbert Dieckmann zum 60. Geburtstag*, Fink, München, 1967, S. 23–45; auch als »Rechtfertigungen der Neugierde als Vorbereitungen der Aufklärung«, in: Peter Pütz (Hg.), *Erforschung der deutschen Aufklärung*, Athenäum, Königstein/Taunus, 1980, S. 81–100.
(-) »Bericht für die Kommission für Philosophie«, *Jahrbuch der Akademie der Wissenschaften und der Literatur in Mainz*, 1967, S. 125.

1968

(*WbS*) »Wirklichkeitsbegriff und Staatstheorie«, *Schweizer Monatshefte*, 48, 2, 1968, S. 121–146.
(-) »Bericht für die Kommission für Philosophie«, *Jahrbuch der Akademie der Wissenschaften und der Literatur in Mainz*, 1968, S. 134.

1969/70

(*SB*) »Selbsterhaltung und Beharrung. Zur Konstitution der neuzeitlichen Rationalität«, *Akademie der Wissenschaften und der Literatur in Mainz. Abhandlungen der geistes- und sozialwissenschaftlichen Klasse*, Jahrgang 1969, Nr. 11, Mainz 1970, S. 333–383. Wiederveröffentlicht bei Hans Ebeling (Hg.), *Subjektivität und Selbsterhaltung. Beiträge zur Diagnose der Moderne*, Suhrkamp, Frankfurt am Main, 1976, S. 144–207. Wiederveröffentlicht bei Suhr-

kamp, Frankfurt am Main, 1996.
(*UeK*) »Das Universum eines Ketzers«, Einleitung. *Giordano Bruno: Das Aschermittwochsmahl*, Insel, Frankfurt am Main, 1969, S. 9–51. Wiederveröffentlicht bei Insel-Taschenbuch, 1981, S. 11–61.
(-) »Bericht für die Kommission für Philosophie«, *Jahrbuch der Akademie der Wissenschaften und der Literatur in Mainz*, 1969, S. 138.

1970

(*NuW*) »Neugierde und Wissenstrieb. Supplemente zu ›Curiositas‹«, *Archiv für Begriffsgeschichte*, 14, 1970, S. 7–40.
(-) »Bericht für die Kommission für Philosophie«, *Jahrbuch der Akademie der Wissenschaften und der Literatur in Mainz*, 1970, S. 152.
(-) »Kurzfassung des Neoplatonismen«, *Jahrbuch der Akademie der Wissenschaften und der Literatur in Mainz*, 1970, S. 191 ff.

1971

(*AAR*) »Approccio antropologico all'attualitá della retorica«, *Il Verri. Rivista di Letteratura*, 35/36, 1971, S. 49–72 (It. Überset. von Vincenzo Orlando). Wiederveröffentlicht als *Wirklichkeiten in denen wir leben. Aufsätze und eine Rede*, Reclam, Stuttgart, 1981, S. 104–136.
(*WbW*) »Wirklichkeitsbegriff und Wirkungspotential des Mythos«, in: Manfred Fuhrmann (Hg.), *Terror und Spiel*, Poetik und Hermeneutik IV, Fink, München, 1971, S. 11–66.
(*NuP*) »Neoplatonismen und Pseudoplatonismen in der Kosmologie und Mechanik der frühen Neuzeit«, P.M. Schuhl, P. Hadot (Hg.), *Le Néoplatonisme* (Colloques Internationaux du Centre National de la Recherche Scientifique. Scienes humaines. Royaumont, 9–13 juin 1969), Editions du Centre National de la Rechierche Scientifique, Paris, 1971, S. 447–471. Wiederveröffentlicht als »Pseudoplatonismen in der Naturwissenschaft der Neuzeit«, *Akademie der Wissenschaften und der Literatur in Mainz. Abhandlungen der geistes- und sozialwissenschaftlichen Klasse*, Jahrgang 1971, Nr. 1, Mainz, 1971, 3–34.
(*BaM*) »Beobachtungen an Metaphern«, *Archiv für Begriffsgeschichte* 15 (1971), S. 161–214. »Paradigma, grammatisch« wurde wiederveröffentlicht in *Wirklichkeiten in denen wir leben. Aufsätze und eine Rede*, Reclam, Stuttgart, 1981, S. 157–136.

1972

(*TheL*) »The Life-World and the Concept of Reality«, Lester E. Embree (Hg.), *Life-World and Consciousness. Essays for Aaron Gurwitsch*, Northwestern University Press, 1972, S. 425–444 (Engl. Übers. von Theodore Kisiel).
(*SuT*) »Sekularisatiönsthese und Toposforschung: Zur Substantialisierung der Geschichte«, bei Peter Jehn (Hg.), *Toposforschung: eine Dokumentation*, Athenäum, Frankfurt am Main, S. 150–154.
(*kK*) »Die kopernikanische Konsequenz für den Zeitbegriff«, *Colloquia Copernicana* 1, Études sur l'audience de la Théorie heliocentrique. Conferences du Symposium de I'UIHPS, Thorn, 1973, *Studia Copernicana*, 5, 1972, S. 57–77.
(-) »Bericht für die Kommission für Philosophie«, *Jahrbuch der Akademie der Wissenschaften und der Literatur in Mainz*, 1972, pp 158–59.

1973
(*aP*) »Der archimedische Punkt des Celio Calcagnini«, bei Eginhard Hora, Eckhard Keisler (eds.), *Studia Humanitatis. Ernesto Grassi zum 70. Geburtstag,* Fink, München, 1973, S. 103–112.
(*KPV*) »Kopernikus und das Pathos der Vernunft. Das Denken der Neuzeit im Zeichen der kopernikanischen Wende«, *Evangelische Kommentare,* 6, 8, 1973, S. 460–465.
(-) »Bericht für die Kommission für Philosophie«, *Jahrbuch der Akademie der Wissenschaften und der Literatur in Mainz,* 1973, S. 198.
1974
(*VWb*) »Vorbemerkungen zum Wirklichkeitsbegriff«, *Akademie der Wissenschaften und der Literatur zu Mainz. Abhandlungen der geistes- und sozialwissenschaftlichen Klasse,* Jahrgang 1973, Nr. 4, Mainz, 1974, S. 3–10.
(*Lin*) »On a Lineage of the Idea of Progress«, *Social Research,* 41, 1, 1974, S. 5–27 (Engl. Übers. von E.B. Ashton).
(*EC*) »Ernst Cassirers gedenkend. Rede bei der Entgegennahme des Kuno Fischer-Preises der Universität Heidelberg im Juli 1974«, *Revue Internationale de Philosophie* 28, 1974, S. 456–463. Wiederveröffentlicht in *Wirklichkeiten in denen wir leben,* S. 163–72.
1975
(*GkW*) *Die Genesis der kopernikanischen Welt,* Suhrkamp, Frankfurt am Main, 1975; 2007.
1976
(*SdP*) »Der Sturz des Protophilosophen. Zur Komik der reinen Theorie – anhand einer Rezeptionsgeschichte der Thales-Anekdote«, in: Wolfgang Preisendanz und Rainer Warning (Hg.): *Das Komische,* Poetik und Hermeneutik VII, Fink, München, 1976, S. 11–64.
(*KdP*) »Komik in der diachronen Perspektive«, in: Wolfgang Preisendanz und Rainer Warning (Hg.), *Das Komische,* Poetik und Hermeneutik VII, Fink, München, 1976, S. 408 ff.
(*Ws*) »Wer sollte vom Lachen der Magd betroffen sein? Eine Duplik«, in: Wolfgang Preisendanz und Rainer Warning (Hg.), *Das Komische,* Poetik und Hermeneutik VII, Fink, München, 1976, S. 437–441.
(*UgQ*) »Unernst als geschichtliche Qualität«, in: Wolfgang Preisendanz und Rainer Warning (Hg.), *Das Komische,* Poetik und Hermeneutik VII, Fink, München, 1976, S. 441–444.
(*GL*) »Geld oder Leben. Eine metaphorologische Studie zur Konsistenz der Philosophie Georg Simmels«, bei Hannes Böhringer und Karlfried Gründer (Hg.), *Ästhetik und Soziologie um die Jahrhundertwende. Georg Simmel,* Klostermann, Frankfurt am Main, 1976, S. 121–134.
1978
(-) »Versuch zu einer inmanenten Geschichte der kopernikanischen Theorie«, *Science and History, FSE. Posen,* Studia Copernicana, 16, 1978, S. 473–86, ebenfalls veröffentlicht bei (*GkW*) *Die Genesis.*
1979
(*AM*) *Arbeit am Mythos,* Suhrkamp, Frankfurt am Main, 1979; Suhr-

kamp, 1996.
(*SZ*) *Schiffbruch mit Zuschauer. Paradigma einer Daseinsmetapher*, Suhrkamp, Frankfurt am Main, 1979; Suhrkamp, 1997.

1980

(*Na*) »Nachdenklichkeit«, *Jahrbuch der Deutschen Akademie für Sprache und Dichtung*, 2, 1980, S. 57–61. Wiederveröffentlicht in *Neue Zürcher Zeitung*, 22/11/1980, Nr. 273, S. 65.

1981

(*Wdl*) *Wirklichkeiten in denen wir leben. Aufsätze und eine Rede*, Reclam, Stuttgart, 1981.
Inhalt:
(*E*) »Einleitung«, S. 3–6; (*LT*) Lebenswelt und Technisierung unter Aspekten der Phänomenologie, S. 7–54; (*NdN*) "›Nachahmung der Natur‹. Zur Vorgeschichte der Idee des schöpferischen Menschen«, S. 55–103; (*AAR*) »Anthropologische Annäherung an die Aktualität der Rhetorik«, S. 104–136; (*SP*) »Sprachsituation und inmanente Poetik«, S. 137–156; (*Pg*) »Paradigma, grammatisch«, S. 157–162; (*EC*) »Ernst Cassirers gedenkend bei der Entgegennahme des Kuno-Fischer Preises der Universität Heidelberg«, 1974, S. 163–72.
(*Leg*) *Die Lesbarkeit der Welt*, Suhrkamp, Frankfurt am Main, 1981; Suhrkamp, 1986.
(*Sv*) »Der Sinnlosigkeitsverdacht«, *Neue Zürcher Zeitung*, 19.12.1981, Nr. 291, S. 59. Wiederveröffentlicht (*dS*): *Die Sorge*, S. 57–62.

1982

(*Mom*) »Momente Goethes«, *Akzente*, 29, 1982, S. 43–55.
(*Fb*) »Fragebogen«, *Frankfurter Allgemeine Magazin* 4.6.1982, S. 25.
(*Mw*) »Menschwerdungen«, *Neue Zürcher Zeitung*, 23.12.1983, 30, Fernausg. 299 (24.12.1983, 40, Nr. 301).

1983

(*Aus*) »Ausblick auf eine Theorie der Unbegrifflichkeit«, bei Anselm Haverkamp (Hg.), *Theorie der Metapher*, Wissenschaftliche Buchgesellschaft, Darmstadt, 1983, S. 438–454. Ebenfalls veröffentlicht bei (*SZ*) *Schiffbruch mit Zuschauer*, S. 77–93.
(*URW*) »Über den Rand der Wirklichkeit hinaus. Drei Kurzessays«, *Akzente*, 30, 1, 1983, S. 16–27. »Nachdenken über einen Satz von Nietzsche«, S. 19–25, wurde wiederveröffentlicht bei »Die unerträgliche Unsterblichkeit« (*EmS*) *Ein mögliches Selbstverständnis*, S. 126–135.
(*GA*) »Glossen zu Anekdoten«, *Akzente*, 30, 1, 1983, S. 28–41. Das Kapitel »Wie die Matrosen Leibniz leben ließen«, S. 35–37, wurde wiederveröffentlicht als (*dS*) *Die Sorge*, S. 11–15.
(-) »Ein mögliches Selbstverständnis«, *Neue Zürcher Zeitung*, 5.2.1983, Nr. 30, S. 66. Wiederveröffentlicht bei (*EmS*) *Ein mögliches Selbstverständnis*, S. 20–25; und (*VPh*) *Die Verführbarkeit des Philosophen*, S. 135–143.
(WuL) »Wolf und Lamm.Vier Glossen zur Fabel«, *Akzente*, 30, 1983, S. 339–392.
(-) »Ein Mythos für Schreibende«, *Neue Zürcher Zeitung*, 24.6.1983, 39, Fern-

ausg. 144.
(-) »Das Erschrecken des Aufklärers vor dem vollstrecker der Revolution. Zum 250. Geburtstag von Christoph Martin Wieland (5. September)«, *Neue Zürcher Zeitung* 2.9.1983, 35 ff., Fernausg. 203 (= 3.9.1983, 67, Nr. 205).
1984
(-) »Verfehlungen. Glossen zu Anekdoten«, *Akzente* 31 (1984) 5, 390–396.
(-) »Vom Unverstand. Glossen zu drei Fabeln«, *Neue Zürcher Zeitung,* 23.3.1984, 37, Fernausg. 69 (=24.3.1984, 67, Nr. 71).
(*Urs*) »Die ›Urstiftung‹. Über den Unwillen, Autor von Vergänglichem zu sein«, *Neue Zürcher Zeitung,* 12.10.1984, 33f, Fernausg. 237 (=13.10.1984, 69, Nr. 239).
1985
(-) »Begriffe in Geschichten: Identität«, *Frankfurter Allgemeine Zeitung,* 27.11.1985, S. 35. Wiederveröffentlicht bei (*BiG*) *Begriffe in Geschichten,* S. 87–9.
(*Unb*) »Unbekanntes von Aesop. Aus neuen Fabelfunden«, *Neue Zürcher Zeitung* 4.10.1985, S. 47 ff., Fernausg. 229 (=5.10.1985, 69, Nr. 231).
1986
(*LW*) *Lebenszeit und Weltzeit,* Suhrkamp, Frankfurt am Main, 1986.
(-) »Theorie als exotisches Verhalten. Aus dem Buch *Das Lachen der Thrakerin. Eine Urgeschichte der Theorie*«, *Neue Zürcher Zeitung,* 28.02. 1987, Nr. 49, S. 67.
(-) »Das Abwesende am Löwen. Glossen zum Bestiarium«, *Neue Zürcher Zeitung* 4.7.1986, 38, Fernausgabe 15 (= 5.7.1986, 66, Nr. 153).
(*Rel*) Religionsgespräche, *Akzente,* 33, 1986, S. 502–20.
1987
(*dS*) *Die Sorge geht über den Fluß,* Suhrkamp, Frankfurt am Main, 1987.
(*LdT*) *Das Lachen der Thrakerin. Eine Urgeschichte der Theorie,* Suhrkamp, Frankfurt am Main, 1987.
(-) »Begriffe in Geschichten – drei Sammelstücke: Intersubjektiv. Rhetorik. Das Ich«, *Frankfurter Allgemeine Zeitung,* 15.4.1987, S. 35.
(-) »Schnitzlers Philosoph. Fallstudie zu einem intellektuellen Risiko«, *Neue Zürcher Zeitung,* 16.5.1987, Nr. 112, S. 69.
(-) »Das Sein – ein MacGuffin. Wie man sich Lust am Denken erhält«, *Frankfurter Allgemeine Zeitung,* 27.5.1987, S. 35. Wiederveröffentlicht bei (*EmS*) *Ein mögliches Selbstverständnis.*
(-) »Gipfelgespräche. Eine Verkehrsform, vom höheren Standpunkt betrachtet«, *Neue Zürcher Zeitung,* 2.07.1987, Nr. 150, S. 25. »Proust und Joyce« wurde wiederveröffentlicht bei (*dS*) *Die Sorge,* S. 191–93.
(*Ap*) »Die Apfelgeschichte. Zur Ursprungslegende von Isaac Newtons Hauptwerk, erschienen 1687«, *Neue Zürcher Zeitung,* 28.8.1987, 41f, Fernausg. 197 (= 29.8.1987, 69, Nr. 199).
(-) »Gleichgültig wann? Über Zeitindifferenz«, *Frankfurter Allgemeine Zeitung,* 30.12.1987, III. Wiederveröffentlicht bei (*Lt*) *Lebensthemen,* S. 19–29; auch bei (*VPh*) *Die Verführbarkeit des Philosophen,* S. 9–17.
(*nZ*) »Was tut der Geist über den Wassern? Zum Thema einer neuen Zürcher

Bibel«, *Neue Zürcher Zeitung*, 29.8.1987, 38, Fernausg. 198 (= 28.8.1987, 58, Nr. 198).
(-) »Sättigungsgrade«, *Neue Zürcher Zeitung*, 6.10.1987, Nr. 231, 27.
(*Pa*) »Parallelaktion einer Begriffsbildung. Husserl, Hoffmannstahl und die Lebenswelt«, *Neue Zürcher Zeitung*, 12.12.1987, Nr. 289, S. 69.
(-) »Seit wann bin ich?«, *Neue Zürcher Zeitung*, 24.12.1987, Nr. 299, S. 55.
1988
(*Mp*) *Matthäuspassion*, Suhrkamp, Frankfurt am Main, 1988.
(-) »Nächtlicher Anstand. Glossen zu Anekdoten«, *Akzente*, 35, 1, 1988, S. 42–55. Das Kapitel »Auf der Flucht nach Ägypten«, S. 44–46 wurde wiederveröffentlicht bei (*Mp*) *Matthäuspassion*, S. 204–207.
(*phR*) »Im philosophischen Roman wird nicht philosophiert. Über Melchior Vischers Miniaturroman *Der Hase*«, *Neue Zürcher Zeitung*, 4.8.1988, 27, Fernausg. 178 (= 4.8.1988,19, Nr. 179).
(-) »Freud vor und in Rom«, *Neue Zürcher Zeitung*, 30.9.1988, 51, Fernausgabe 227.
1989
(*H*) *Höhlenausgänge*, Suhrkamp, Frankfurt am Main, 1989; 1997.
(-) »Der Parteibeitrag. Im Hinblick auf eine ›Neue Philosophie des Geldes‹«, *Neue Zürcher Zeitung*, 11.2.1988, Nr. 34, S. 25. Wiederveröffentlicht bei (*VPh*) *Die Verführbarkeit*, S. 75–80.
(*fF*) »Im falschen Fell. Glossen zu Fabel, Phrase und Legende«, *Neue Zürcher Zeitung* 17.2.1989, 35f, Fernausg. 39 (= 18.2.1989, 67, Nr. 41).
(*BeS*) »Besuch aus der Schweiz. Schopenhauer verteidigt seine Welt«, *Neue Zürcher Zeitung*, 20.2.1988, Nr. 42, S. 66.
(*Ra*) »Raucherlaubnis«, *Frankfurter Allgemeine Zeitung*, 16.3.1988, S. 35.
(-) »Glossen zu Schopenhauer«, *Neue Zürcher Zeitung*, 7.4.1989, 40, Fernausg. 79 (= 8.4.1989, 68, Nr. 81).
(-) »Die Höhlen des Lebens«, *Frankfurter Allgemeine Magazin*, 14.4.1989, Heft 476, 70–84. Wiederveröffentlicht bei (*H*) *Höhlenausgänge*, S. 20–38.
(-) »Husserls Höhlen«, *Neue Zürcher Zeitung*, 23.4.1988, Nr. 94, S. 67, auch bei (*H*) *Höhlenausgänge*, S. 700–718.
(-) »Worte und Sachen«, *Frankfurter Allgemeine Zeitung*, 27.4.1988, S. 35.
(-) "›Wir haben seinen Stern gesehen‹. Von der Dunkelheit der Nacht und der Sichtbarkeit der Gestirne«, *Neue Zürcher Zeitung*, 23.12.1989, Nr. 299, S. 55. Wiederveröffentlicht bei (*VS*) *Die Vollzähligkeit*, S. 27–33.
(*sT*) »Sollte der Teufel erlöst werden? Kapitel einer Dämonologie«, *Frankfurter Allgemeine Zeitung*, 27.12.1989.
(-) »Wolf und Lamm und mehr als ein Ende«, *Akzente*, 36, 1, 1989, S. 18–27.
1990
(-) »Verlesungen. Zwei Glossen zu Montaignes Antike«, *Neue Zürcher Zeitung*, 23.06. 1990, Nr. 143, S. 66. Wiederveröffentlicht bei (*Lt*) *Lebensthemen*, S. 9–13.
(*U*) »Das Unsagbare. Kompetenz«, *Frankfurter Allgemeine Zeitung*, 25.07.1990, N 3.
(-) »Ein Apokalyptiker mit Sicherungen. Glossen zur Langlebigkeit«, *Neue*

Zürcher Zeitung 23.3.1990, S. 39 ff., Fernausg. 68 (= 24.3.1990, 651 Nr. 70). (D 126). Wiederveröffentlicht bei (*MvM*) *Der Mann vom Mond*, S. 29–55.

(-) »Der Mann vom Mond«, wiederveröffentlicht bei (*VS*) *Die Vollzähligkeit*, S. 178–81. Wiederveröffentlicht bei (*MvM*) *Der Mann vom Mond*, S. 29–33.

(-) »Ausgeträumte Träume. Über den ursprünglichen Realismus des Erwachens«, *Neue Zürcher Zeitung*, 21.12.1990, S. 34, Fernausg. 296 (= 22.12.1990, 54, Nr. 298).

1991

(*Epi*) »Epigonenwallfahrt«, *Akzente*, 37, 1990, S. 272–82.

(-) »Hirt und Wolf. Die verlassene Nachtwache der Geburtsnacht Jesu«, *Neue Zürcher Zeitung*, 20.12.1991, 37, 1. Fernausg. 295 (= 21.12.1991, 57, Nr. 297).

1992

(-) »Die Welt hat keinen Namen«, *Neue Zürcher Zeitung*, 24.12. 1992, Nr 300, 61. Wiederveröffentlicht bei (*EmS*) *Ein mögliches Selbstverständnis*, S. 45-53.

(*Lich*) »Lichtenbergs Paradox«, *Akzente*, 39, 1, 1992, S. 4–18.

(*Wg*) »Wie geht's, sagte ein Blinder zu einem Lahmen. Wie Sie sehen, antwortete der Lahme«, *Frankfurter Rundschau*, 27.6.1992, ZB 2. Wiederveröffentlicht bei J.-D. Kogel, *Lichtenbergs Funkenflug der Vernunft. Eine Hommage zu seinem 250. Geburtstag*, Frankfurt am Main, 1992, S. 21–23.

1993

(*Vors*) »Vorstoß ins ewige Schweigen. Ein Jahrhundert nach der Ausfahrt der ›Fram‹«, *Neue Zürcher Zeitung*, 24.12.1993, Nr. 300, S. 53–4.

(*GVZ*) »Gegenwart, vergiftet zwischen Vergangenheit und Zukunft«, *Park. Zeitschrift für neue Literatur*, 17, 45/46, 1993, S. 22–27.

(*GG*) »Götterleere und Gottesbedarf: Ein Konstrukt«, 23.10.1993.

1995

(*Jh*) »Jahrhundertgestalt«, *Neue Zürcher Zeitung*, 25.3.1995, Nr. 71, S. 65.

Posthume Arbeit

1996

(*Eng*) »Die Weltzeit erfassen. Trilogie von Engeln«, erster Teil: »Anfang, Mitte und Ende der Geschichte; Die Botschaft vor aller spaltenden Theologie. Trilogie von Engeln«, zweiter Teil: »Undeutlicher Chorgesang; Geschichtsbahn zwischen zwei Gartenereignissen. Trilogie von Engeln«, dritter Teil: »Die Theologie der Buddenbrooks oder Der Engel nach dem Ende«, *Frankfurter Allgemeine Zeitung*, 24.12.1996, N 5 ff.

1997

(*EmS*) *Ein mögliches Selbstverständnis. Aus dem Nachlass*, Reclam, Stuttgart, 1997. Neu herausgegeben von Rüdiger Zill, 2022.

(*VS*) *Die Vollzähligkeit der Sterne*, Suhrkamp, Frankfurt am Main, 1997.

(-) »Glossen zu Gedichten«, *Akzente*, 44, 3, 1997, S. 245–262. Der Text »Erinnerung an das verlorene Ich«, S. 245–247, wurde wiederveröffentlicht bei (*EmS*) *Ein Mögliches Selbstverständnis*, S. 42–45.

(-) »Für wen einer schreibt«, *Neue Zürcher Zeitung*, 23.8.97, Nr. 194, S. 45. Wiederveröffentlicht bei (*Lt*) *Lebensthemen*, S. 67–80; und auch bei (*EmS*) *Ein mögliches Selbstverständnis*, S. 74–76.
(-) »Die unendliche Theorie«, *Neue Zürcher Zeitung*, 1.09.1997, Nr. 201, S. 25.
(*lb*) »Letzte Bücher«, *Marbacher Magazin*, 80, 1997, S. 165–72.
(*nU*) »Das nachgeholte Urerlebnis. Bemerkungen über Jacob Burckhardt zwischen Antike und Renaissance«, *Frankfurter Allgemeine Zeitung*, 2.8.97, *Bilder und Zeiten*.

1998

(*GlF*) *Gerade noch Klassiker. Glossen zu Fontane*, Hanser, München, 1998. Wiederveröffentlicht als *Vor allem Fontane*, Suhrkamp, Frankfurt am Main, 2002.
(*Räp*) »Repräsentant mit Sinn fürs Mythische. Texte aus dem Nachlass: Thomas Mann in seinen Tagebüchern«, *Neue Rundschau*, 109, 1, 1998, S. 9–29. Der Text »Andeutung Ulrikens« wurde teilweise wiederveröffentlicht in (*Lt*) *Lebensthemen*, als »Thomas Mann 1945: *Kein Tod am Lake Mohonk*«, S. 152–6.
(*Lt*) *Lebensthemen. Aus dem Nachlass*, Reclam, Stuttgart, 1998.
(*BiG*) *Begriffe in Geschichten*, Suhrkamp, Frankfurt am Main, 1998.

1999

(*GzB*) *Goethe zum Beispiel*, Insel, Frankfurt am Main, 1999.
(-) »Auf glühendem, erstem Wege. Wozu noch einmal Goethe?«, *Frankfurter Allgemeine Zeitung* 8.5.1999, S. 106.

2000

(*VPh*) *Die Verführbarkeit des Philosophen*, Suhrkamp, Frankfurt am Main, 2000.

2001

(*Löw*) *Löwen*, Suhrkamp, Frankfurt am Main 2001.
(*eF*) »Die erste Frage an den Menschen. All der biologische Reichtum des Lebens verlangt eine Ökonomie seiner Erklärung«, *Frankfurter Allgemeine Zeitung* 2.6.2001, S. 127.
(*ÄmS*) *Ästhetische und metaphorologische Schriften*, Suhrkamp, Frankfurt am Main, 2001.

2003

(*ZdS*) *Zu den Sachen und zurück*, Suhrkamp, Frankfurt am Main, 2003.

2006

(*BdM*) *Beschreibung des Menschen*, Suhrkamp, Frankfurt am Main, 2006.

2007

(*TdU*) *Theorie der Unbegrifflichkeit*, Suhrkamp, Frankfurt am Main, 2007.
(*BSB*) *Hans Blumenberg-Carl Schmitt. Briefwechsel 1971–1978*, Suhrkamp, Frankfurt am Main, 2007.
(*MvM*) *Der Mann vom Mond*, Suhrkamp, Frankfurt am Main, 2007.

2008

(*A*) »Atommoral. Ein Gegenstück zur Atomstrategie«, *Strahlungen. Atom und Literatur. Marbachermagazin*, 123/124, 2008, S. 124–141.

2009
(*GdT*) *Geistesgeschichte der Technik*, Suhrkamp, Frankfurt am Main, 2009.
(*Q*) *Quellen*. Herausgegeben von Ulrich von Bülow und Dorit Krusche, Deutsches Literaturarchiv Marbach, Stuttgart, 2009
2010
(*TLW*) *Theorie der Lebenswelt*, Suhrkamp, Frankfurt am Main, 2010.
2012
(*QSE*) *Quellen, Ströme, Eisberge – Beobachtungen an Metaphern*, Suhrkamp, Frankfurt am Main, 2012.
2013
(*BT*) *Hans Blumenberg – Jacob Taubes. Briefwechsel 1961–1981 und weitere Materialen*, Suhrkamp, Frankfurt am Main, 2013.
2014
(*P*) *Präfiguration – Arbeit am politischen Mythos*, Suhrkamp, Frankfurt am Main, 2014.
2015
(*RdW*) *Rigorismus der Wahrheit – »Moses der Ägypter« und weitere Texte zu Freud und Arendt*, Suhrkamp, Frankfurt am Main, 2015.
(*SzT*) *Schriften zur Technik*, Suhrkamp, Berlin, 2015.
2017
(*SzL*) *Schriften zur Literatur 1945–1958*, Suhrkamp, Berlin, 2017.
2018
(*PhäSchr*) *Phänomenologische Schriften 1981–1988*, Suhrkamp, Berlin, 2018.
2019
(*nWahr*) *Die nackte Wahrheit*, Suhrkamp, Berlin, 2019.
2020
(*RuR*) *Realität und Realismus*, Suhrkamp, Berlin, 2020.
2022
(*BJ*) *Hans Blumenberg, Hans Jonas. Briefwechsel 1954–1978*, Suhrkamp, Berlin, 2022.
2023
(*BK*) *Hans Blumenberg, Reinhart Koselleck. Briefwechsel 1965–1994*, Suhrkamp, Berlin, 2023.

FSC
www.fsc.org
MIX
Papier | Fördert gute Waldnutzung
FSC® C083411

Kolibri 360 GmbH
Ferdinand-Jühlke-Straße 7
99095 Erfurt, Deutschland
produktsicherheit@kolibri360.de